GIS 技术与应用丛书

MAPGIS
地理信息系统

吴信才　著

電子工業出版社
Publishing House of Electronics Industry
北京 · BEIJING

内 容 简 介

本书系《GIS 技术与应用丛书》中的一本，是根据最新推出的 MAPGIS 软件平台编写而成，主要介绍了 MAPGIS 系统的主要功能、操作方法、使用流程及注意事项。本书共 19 章，主要包括：MAPGIS 概述、图形输入、图形编辑、文件转换、文件升级、误差校正、绘制图框与投影变换、图形裁剪、报表定义、图形输出、属性库管理、地图库管理、影像库管理、空间分析、数字高程模型、网络分析、多源图像处理分析、电子沙盘、网络数据库管理等内容。此外，本书还补充了 MAPGIS6.5 版的新增功能及其部分功能的应用流程与实例等新内容。

本书是一本实用教材，图文并茂，实用性强，可作为 MAPGIS 地理信息系统系列产品配套使用教程，供使用 MAPGIS 地理信息系统的初学者阅读。

图书在版编目（CIP）数据

MAPGIS 地理信息系统/吴信才著. —北京：电子工业出版社，2004.1
（GIS 技术与应用丛书）
ISBN 978-7-5053-9440-7

I. M… II. 吴… III. 地理信息系统—应用软件，MAPGIS IV. P208

中国版本图书馆 CIP 数据核字（2003）第 121303 号

责任编辑：刘志红
印　　刷：三河市鑫金马印装有限公司
装　　订：三河市鑫金马印装有限公司
出版发行：电子工业出版社
　　　　　北京市海淀区万寿路 173 信箱　邮编 100036
开　　本：787×980　1/16　印张：24.5　字数：522 千字
印　　次：2013 年 11 月第 23 次印刷
定　　价：42.00 元

凡所购买电子工业出版社图书有缺损问题，请向购买书店调换。若书店售缺，请与本社发行部联系，联系及邮购电话：（010）88254888。

质量投诉请发邮件至 zlts@phei.com.cn，盗版侵权举报请发邮件至 dbqq@phei.com.cn。

服务热线：（010）88258888。

前　言

MAPGIS 是武汉中地信息工程有限公司（以下简称“中地公司”）研制的具有自主版权的大型基础地理信息系统软件平台。它是一个集当代最先进的图形、图像、地质、地理、遥感、测绘、人工智能、计算机科学于一体的大型智能软件系统，是集数字制图、数据库管理及空间分析为一体的空间信息系统，是进行现代化管理与决策的先进工具。MAPGIS 连续七年在全国 GIS 测评中名列第一，是国家推荐的首选 GIS 软件平台。

MAPGIS 已广泛应用于城市规划、测绘、土地管理、电信、交通、环境、公安、国防、教育、地质勘查、资源管理、房地产、旅游等领域。中地公司在全国拥有数千户用户，遍及包括中国香港地区、中国台湾地区在内的全国各地众多行业和部门，现已进入日本等海外市场。其中土地、地籍、电信、管网、规划等系统成为国家各部委向全国重点推广的高科技产品，成为我国各领域进行数字化建设的首选软件。

本书根据中地软件公司最新推出的 MAPGIS 软件平台编写而成，主要介绍 MAPGIS 系统的主要功能、操作方法、使用流程及注意事项。内容涉及 MAPGIS 工程版所具有的功能，包括数据采集、编辑整饰、图形图像配准、图幅接边、图库管理、空间分析、图形输出等内容。

本书是一本实用教材，图文并茂，实用性强。它的主要特点是由浅入深，循序渐进；以实例讲解，易于读者理解。用户通过阅读本教程，可以全面地了解 MAPGIS 的基本功能，功能间的互相联系，以及操作方法和使用技巧。同时，用户可依照书中的实例熟悉系统的操作，掌握 MAPGIS 的基本使用技巧。

参加本书编写的人员主要是本系统的软件开发人员及长期从事 MAPCAD 和 MAPGIS 培训的教师，其中操瑞青、许春梅、余国宏等负责了部分章节的新增内容的编写和校对工作，全书由余国宏统稿。最后，由邢廷炎博士进行全书校对和定稿。由于时间仓促，书中难免存在错误和不当之处，敬请广大用户及读者提出宝贵意见和建议，以利改进。

作　者

2004 年 1 月

目　录

第 1 章　概述与安装 …… (1)

1.1　MAPGIS 概述 …… (2)

1.1.1　什么是 MAPGIS …… (2)

1.1.2　MAPGIS 主要优点 …… (2)

1.1.3　MAPGIS 的用途 …… (4)

1.1.4　系统结构 …… (6)

1.1.5　系统特点 …… (7)

1.1.6　功能介绍 …… (8)

1.2　系统安装 …… (9)

1.2.1　系统组件 …… (9)

1.2.2　系统要求 …… (9)

1.2.3　MAPGIS 硬件的安装 …… (10)

1.2.4　MAPGIS 软件的安装 …… (10)

1.3　参数设置 …… (11)

1.4　窗口操作 …… (12)

问题 …… (13)

第 2 章　图形输入 …… (15)

2.1　基础知识 …… (16)

2.1.1　概念 …… (16)

2.1.2　文件 …… (16)

2.1.3　图层 …… (18)

2.1.4　工程 …… (18)

问题 …… (19)

2.2　图形输入的前期准备 …… (19)

2.2.1　准备工作 …… (19)

2.2.2　读图、分层 …… (21)

2.2.3 新建工程 …… (21)
2.2.4 编辑系统库 …… (25)
2.2.5 新建工程图例 …… (25)
2.2.6 关联工程图例 …… (28)
2.2.7 打开图例板 …… (29)
2.2.8 补充 …… (29)
📖 问题 …… (34)
2.3 图形输入 …… (34)
2.3.1 智能扫描矢量化 …… (34)
2.3.2 矢量化流程 …… (35)
2.3.3 高程自动赋值 …… (39)
📖 问题 …… (41)
第 3 章 图形编辑 …… (43)
3.1 数据编辑 …… (44)
3.1.1 编辑系统主界面 …… (44)
3.1.2 线编辑 …… (44)
3.1.3 区编辑 …… (52)
3.1.4 点编辑 …… (54)
📖 问题 …… (60)
3.2 拓扑处理 …… (60)
3.2.1 基本概念 …… (60)
3.2.2 拓扑处理流程 …… (60)
📖 问题 …… (68)
3.3 系统库编辑及其他功能 …… (69)
3.3.1 系统库概述 …… (69)
3.3.2 系统库编辑步骤 …… (70)
3.3.3 符号拷贝 …… (72)
3.3.4 颜色库编辑 …… (73)
3.4 其他功能 …… (75)
📖 问题 …… (79)

第 4 章　文件转换 …… (81)

4.1　文件转换 …… (82)

4.1.1　数据输入接口 …… (82)

4.1.2　数据输出接口 …… (90)

📖 问题 …… (91)

第 5 章　升级 …… (93)

5.1　MAPGIS 文件类型 …… (94)

5.2　文件升级 …… (94)

📖 问题 …… (95)

第 6 章　误差校正 …… (97)

6.1　交互式误差校正 …… (98)

6.2　自动校正 …… (101)

📖 问题 …… (103)

第 7 章　投影变换 …… (105)

7.1　图框生成 …… (106)

7.1.1　标准图框的生成 …… (106)

7.1.2　非标准图框的生成 …… (111)

7.2　投影变换 …… (115)

7.2.1　单个文件的投影变换 …… (115)

7.2.2　成批文件的投影变换 …… (119)

7.2.3　用户文件投影变换 …… (120)

7.2.4　坐标系变换 …… (125)

📖 问题 …… (127)

第 8 章　图形裁剪 …… (129)

8.1　图形裁剪 …… (130)

📖 问题 …… (132)

第 9 章　报表定义 …… (133)

9.1　报表的编辑 …… (134)

📖 问题 …… (143)

第 10 章　图形输出 ……………………………………………………………………………（145）
10.1　输出系统主选单 ……………………………………………………………（146）
10.2　图形输出的步骤 ……………………………………………………………（146）
10.2.1　如何实现网络打印 ………………………………………………………（146）
10.2.2　如何进行单工程输出编辑 ………………………………………………（149）
10.2.3　如何进行多工程输出编辑 ………………………………………………（152）
10.2.4　如何打印输出 ……………………………………………………………（154）
问题 ……………………………………………………………………………（156）
第 11 章　属性库管理 ……………………………………………………………………（157）
11.1　基本概念 ……………………………………………………………………（158）
11.2　属性结构 ……………………………………………………………………（159）
11.2.1　编辑属性结构 ……………………………………………………………（160）
11.2.2　浏览属性结构 ……………………………………………………………（161）
11.2.3　修改多媒体数据目录 ……………………………………………………（161）
11.3　属性数据 ……………………………………………………………………（161）
11.3.1　编辑和浏览属性 …………………………………………………………（161）
11.3.2　编辑和浏览单个属性 ……………………………………………………（162）
11.3.3　输出属性 …………………………………………………………………（163）
11.3.4　输入表格 …………………………………………………………………（164）
11.3.5　连接属性 …………………………………………………………………（164）
11.3.6　新建表格 …………………………………………………………………（165）
11.4　外部数据库 …………………………………………………………………（165）
11.4.1　编辑外部数据库 …………………………………………………………（165）
11.4.2　浏览外部数据库 …………………………………………………………（166）
11.4.3　浏览外部数据库结构 ……………………………………………………（166）
问题 ……………………………………………………………………………（166）
第 12 章　图库管理 ………………………………………………………………………（167）
12.1　概述 …………………………………………………………………………（168）
12.2　图幅管理 ……………………………………………………………………（172）
12.2.1　图库层类管理器 …………………………………………………………（172）
12.2.2　图幅数据维护 ……………………………………………………………（174）

12.2.3 查询图幅信息……（174）
12.3 图库检索……（175）
12.3.1 图幅输出……（176）
12.3.2 量测……（180）
12.3.3 查询图元信息……（180）
12.4 接边处理……（182）
问题……（184）

第13章 影像库管理……（185）
13.1 影像库主界面……（186）
13.2 信息窗口……（187）
13.3 图像窗口……（188）
问题……（189）

第14章 空间分析……（191）
14.1 矢量数据的空间分析……（192）
14.1.1 空间分析……（192）
14.1.2 属性分析……（194）
14.2 D3M分析……（200）
问题……（201）

第15章 DTM模型分析……（203）
15.1 数字地面模型的基本知识……（204）
15.1.1 DEM数据基础……（204）
15.2 数字地面模型（DTM）的主选单……（206）
15.2.1 文件……（206）
15.2.2 设置……（207）
15.2.3 帮助……（208）
15.3 GRD模型……（208）
15.3.1 数据信息的显示和交互式修改……（209）
15.3.2 高程数据预处理……（213）
15.3.3 GRD模型分析……（219）
15.3.4 图件绘制……（220）

15.4 TIN 模型 ……………………………………………… (221)
15.4.1 生成三角剖分网 ……………………………………… (222)
15.4.2 编辑三角剖分网 ……………………………………… (223)
15.4.3 剖分分析 ……………………………………………… (224)
15.5 模型应用 ………………………………………………… (227)
15.5.1 蓄积量/表面积计算 ……………………………………… (228)
15.5.2 高程剖面分析 …………………………………………… (229)
15.5.3 生成剖分泰森多边形和分类泰森多边形 ………………… (230)
15.5.4 高程点标注制图和高程点分类标注制图 ………………… (231)
15.6 平面数据展布标注制图和平面数据展布分类标注制图 ……… (231)
问题 ………………………………………………………… (232)

第 16 章 网络管理 ……………………………………………… (233)
16.1 系统概述 ………………………………………………… (234)
16.1.1 功能介绍 ……………………………………………… (234)
16.1.2 系统组成 ……………………………………………… (234)
16.1.3 基本概念 ……………………………………………… (234)
16.1.4 网络模型 ……………………………………………… (235)
16.1.5 使用步骤 ……………………………………………… (237)
16.1.6 附属元素 ……………………………………………… (237)
16.1.7 网络属性 ……………………………………………… (238)
16.2 网络输入编辑 ……………………………………………… (239)
16.2.1 手工输入形成网络 ……………………………………… (240)
16.2.2 点线耦合建网 …………………………………………… (243)
16.2.3 外业探测数据库建网 …………………………………… (243)
16.3 网络分析 ………………………………………………… (244)
16.3.1 找连通分量 …………………………………………… (245)
16.3.2 阀门处理 ……………………………………………… (245)
16.3.3 路径分析 ……………………………………………… (245)
16.3.4 资源分配 ……………………………………………… (247)
16.3.5 追踪 …………………………………………………… (249)
16.3.6 查询统计 ……………………………………………… (249)
16.3.7 连通检查 ……………………………………………… (249)

16.3.8 完整性检查 ……（249）
16.3.9 动态分段 ……（249）
📖 问题 ……（255）

第 17 章 多源图像处理分析 ……（257）

17.1 概述 ……（258）
17.2 系统简介 ……（259）
17.2.1 主界面介绍 ……（259）
17.3 基本操作 ……（261）
17.3.1 文件信息 ……（261）
17.3.2 图像显示 ……（263）
17.4 数据转换 ……（264）
17.4.1 数据输入 ……（264）
17.4.2 数据输出 ……（266）
17.4.3 输入 RAW ……（267）
17.4.4 输出 RAW ……（267）
17.4.5 可视保存 ……（268）
17.4.6 输出当前影像 ……（268）
17.4.7 RGB 转索引影像 ……（269）
17.4.8 索引转 RGB 影像 ……（269）
17.5 影像编辑 ……（270）
17.5.1 空值处理 ……（270）
17.5.2 编辑处理 ……（271）
17.5.3 画图处理 ……（271）
17.5.4 属性设置 ……（272）
17.6 影像处理 ……（272）
17.6.1 常规滤波 ……（272）
17.6.2 自定义滤波 ……（273）
17.6.3 主成分分析 ……（274）
17.6.4 影像分解 ……（274）
17.6.5 影像合成 ……（275）
17.6.6 傅里叶变换 ……（275）
17.6.7 频率域滤波 ……（276）

17.6.8 傅里叶逆变换 …… (279)
17.6.9 影像重采样 …… (280)
17.6.10 数学形态学处理 …… (280)
17.6.11 影像二值化 …… (281)
17.7 影像分析 …… (285)
17.7.1 运算分析 …… (285)
17.7.2 AOI 区编辑 …… (286)
17.7.3 监督分类 …… (288)
17.7.4 非监督分类 …… (288)
17.7.5 分类小区处理 …… (290)
17.8 镶嵌融合 …… (290)
17.8.1 重要概念 …… (290)
17.8.2 控制点编辑 …… (293)
17.8.3 影像校正 …… (296)
17.8.4 影像融合 …… (298)
17.9 DRG 生产 …… (299)
17.9.1 DRG 生产方法 …… (299)
17.9.2 DRG 生产质量评估 …… (303)
17.10 其他功能 …… (305)
17.10.1 栅矢转换 …… (306)
17.10.2 影像裁剪 …… (308)
17.10.3 选项设置 …… (308)
问题 …… (309)
第 18 章 电子沙盘 …… (311)
18.1 电子沙盘主选单 …… (312)
18.2 电子沙盘操作流程 …… (312)
18.3 电子沙盘词典 …… (314)
问题 …… (317)
第 19 章 网络数据库管理 …… (319)
19.1 概述 …… (320)
19.2 使用说明 …… (320)

19.2.1 启动 MAPGIS 管理程序 …… (320)
19.2.2 设置 MAPGIS 管理过程 …… (322)
19.2.3 MAPGIS 表管理 …… (324)
19.2.4 根据对象赋权 …… (327)
19.2.5 根据用户赋权 …… (328)
19.2.6 数据库维护 …… (329)
19.2.7 登录、用户、角色管理 …… (331)
19.2.8 MAPGIS 锁信息 …… (333)
19.2.9 属性字段索引 …… (334)
问题 …… (335)
附录 A MAPGIS 6.5 版改进及新增功能 …… (337)
附录 B 部分功能的应用流程及实例 …… (347)
附录 C MAPGIS 与 ORACLE 的配置和管理 …… (369)

第1章　概述与安装

本章要点

MAPGIS 是一个集当代先进的图形、图像、地质、地理、遥感、测绘、人工智能、计算机科学为一体的高效大型中文智能 GIS 软件系统，是世界上最先进的 GIS 系统。

1997~2001 年连续五年在国家科委组织的“国产 GIS 基础软件测试”中名列榜首，是国家科委惟一推荐的国产地理信息系统优选平台。随着 MAPGIS 的不断完善与成熟，可以预期它将成为国家优选的地理信息系统平台软件。

本章的主要内容有：

- ✧ 介绍 MAPGIS 主要功能、特点；
- ✧ 介绍系统安装、参数设置；
- ✧ 介绍窗口基本操作。

1.1 MAPGIS 概述

1.1.1 什么是MAPGIS

MAPGIS是中国地质大学（武汉）开发的通用的工具型地理信息系统软件。它是在享有盛誉的地图编辑出版系统MAPCAD基础上发展起来的，可对空间数据进行采集、存储、检索、分析和图形表示。MAPGIS包括了MAPCAD的全部基本制图功能，可以制作具有出版精度的十分复杂的地形图和地质图。同时，它能对图形数据与各种专业数据进行一体化管理和空间分析查询，从而为多源地学信息的综合分析提供了一个理想的平台。

1995年10月，在中国经同行专家鉴定后认为该系统达到了国际先进水平。1996年3月在国家科委组织的全国国产地理信息系统基础软件评测中，MAPGIS脱颖而出，获得优秀评价。1996年6月在“九五”国家重中之重的科技攻关项目“地理信息系统基础软件的开发与商品化”的招标中，它又一举中标。此后，1997~2001年连续五年在国家科委组织的“国产GIS基础软件测试”中名列榜首，是国家科委惟一推荐的国产地理信息系统优选平台。目前，以中地公司为核心，组建了“教育部GIS软件及其应用工程研究中心”。中地公司以振兴民族软件为己任，正全力投入数字中国、数字城市的建设！

MAPGIS地理信息系统适用于地质、矿产、地理、测绘、水利、石油、煤炭、铁道、交通、城建、规划及土地管理专业，在该系统的基础上目前已完成了城市综合管网系统、地籍管理系统、土地利用数据库管理系统、供水管网系统、煤气管道系统、城市规划系统、电力配网系统、通信管网及自动配线系统、环保与监测系统、警用电子地图系统、作战指挥系统、GPS导航监控系统、旅游系统等一系列应用系统的开发。

1.1.2 MAPGIS 主要优点

1. 图形输入操作比较简便、可靠，能适应工程需求

MAPGIS具有数字化仪输入与扫描输入等多种输入手段，能自动进行线段

跟踪、结点平差、线段结点裁剪与延伸、多边形拓扑结构的自动生成、图纸变形的非线性校正，以及对于错误的自动检测，从而大大简化了图形输入操作，保证了输入的可靠性，特别适用于比较大的工程图形的输入。

2. 可以编辑制作具有出版精度的地图

MAPGIS 几乎包括了 MAPCAD 的全部制图功能。MAPCAD 是一个成熟的功能强大的制图软件，已经在生产中广泛应用，利用该软件制作正式出版的地图集已经有十多种。它的功能设计符合中国地图制图工艺，能够正确处理地图要素的压盖避让以及河流线的渐变，可以方便地进行地图文字排版注释，能够自动生成标准的图框，进行各种地理坐标的转换，方便地设计定义线型、图符、填充花纹及色谱，用户可以“所见即所得”地向各种不同的图形设备输出图形。它还具有和标准页面描述语言 postscript 的接口，能够输出分色制版胶片，所制作的地图可以达到出版精度。

3. 图形数据与应用数据的一体化管理

在 MAPGIS 中地图的图形数据都是以严格的点线面拓扑结构存储，并用图形数据库进行管理，同时各种专业应用数据由专业属性数据库进行管理，二者通过关键字进行连接，从而实现图形数据与应用数据的一体化管理。用户可以根据图形检索与它相关的专业属性，也可根据专业数据记录检索地图上相应的图元，实现图元与专业属性的双向实时检索和同步更新。

4. 可实现多达数千幅的地图无缝拼接

MAPGIS 的地图图库管理系统可同时管理数千幅地理底图。它既可以自动拼接大比例尺的矩形图幅，也可拼接小比例尺的梯形图幅，还可自动或半自动地消除图幅之间图元的接边误差，以及跨图幅地进行图形检索与属性数据检索，并且跨图幅地进行图形裁剪，满足不同应用的需要。

5. 高效的多媒体数据库管理系统

MAPGIS 的数据库管理系统是中地公司独立设计开发的。商用数据库如 FoxBASE, dBASE 的数据文件，可通过接口程序传输到该数据库中。由于 MAPGIS 的数据库是内置数据库，因而存取效率高。不仅如此，该数据库的数据结构可动态定义，数据类型允许是图像、地图、声音、视频，因而可用于制

作多媒体的电子地图。

6．图形与图像的混合结构

MAPGIS 不仅能够处理图形数据，还能处理分析遥感图像数据和航片影像数据。二者可以互相叠加，用遥感图像修编地图，或者用来制作影像地图。

7．具有功能较齐全的空间分析与查询功能

它基本包括了通用的地理信息系统的空间分析功能，例如网格状或三角网的数字地面模型分析、空间叠加分析、缓冲区分析、统计分析等。它具有很灵活方便的查询功能，如区域检索、图示点检索、综合条件检索等。它还可生成彩色等值线图、网状立体图、等值立体图、叠加分析图等各种三维图形。

8．具有很好的数据可交换性

MAPGIS 可以接收 AUTOCAD, ARC/INFO, INTERGRAPH 等常用的 GIS 软件的数据文件，同时，它又能提供明码格式的数据交换文件。这种交换文件不仅包括了图形数据的坐标与参数，还包括了图形的拓扑结构。因而，可以直接被其他地理信息系统所利用，具有很好的可交换性。

9．提供开发函数库，可方便地进行二次开发

MAPGIS 二次开发库主要以 API 函数、MFC（Microsoft Foundation Class）类库、Com 组件及 ActiveX 控件 4 种方式提供，支持多种开发语言，并提供了从最基本数据单元的读取、保存、更新和维护到 MAPGIS 地图库的建立和漫游，以及空间分析、图像处理等一系列功能。用户完全可以在 MAPGIS 平台上开发面向各自领域的应用系统。

10．可在网络上应用

采用客户机/服务器结构，使空间数据库引擎在标准关系数据库环境中，支持大型、超大型数据库，允许多用户并发访问同一空间数据。

1.1.3　MAPGIS 的用途

MAPGIS 的用途十分广泛，根据 MAPGIS 的功能及技术特点，它可以在如

下五个方面发挥较大的作用。

1. 多源地学数据的采集与集成

MAPGIS 的突出优点是可以方便地接收与采集不同介质、不同类型和不同格式的数据。无论是野外测量记录、手编草图、正式底图、航片、遥感数字图像、各专业数据，还是 GPS 实时定位数据，它都能接收与采集。不论它们的形式是图形、图像、文字、数字，还是视频，不论它们的数据格式是否一致，MAPGIS 都能将它们用统一的数据库管理起来，从而为多源地学数据的综合分析提供便利。

2. 数字地图的编辑制作与出版

MAPGIS 最强大的功能是地图的编辑制作，它能根据编绘草图直接编辑制作具有出版精度的最复杂的地质图。它的编辑功能十分实用，符合地图制图的工艺要求，并经过长时期大批量的地图制图的考验，相当成熟。利用 MAPGIS 的地图编辑功能及多媒体数据库，还能制作多媒体的电子地图以及影像地图等许多新型的地图产品。

3. 地图信息系统的建立

MAPGIS 能实现图形数据库与专业属性数据库的有机连接。用户可以通过图形查询相关的专业属性记录，也可通过专业属性记录查询相关的图形，因而可以用来建立以地图信息为基础的专业信息管理系统，也就是地图信息系统。

4. 多源地学信息的综合分析

由于 MAPGIS 能将多源地学信息集成在一起，并用统一数据库管理起来。同时，MAPGIS 具有比较强的空间分析与查询功能。因此，地学工作者可以方便地用交互方式对多源地学信息进行对比、综合、分析，从中获得新的启发和知识，完善与总结规律，以利于规划、决策与运营。

5. 地学过程的模拟、分析预测

地理信息系统不仅可以对空间实体进行静态的空间关系分析，还能反映空间实体的随时间与空间的变化。在研究地质构造运动、土地利用、水土流失、城市化发展等问题时，可以将两个或多个不同时期的现状图进行空间叠加分析

或动态显示，于是就可以有效地进行地学过程的模拟、分析和预测。

MAPGIS 可以应用的领域极为广泛，以下仅列举部分重要的应用。

- 资源：勘查设计、规划布局、成矿预测、资源评估、矿产资源勘查管理与储量管理。
- 市政：城镇规划、管网设计、监控和辅助施工、房地产管理、邮电管理、消防管理、学校医院等服务布局。
- 水利：基本建设规划、洪水淹没分析、库容分析、大坝选址、水流域治理等。
- 测绘：大地测量、地图管理、地图制作等。
- 旅游：旅游咨询、自然公园规划、景观布局等。
- 国土：国土规划、地籍管理、国土资源清查、土地综合利用、荒漠化综合治理等。
- 灾害：森林火灾管理、病虫害监测、地震灾害救援、洪水灾害救援、泥石流流径分析。
- 交通：交通网络管理、道路设计、运输调度、车载导航等。
- 经济：经济分析评价、行业区划、人事经济地理分析、人口管理、金融投资分析等。
- 军事、公安：军事作战指挥、兵力部署、飞行仿真训练、公安预警。
- 商业：市场营销策划、竞争对手分析、商业布局。
- 其他：环境监测、规划、野生动物保护等。

MAPGIS 还可以有许多其他应用。据统计，人类活动的 80%以上的信息与空间位置有关，而地理信息系统就是一种空间信息系统。大到全球环境监测，小到个人的旅游购物，都可以应用地理信息系统。随着人类的经济活动的快速增长，资源与环境成为人们最为关注的问题。资源与环境的评估、资源与环境的预测、资源与环境的管理、资源与环境的利用与保护都要依赖于地理信息系统。专家们预言，到不久的将来，地理信息系统将会有爆炸性的发展，地理信息系统将成为各行各业不可缺少的工具，发挥越来越大的作用。

1.1.4 系统结构

与众多的 GIS 软件一样，MAPGIS 主要实现制图、空间分析、属性管理等

功能，分为输入、编辑、输出、空间分析、库管理、实用程序六大部分，如图1-1 所示。

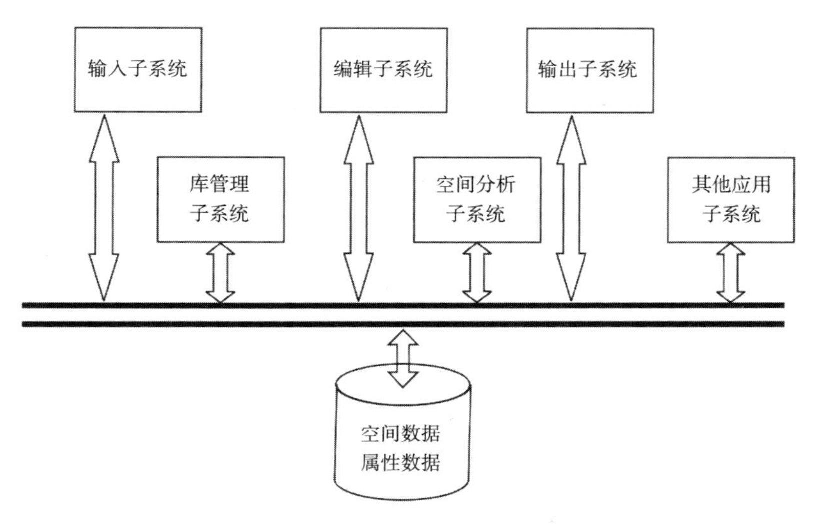

图 1-1　系统结构

这六大部分（或称为子系统）都是通过工作区与空间数据及属性数据打交道。根据用户的不同需要，可以选择六个部分内各个子系统。一般的处理过程是：先用输入系统采集图形、图像、属性等数据，然后通过图形编辑对输入的数据进行编辑和校准，通过库管理进行入库和库维护，接下来就可通过空间分析来进行各种查询、分析、统计等操作，需要输出的图形、图像、报表等数据通过输出系统进行输出。

1.1.5　系统特点

（1）以 Windows 为平台，采用 C++语言开发，用户界面友好，使用方便。

（2）具有扫描仪输入和数字化仪输入等主要输入手段，具有完备的错误、误差校正方法。

（3）具有丰富的图形编辑工具及强大的图形处理能力。

（4）具有直观实用的属性动态定义编辑功能和多媒体数据、外挂数据库的管理能力。

（5）地图库管理系统具有较强的地图拼接、管理、显示、漫游和灵活方便的跨图幅检索能力，可管理多达数千幅地图。

（6）采用矢量数据和栅格数据并存的结构，两种数据结构的信息可以有效、方便地互相转换和准确套合。

（7）具有功能较齐全、性能优良的矢量空间分析、DTM 分析、网络分析、图像分析功能，以及拓扑空间查询和三维实体叠加分析能力。

（8）提供开发函数库，可方便地进行二次开发。

（9）具有齐全的外设驱动能力和国际标准页面描述语言 Postscript 接口，可输出符合地图公开出版质量要求的图件，并具有能自定义的、灵活的报表输出功能。

（10）电子沙盘系统提供了强大的三维交互地形可视化环境，利用 DEM 数据与专业图像数据，可生成近实时的二维和三维透视景观，通过交互地调整飞行方向、观察方向、飞行观察位置、飞行高度等参数，就可生成近实时的飞行鸟瞰景观。

（11）图像分析系统提供了强大的控制点编辑环境，完成图像的几何控制点的编辑处理，从而实时完成图像之间的配准、图像与图形的配准、图像的镶嵌、图像几何校正、几何变换、灰度变换等功能。

（12）提供“电子平板”功能。

1.1.6 功能介绍

输入子系统：将各种地图数据输入到本系统，支持数字化仪输入、扫描仪输入、GPS 输入。这是本系统的门户。

编辑子系统：实现对图形、图像进行编辑、修改、润色，及图形、图像的定位、校正、配准等，使输入的图形、图像更准确、更丰富、更漂亮，从而满足人们社会生活的实际需要，包括图形编辑、误差校正、投影变换、图像分析等模块。

输出子系统：以 Windows、光栅、postscript 等方式，输出系统处理分析得到的结果，包括各种地图、图表、图像、数据报表或文字报告等。

库管理子系统：实现图形、图像、属性综合管理，提供对图形实体参数、属性的查询统计功能，包括图形库管理、影像库管理、属性库管理等模块。

空间管理子系统：提供了 DTM 分析、空间叠加、BUFFER 分析、网络分析等功能，包括 DTM 分析、空间分析、网络编辑、网络分析、图像分析等模块。

其他实用程序：提供其他实用工具，包括文件转换、文件升级、报表定义、图像裁剪等模块。

自 1995 年 MAPGIS 软件推出以来，MAPGIS 已经从 4.0, 5.0, 5.32, 6.1 发展到目前的 6.5 版本。6.5 版本继承了以前的界面友好、使用方便等特点，功能不断增强，数据精度更高，性能更趋稳定。

与以前版本相比，MAPGIS6.5 新增了许多功能（参见附录 A）。

- 全面支持 Oracle 数据库。
- 野外测量系统功能更加强大，掌上测图系统可通过掌上电脑方便快捷地实现野外电子平板测图。
- 可对各种比例尺的扫描地形图进行逐格网精校正，生成符合精度标准的 DRG 数据。提供完善的 DRG 质量检查，可与多种影像数据格式进行互相转换。
- 二次开发函数库进一步完善，提供更完备的二次开发函数库，API 函数更完备，类库开发更灵活，并全面支持 MAPGIS 组件和控件开发。
- 数据转换更灵活方便，增加 shape 文件格式转换。

1.2　系统安装

1.2.1　系统组件

- 硬件：加速卡或软件狗一块（注：MAPGIS6.5 只能使用 USB 接口的狗）。
- 软件：系统光盘一张。

1.2.2　系统要求

- 硬件：CPU 需 486 以上、16MB RAM、200MB 硬盘、256 色以上显示器、4 倍速光驱、1 个 PCI 接口（或一个并口）。
- 操作系统：Win9x, Win2000, WinNT 或 WinXP。

- 输入设备（可选）：数字化仪（市面上销售的各种数字化仪，MAPGIS 带驱动程序）、扫描仪（市面上销售的各种扫描仪（MAPGIS 并不提供扫描软件，只接收扫描后的 TIF 文件））。
- 输出设备（可选）：各种带 Windows 驱动的绘图仪、支持 HP RTL 的喷墨绘图仪、带 Windows 驱动的各种打印机及各种带标准 PostScript RIP 的照排机。

1.2.3　MAPGIS 硬件的安装

- MAPGIS 硬件部分有加密狗（包括并口和 USB 口）、ISA 卡、PCI 卡三种。若 MAPGIS 加密卡为 ISA 卡，将卡插入扩展槽后，MAPGIS 加密卡所占的默认地址为 290H。若地址与 I/O 地址冲突，用户可根据自己系统扩展槽中的不同槽的地址范围，调节 MAPGIS 加密卡上的跳线，将 MAPGIS 加密卡所占的地址调节为不被占用的地址空间，如 200H, 210H, 220H 等。
- 若 MAPGIS 加密卡为 PCI 卡，则在安装 MAPGIS 之前，需要先安装 PCI 卡的驱动程序。
- 若为 MAPGIS 并口加密狗，在并口传输数据通畅的基础上，先将软件狗接在并口上，然后在 CMOS 中将并口地址设置为#0378H，最后再逐一调试并口模式，常用的并口模式有 ECP, EPP, NORMAL 等。
- 若为 MAPGIS USB 软件狗，在确保机器 BIOS 设置中 USB 设备未被禁止的条件下，只需要将软件狗插在 USB 接口即可，Windows 98 和 Windows 2000 自带的标准 USB 驱动程序均可支持 MAPGIS USB 软件狗工作。如果使用台式机，还可以选择机内安装方式。

1.2.4　MAPGIS 软件的安装

- MAPGIS 提供的软件有 MAPGIS 安装程序、WINNT_DRV、PCI 卡驱动程序等，WINNT_DRV、PCI 卡驱动程序的安装本书有详尽的介绍。
- MAPGIS 安装程序的安装过程为：将 MAPGIS 系统安装盘放入光驱，双击 SETUP 图标，系统自动安装软件，在 WIN2000/NT/XP 下安装时，应先运行 WINNT_DRV，提示成功后才可选择 SETUP 开始 MAPGIS 程序

的安装。

- 对于 MAPGIS 6.0 以下的版本（包括 MAPGIS60），安装过程中系统会弹出输入关键字的提示，输入关键字后，系统将出现选择安装形式的对话框。

对于 MAPGIS 6.1 及 MAPGIS 6.5，则无关键字和安装选择，但须根据实际需要选择安装组件，如图 1-2 所示。

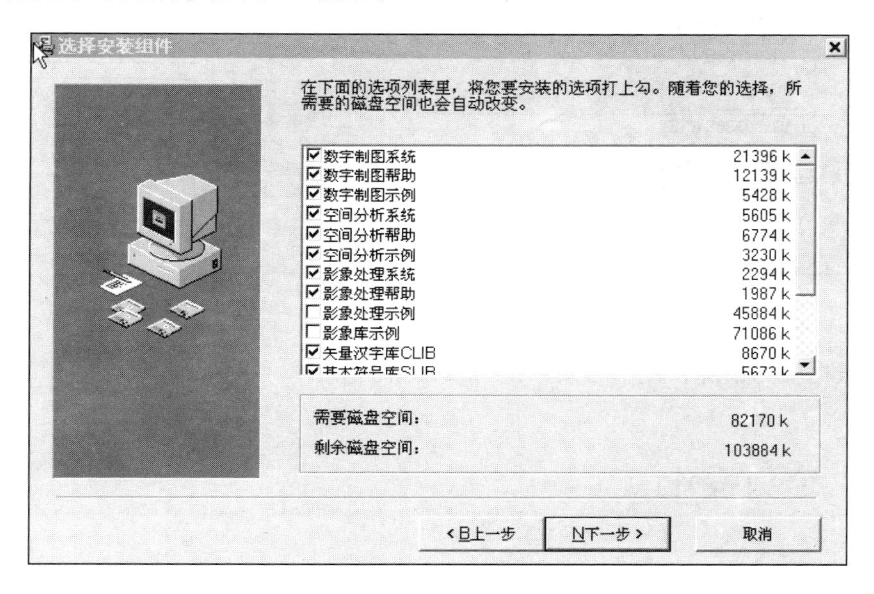

图 1-2　选择安装组件

- 从上述组件中选择实际运用中需要的选项，根据提示即可完成安装。
- 多用户版的服务器端安装时必须选择多用户管理程序。

1.3　参数设置

系统安装完毕后，第一步要做的工作就是参数设置。在 Windows 的桌面上，双击 MAPGIS 6.x 主选单便进入系统，按界面上的“参数设置”。参数设置的界面如图 1-3 所示。

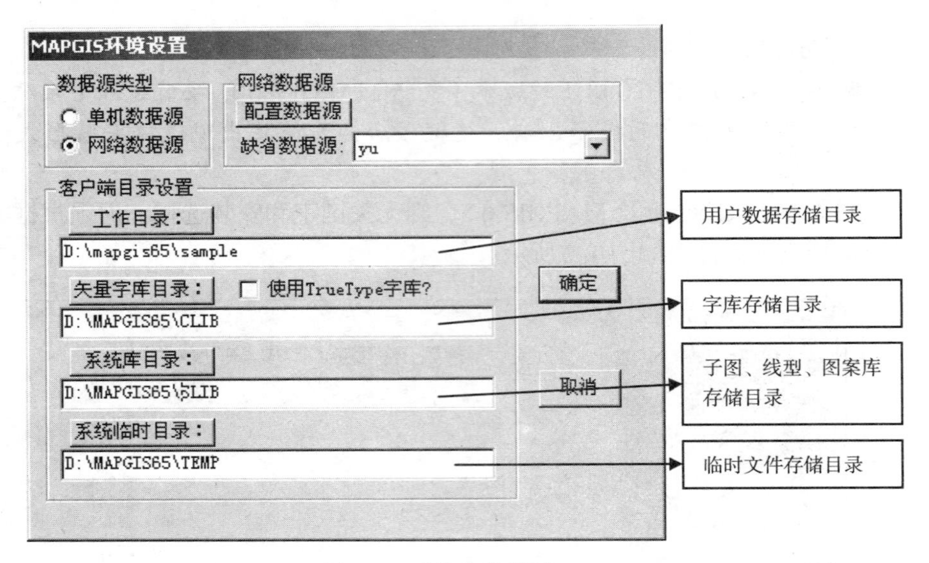

图 1-3　系统参数设置

根据实际情况，设置目录，便可以开始工作了。

1.4　窗口操作

窗口操作是交互式图形编辑系统的重要工具，利用窗口既可以观察图形的全景，又可移动窗口观察图形的不同部分，还可以将图形局部放大，观察其细部，使图形的编辑、修改、设计更加方便、精确。

要得到窗口选单，只需在操作界面上单击右键，或者直接通过窗口选单即可。

它的界面通常如图 1-4 所示。

放大窗口：用拖动操作在当前窗口中产生一个矩形框，凡落在矩形内的图形就是可视部分。矩形的大小和位置在拖动过程中由用户确定，矩形越小所包括的图元就越少，放大倍数就越大。放大窗口是逐级进行的，前一级窗口是后一级窗口的上级窗口。直接点按鼠标，则以鼠标位置为中心，放大为当前屏幕的 3/4。

放大窗口
缩小窗口
移动窗口
上级窗口
复位窗口
更新窗口
清除窗口
窗口参数

显示点
显示线
显示区
显示弧段
显示图像

打开工具箱

缩小窗口：逐级缩小窗口，直接点按鼠标即可。

移动窗口：将窗口移到指定位置。

上级窗口：恢复上次显示结果。

复位窗口：将图形恢复最初显示。

更新窗口：重画当前窗口。

清除窗口：清除当前窗口。

窗口参数：窗口参数用来设置当前窗口的位置及显示比例。

显示点、线、区、弧段、图像：在当前窗口，显示点、线、区、弧段、图像。

图 1-4　窗口操作选单

问题

1. MAPGIS 应用在哪些领域？
2. MAPGIS 是怎样组织系统的？
3. MAPGIS 有哪些特点？
4. MAPGIS 有哪些功能？
5. 请叙述 MAPGIS 安装步骤。
6. 系统安装完后，第一步骤应该做什么，怎么做？
7. 系统有哪些窗口基本操作？

第2章 图形输入

本章要点：

在GIS的应用中，需要建立图形和属性数据库。因此，数据输入是GIS的关键之一，并且它的费用常占整个项目投资的80%或更多。于是，就需要转换各种数据采集的工具。

MAPGIS 提供了这样的方便。它的数据输入方式有数字化仪输入、扫描矢量化输入、GPS输入和其他数据源的直接转换。

本章的主要内容有：

- ✧ 工程、文件、图层的区别；
- ✧ 数据输入前的准备工作；
- ✧ 数字矢量化的流程；
- ✧ 高程自动赋值。

2.1 基础知识

2.1.1 概念

这部分的基础知识是初学者必读部分，从编者的目的出发，是为了让初学者做到事半功倍，尽快地掌握 MAPGIS 的图形操作。当然，这部分所讲的概念大部分基于图形的输入和编辑系统而言，若有其他的情况将做特殊说明和解释。

本章将重点介绍文件、图层及工程与它们之间的关系。

2.1.2 文件

MAPGIS 的图形文件对于图形的输入和编辑系统而言，可以分为点、线、面三类。

1. 什么样的图形文件是点文件

点文件如图 2-1 所示。

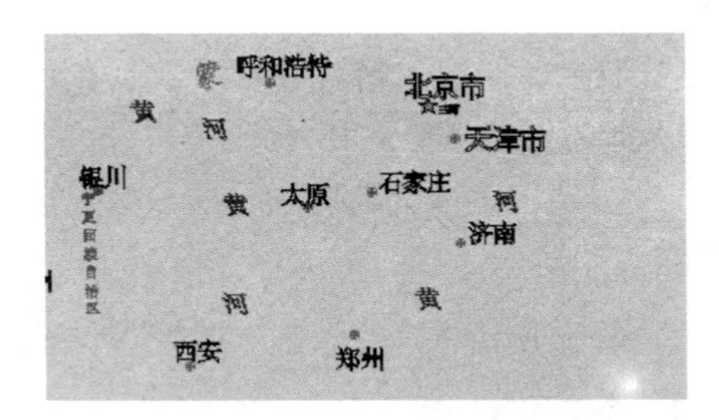

图 2-1　点文件示意图

我们可以发现，点文件包括文字注记、符号等。也就是说，在数据输入时，文字注记、符号等存放到点文件中。实际上，在机助制图中，文字注记称为注释，符号称为子图，这些被称为点图元。它是指由一个控制点决定其位置，并且有确定形状的图形单元。

2. 什么样的图形文件是线文件

线文件如图 2-2 所示。

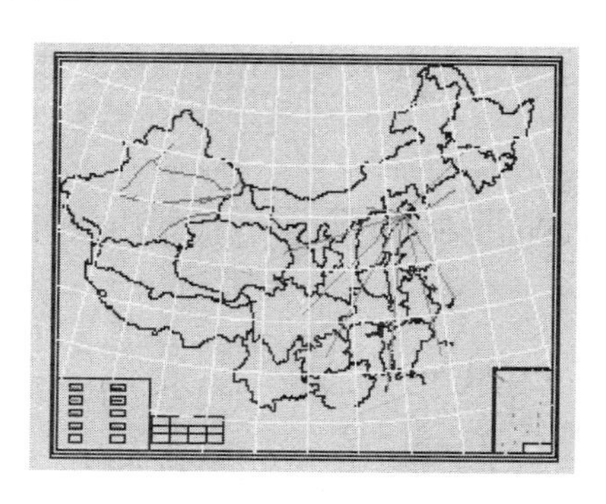

图 2-2　线文件

对于线文件，很明显是由境界线、河流、航空线、海岸线等线状地物组成，这样的线状地物被称为线图元。

3. 什么样的图形文件是区文件

区文件如图 2-3 所示。

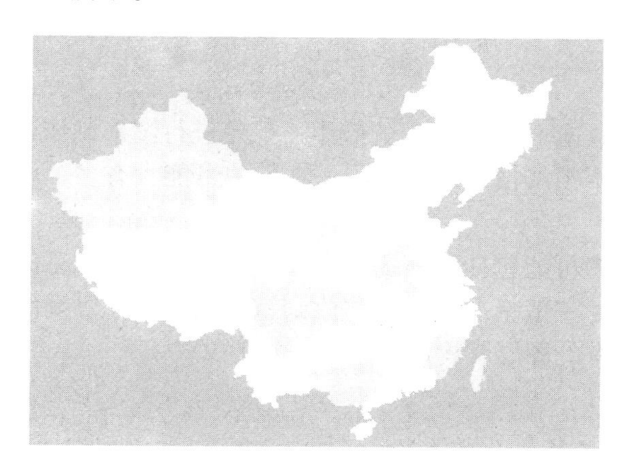

图 2-3　区文件

区文件是把各个行政区划进行普染色后得到的文件。

理论上，区是由同一方向或首尾相连的弧段组成的封闭图形。而弧段是一

种特殊的线，由此看来，区是基于线图元而产生的，

特别注意：在 GIS 的应用中（不仅是单纯的图形制作），一般把同一类地理要素存放到同一文件中，如某个图幅中，输入的**水系**被保存为一个线文件，**居民地**也被保存为一个线文件，**道路**数据被保存为一个线文件，普染色后的行政区划保存为一个区文件，等等。这样的文件我们称之为**要素层**。在地图库管理系统中，也使用到这类层的概念。

两幅比例为 1∶1 000 的地形图数据的存放结构如图 2-4 所示。

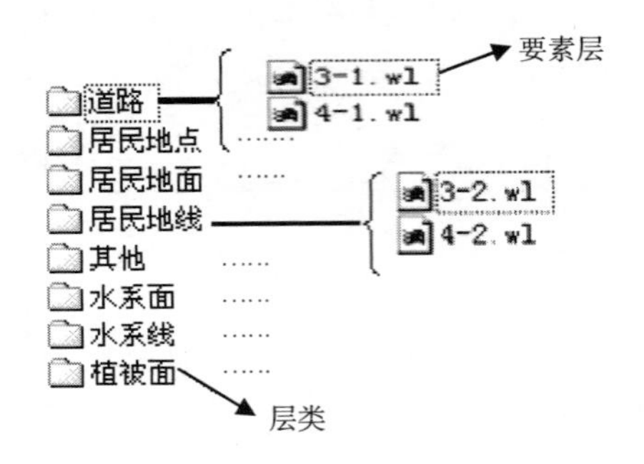

图 2-4　1∶1 000 的地形图数据的存放

2.1.3　图层

如果得到的数据不用于 GIS 的应用，只是进行图形制作，这样系统对数据的存放一般要求不很严格，那么在同一文件中可能含有多个图层。一个图层就是一类地理要素。

如一个图幅中可能包括等高线、铁路、河流等多种类型的地理要素。为了便于编辑和管理，一般情况下，铁路放到铁路图层中，等高线都存放到等高线图层中，这样所有的图层就构成了一个完整的文件。

2.1.4　工程

在工程应用中，一个工程项目需要对许多文件进行编辑、处理、分析。为了便于查找和记忆，因此要建立一个工程文件，来描述这些文件的信息和管理这些文件的内容，并且在编辑这个工程时，不必装入每一个文件，只需装入工

程文件即可，如图 2-5 所示。

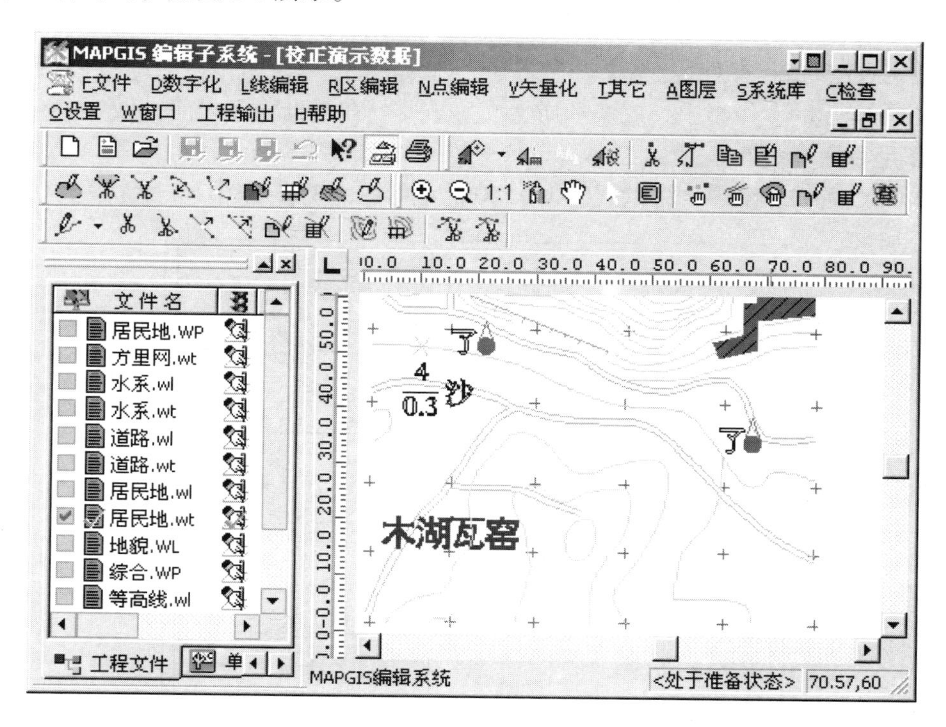

图 2-5　工程文件管理示意图

问题

1. 为什么要建立工程文件?
2. 点、线、面文件的区别是什么?

2.2　图形输入的前期准备

2.2.1　准备工作

关于图形输入，本章重点介绍扫描矢量化输入。扫描输入法，是目前地图

输入的一种较有效的方法。它是通过扫描仪直接扫描原图，以栅格形式存储于图像文件中（例如，*.TIF 等），然后经过矢量化转换成矢量数据，存入到线文件（*.WL）或点文件（*.WT）中。

在实际的工作当中，效率和质量同等重要。在数据输入之前，做一些准备工作是行之有效的。

在以后的介绍中，将以制作 1∶500 的地形图为例，如图 2-6 所示。

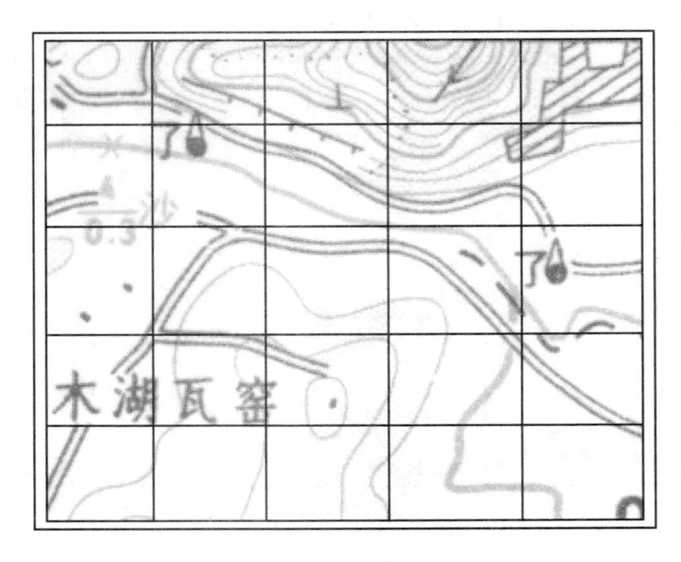

图 2-6　1∶500 地形图

注意：

图 2-6 实际上是某图幅的一部分，但为了说明方法，自行添加了方里网。

具体步骤如下：

- 读图、分层；
- 新建工程文件；
- 编辑层名词典，即修改层名；
- 编辑系统库，如符号库、线形库、颜色库等；
- 新建工程图例，类似创建参数表；
- 关联工程图例；
- 打开图例板，类似打开参数表。

2.2.2 读图、分层

读图、分层是非常重要的一步，它是工程管理文件的基础。我们一般按照地理要素进行分层。在 GIS 的应用中（不是单纯搞图形制作），一般把同一类地理要素存放到同一文件中。

这一步的分层只是技术人员在大脑中将数据进行分层。

从图 2-5 中，我们可以判读出有以下地理要素：水系、道路（双线路）、居民地、等高线、陡崖、独立地物、植被等。同时还有图幅数学基础方里网，可以根据判读的地理要素，分为不同的要素层，将来在工程中新建这一类对应文件。

2.2.3 新建工程

第一步： 在进行数据输入之前，首先需要新建工程文件。新建工程文件的目的是对文件进行管理。

选择新建工程功能后，系统会弹出如图 2-7 所示的对话框。

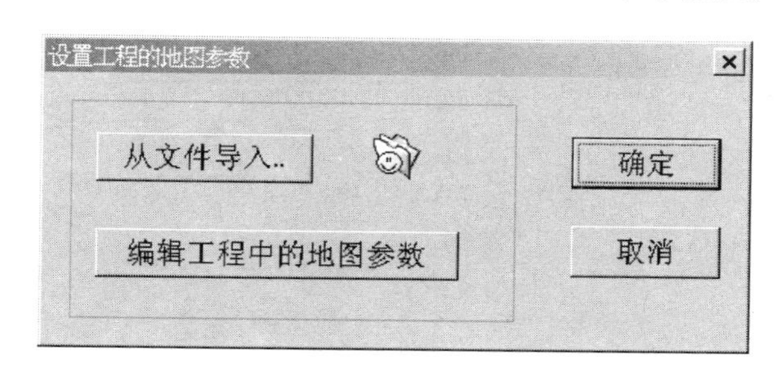

图 2-7 设置工程的地图参数对话框

系统要求在新建工程时，先设置好一个图幅的地图参数（实际上它只对地图进行描述，并没有对图形进行控制），作为以后在添加文件时的比较标准。如果要添加文件的地图参数与先设置好的不一样时，系统要求进行投影变换或修改地图参数，以保证工程中所有文件的地图参数一致。

设置的地图参数内容可以 从文件导入.. ，也可以自己来编辑 编辑工程中的地图参数 ，如图 2-8 所示。

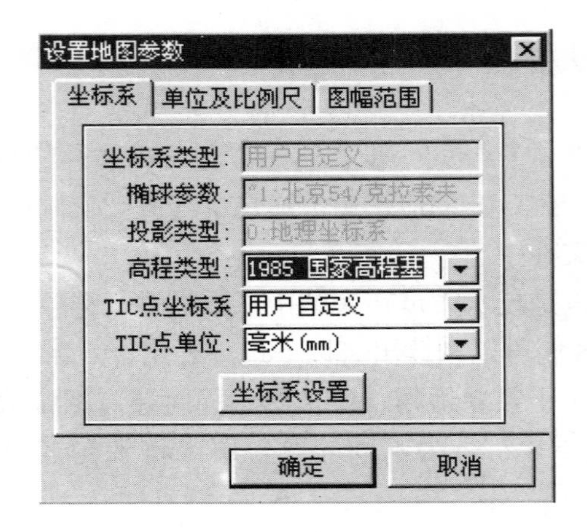

图 2-8 编辑地图参数

第二步：选择图 2-8 中“确定”或“取消”按钮后，出现如图 2-9 所示对话框。

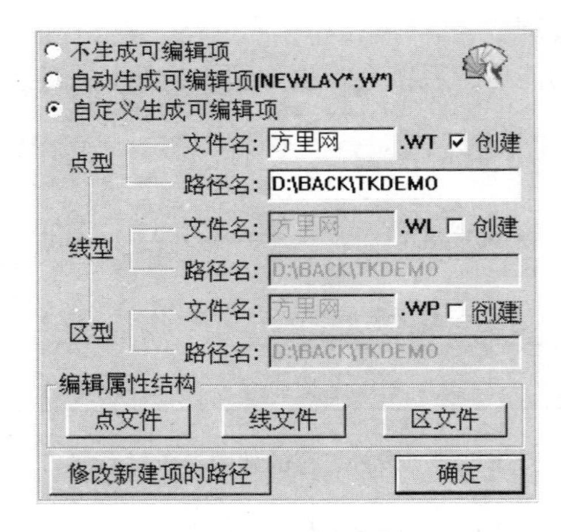

图 2-9 定制新建项目内容

在这个对话框中有很多需要选择的东西，对于初学者来说，在此建议首先选择自定义生成可编辑项的复选框。

选择 ⊙ 自定义生成可编辑项，即可自己输入路径名和文件名，如图 2-9 输入的文件名“方里网.wt”，路径名“D:\BACK\TKDEMO”等，又可通过选择创建复选框来决定是否创建某一类型的文件。以上操作只生成点文件。

第三步：在创建工程一开始，还可以预设文件的属性结构，我们以点文件为例。选择“点文件”按钮，弹出如下对话框，并输入地物名称字段。依次按回车键输入字段类型、长度、小数位数，如图 2-10 所示。

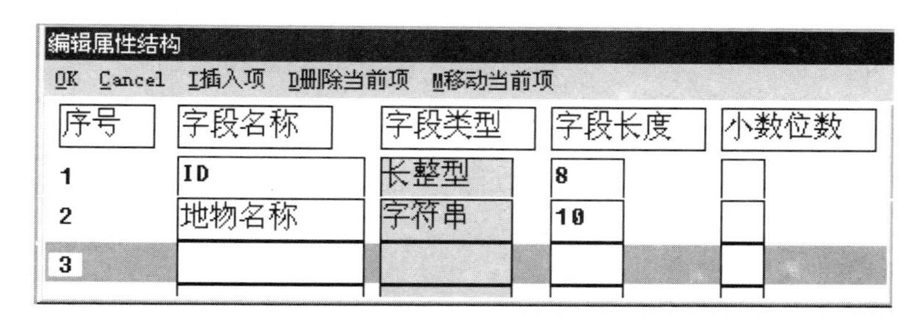

图 2-10　编辑属性结构

选择图 2-9 中的确定按钮后，系统将生成如图 2-11 所示的视图。

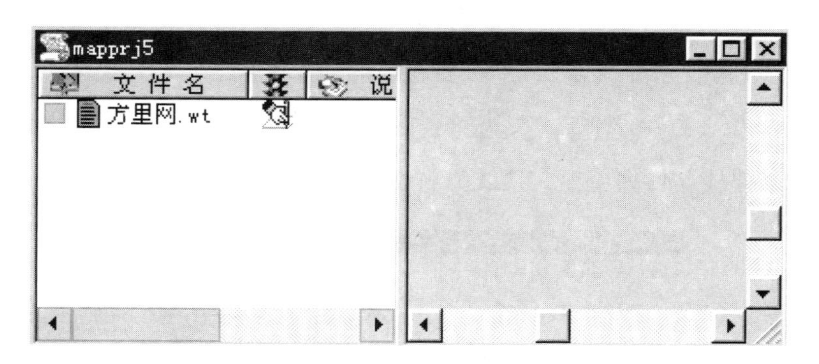

图 2-11　工程视图和编辑视图

不管采取三种方式中的哪一种创建工程，在新建工程后的界面中，窗口都被分为左右两部分。窗口的左半部分称为工程编辑平台（简称左窗口），右半部分称为图形编辑平台（简称右窗口）。

其中，左窗口的主要作用是对工程中的文件进行管理；右窗口的主要作用则是对文件中的图元进行管理。

整个窗口上面的选单都是对文件中的图元进行操作，所以，选单是否激活与右窗口是否激活紧密相关。如果在对图形进行编辑的过程中，发现选单的选项都是灰色的不能使用时，必定是用鼠标对左窗口进行过操作（包括用鼠标左键或右键单击左窗口的空白处）。这时，只需要用鼠标左键或右键单击右窗口的任意处，然后再选择选单，选单就会变成黑色，被激活。

第四步：新建文件。

在对地形图判读并且分了不同的要素层后，接下来将在工程中新建地理要素对应文件。

将光标放在图 2-11 中的左窗口中，按右键，系统即刻弹出如图 2-12 所示选单。

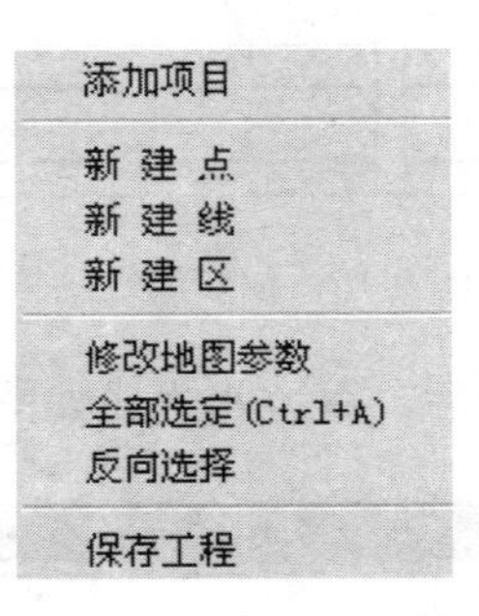

图 2-12　右键选单

选择新建线文件选单项，系统弹出如图 2-13 所示对话框。

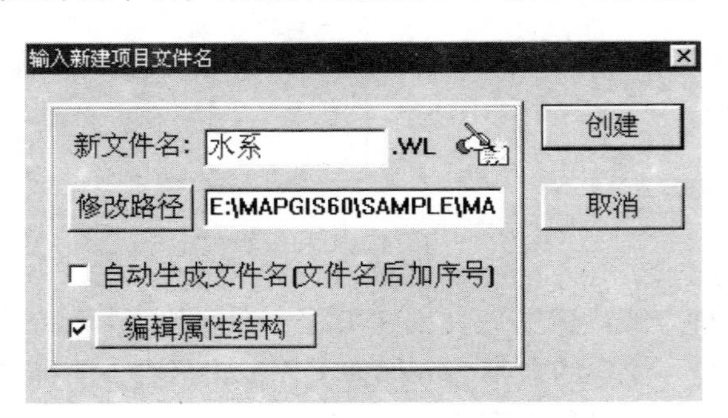

图 2-13　新建项目文件

在新文件名编辑框中，输入水系，同时，可以选择“修改路径和编辑属性结构”按钮，进行修改新建文件的路径和属性结构。最后，选择“创建”按钮，系统在左窗口将添加水系线文件。

依次重复第四步，继续创建其他文件，如图 2-14 所示。

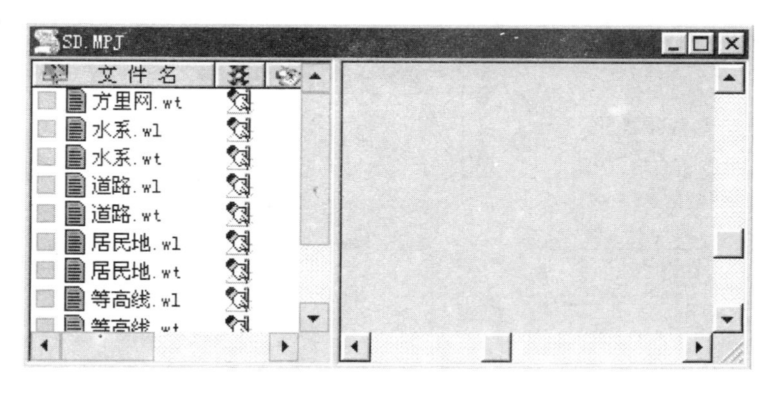

图 2-14　工程视图和编辑视图

2.2.4　编辑系统库

对于 1∶500 的地形图，在制图的过程中，应按照国家标准图式。符号的大小、参数的多少及颜色等都应符合标准图式。

但是，MAPGIS 所提供的系统库的内容并没完全囊括整个图式内容，这样，需要您自己制作，丰富系统库。具体操作请参见“编辑系统库”一章。

2.2.5　新建工程图例

1．图例的主要作用

图例的主要作用在于方便地提供拾取固定参数。例如，在数据录入时，输入另一类图元之前，可以直接在图例板中拾取该类图元的固定参数，这样就可以避免进入选单重新修改此类图元的默认参数，从而提高了工作效率。

2．新建工程图例

工程图例在编辑好系统库基础上进行。进行图形输入前，最好先根据图幅的内容，建立完备的工程图例。

在工程视图中单击右键，在弹出的选单中选择“新建工程图例”，系统会弹出如图 2-15 所示的对话框。

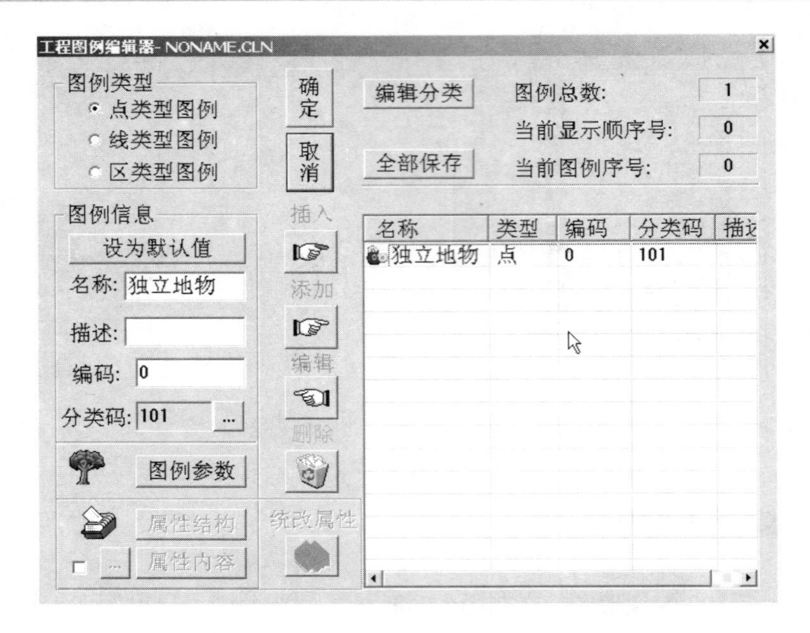

图 2-15　工程图例编辑器

新建图例的具体步骤如下。

（1）选择图例类型。不同类型的图元对应不同类型的图例，在此以选择点类图例为例。

（2）输入图例的名称为独立地物，描述信息在此不作详细介绍。

（3）选择编辑分类，会弹出如图 2-16 所示的对话框，输入分类码和分类名称，单击按钮“添加类型”将编辑的分类存入分类表。如分类码为 101，名称为独立地物。通过设置分类码，可以将图例与文件建立起对应关系。在图例文件设置好后，还需对工程中的文件进行设置分类码。只需在工程视图中选中一个文件，当它为蓝条高亮显示时，单击右键，选单中选择“修改项目”，弹出如图 2-17 所示的对话框，修改其分类码，使其与图例相对应。这样，在图例板中提取一个图例，系统会自动将与其对应的文件设为“当前编辑”状态。

（4）设图例图形参数。首先选择子图类型，然后输入油井图元号，以及各个参数。

（5）编辑属性结构和属性内容。工程图例中的属性结构和属性内容与点、线、区选单下的有所不同，当对图例中的属性结构和属性内容进行修改时，并

不影响文件中图元的属性结构和属性内容，它只作为图例元素的一部分信息保存在图例文件中。

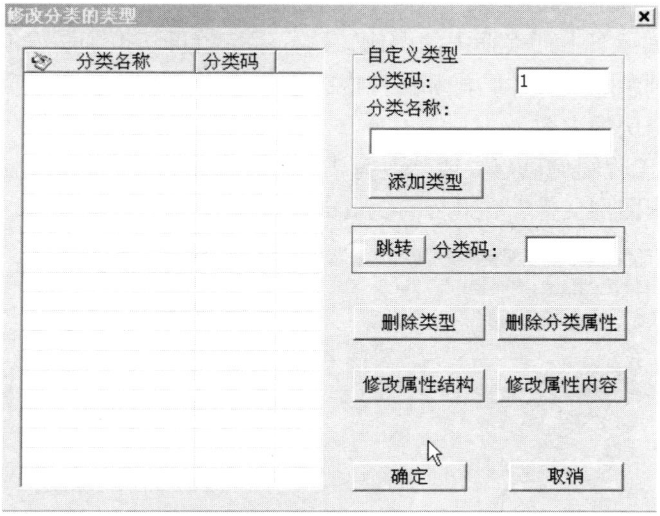

图 2-16　编辑分类

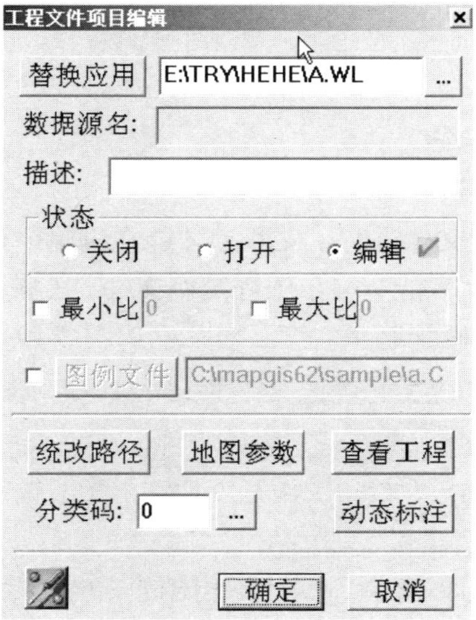

图 2-17　工程文件项目编辑

（6）单击“添加”按钮，将所选点图元添加到右边的列表框中如图 2-15 所示。

（7）如果要“修改”某个图例，可先用鼠标激活图例，再单击“编辑”按钮，或者用鼠标双击列表框中的图例，这样系统就可切换到图例的编辑状态，从而可对图例参数及属性结构和属性内容进行修改。用鼠标单击“确定”按钮，就可以修改图例的内容。

（8）当工程图例已建立或修改完毕后，单击图 2-18 中“确定”按钮，系统会提示保存图例文件，在此保存为 a.cln。

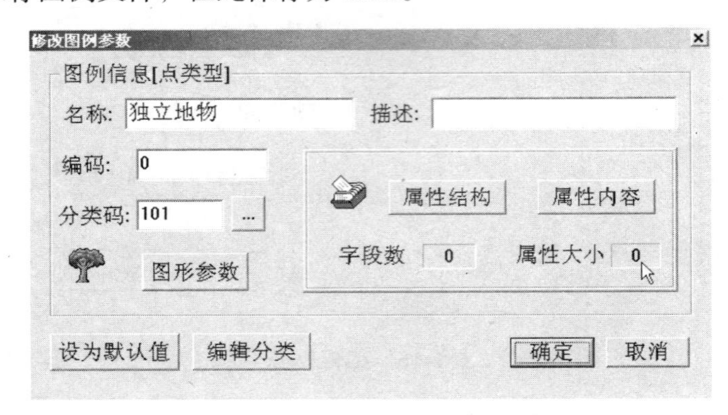

图 2-18　修改图例参数

2.2.6　关联工程图例

只有将工程与图例文件进行了关联，才能在编辑中运用图例板中的内容。一个工程文件（*.MPJ）只能有一个工程图例文件，关联工程图例可使当前工程与指定的工程图例文件匹配起来。交互对话框如图 2-19 所示。

图 2-19　工程图例文件修改

2.2.7　打开图例板

将光标放在编辑界面的左窗口空白处，按右键，在弹出的选单中，选择打开图例板的功能。系统弹出如图 2-20 所示对话框。

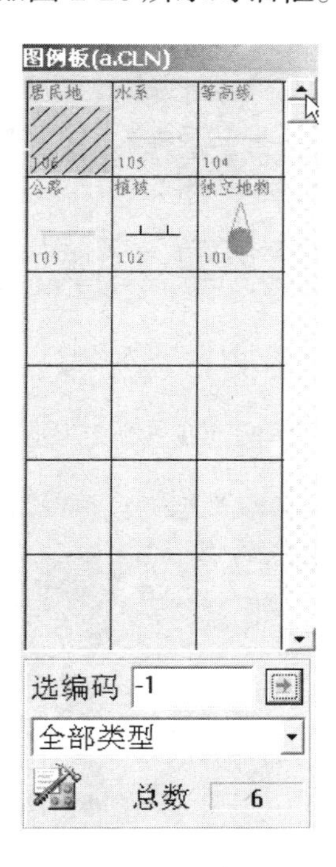

图 2-20　图例板

使用图例板的方法：

- 激活输入点、线、区图元图标；
- 在图例板中，拾取图元参数；
- 重复上面 2 个步骤。

到此为止，就可以进入下一阶段，并开始数据录入了。

2.2.8　补充

注意：本补充不在上述步骤之列。

1．修改项目

工程文件本身记录着其中文件的绝对路径，也就是说不管*.mpj 存放或移动到何处，对打开工程没有影响。但是，当工程中的文件被移动到另一个目录中后，再打开工程就有所变化了。此时，系统会弹出如图 2-21 所示对话框。

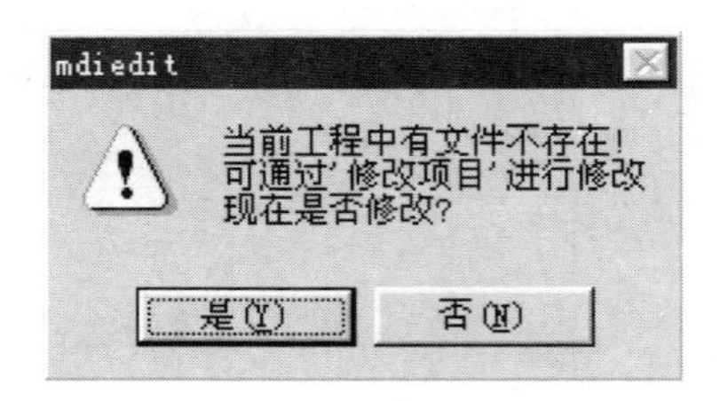

图 2-21　提示信息

选择“是”按钮后，系统会弹出如图 2-22 所示的对话框。

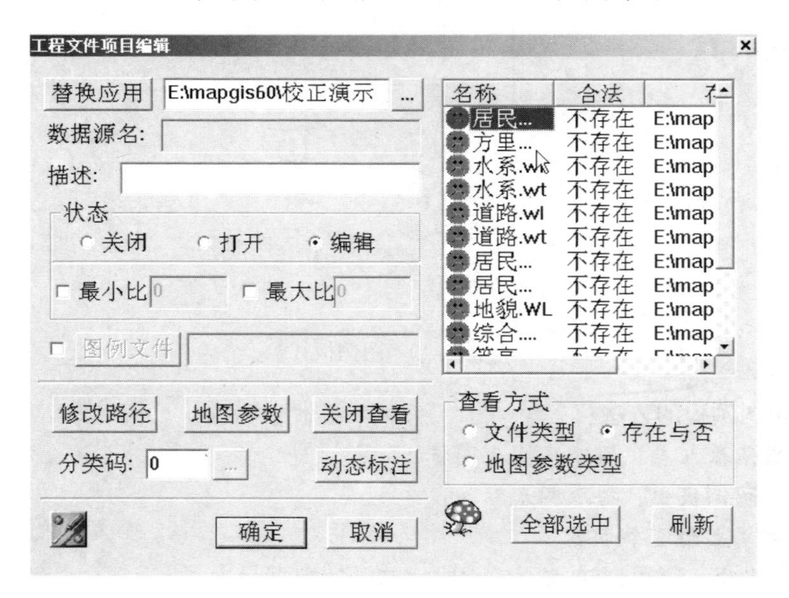

图 2-22　修改项目对话框

此时，首先选择“全部选中”按钮，将文件列表中的文件全部选中，然后选择“修改路径”按钮。在弹出的对话框中，把路径修改到文件所在的目录，确定即可。

2．创建分类图例

在制作图件时，为了便于他人读图，常常需要附带图例。图 2-23 是中国行政区划图的图例。

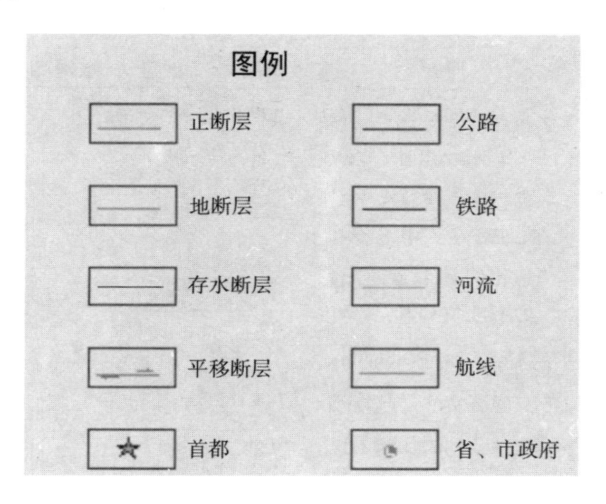

图 2-23　图例

在本系统中，可以利用已编辑好的工程图例，把它关联到工程中作为图件的工程图例，然后自动把图例文件中的图例按点/线/区进行分类，形成用户指定名称的点、线、区文件，还可以自动加到工程中去。在形成分类文件的同时，还可指定图例显示区的范围和样式。

新建图例文件对话框如图 2-24 所示。

创建分类图例文件的步骤如下。

- 选择图例文件（*.CLN）的文件名。
- 设置要生成的分类图例文件（*.WT/*.WL/*.WP）的名称和存放路径。
- 选择图例的边框风格。
- 设定图例显示的范围。主要是设定图例左下角和右上角的坐标，以便确定图例在图件中的位置及大小。默认情况下，是在图件的左下角。
- 选择图例的排列方式。以行优先是指图例从左到右排列；以列优先是指图例从上到下排列。
- 确定图例显示参数。主要是设定图例的高度和宽度及行列之间的间距。
- 设置图例的标题及脚注的位置、内容和参数。

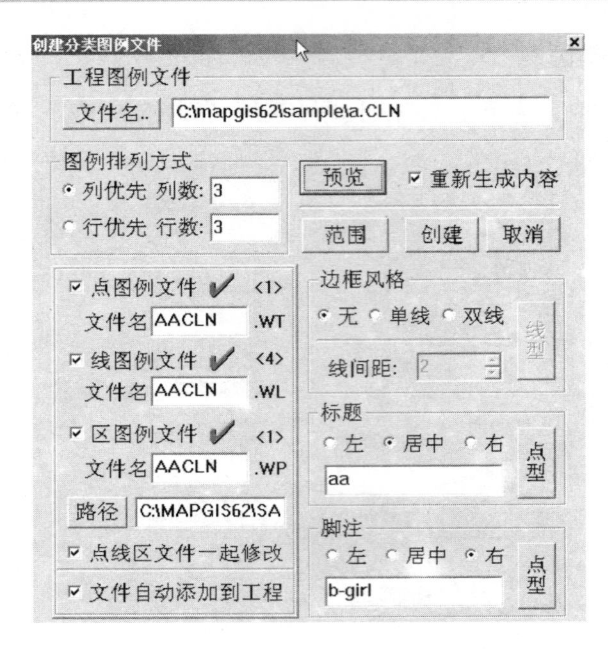

图 2-24　创建分类图例文件

- 参数设置完毕后，用鼠标单击“预览”按钮，预示设置结果。若满意，单击“创建”按钮，就开始创建分类图例文件。如果您选择了“文件自动添加到工程”，那么分类文件会自动地添加到工程中来。

2. 自动提取图例

工程是由基本的点/线/区文件组成，各文件中的图元可能有相同或相似的参数，我们可以把它们归类后提取出来，并形成图例文件。

功能操作对话框如图 2-25 所示。

图 2-25　自动提取图例一

选择“高级设置”按钮后，图 2-24 对话框自动增加以下部分，如图 2-26 所示。

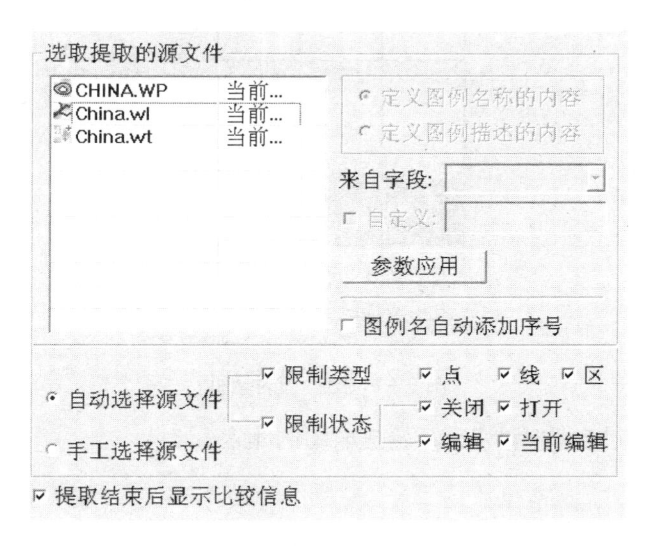

图 2-26 自动提取图例二

自动提取操作步骤：

（1）按选择图例文件按钮，输入结果图例文件名；

（2）选择工程中的文件，确定从哪个文件中提取图例。请参看如图 2-27 所示的图例板。

- 选择将要提取图例的文件。
- 选择“定义图例名称字段”单选框。
- 方式一：要在图例板中出现如图 2-27 中的区 3、区 4 等名称，请选择 ☑ 自定义内容: 区 复选框，输入“区”字样。然后选择 ☑ 图例名自动添加序号 复选框，这样系统就在图例板中给图例名称自动添加序号，这是自定义名称。

  方式二：在 所有字段名 <1> 面积 列表中，选择合适的字段即可。
- 选择“参数应用”按钮，把信息保存。如果有必要，重复上述步骤。

（3）定制选取文件的方式，若是“自动选择源文件”，则提取时对符合限制规则的文件进行操作；若是“手工选择源文件”，则只对用户选取的文件进行操作。

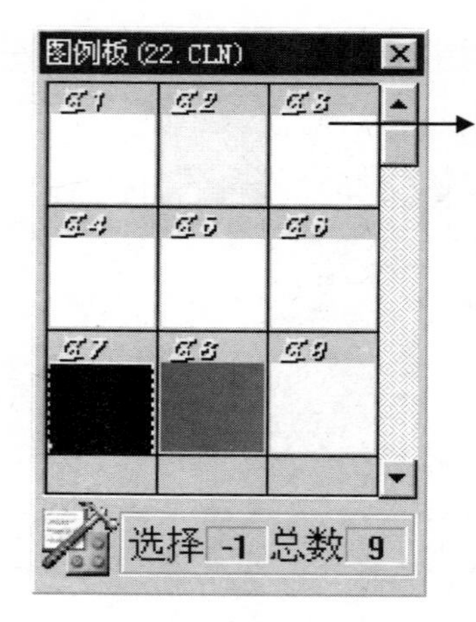

图 2-27　图例板对话框

（4）再按“自动提取”，开始提取图例元素。

问题

1. 数字制图之前，需要做哪些准备工作？
2. 如何新建工程图例文件？
3. 如何创建分类图例文件？

2.3　图形输入

2.3.1　智能扫描矢量化

智能扫描矢量化为图形输入提供一种方法：扫描输入法，是目前地图输入的一种较有效的输入法。它是通过扫描仪直接扫描原图，以栅格形式存储于图像文件中（例如，*.TIF 等），然后经过矢量化转换成矢量数据，存入到线文件（*.WL）或点文件（*.WT）中，再进行编辑、输出。矢量化选单如图 2-28 所示。

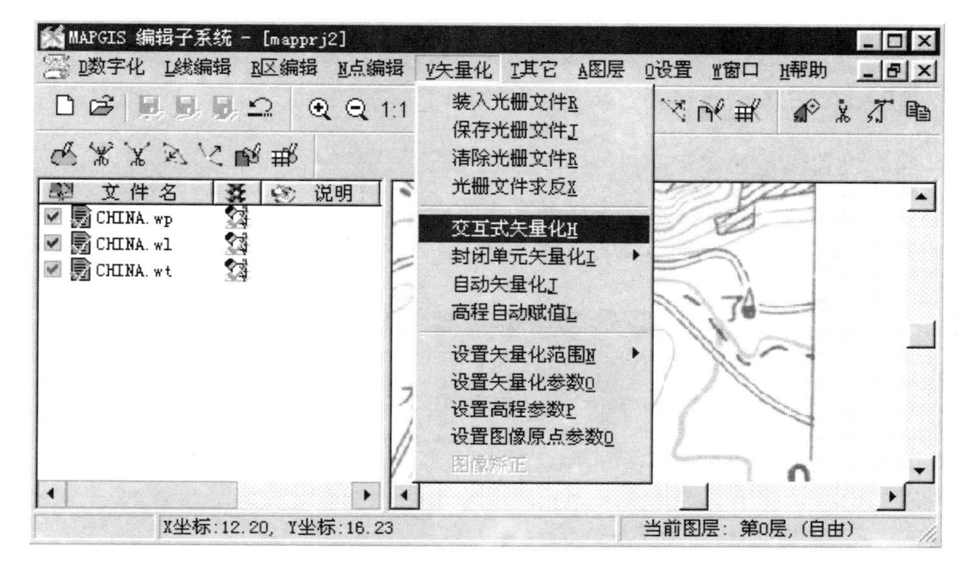

图 2-28 矢量化选单

2.3.2 矢量化流程

1. 矢量化前期的准备工作

在数据输入之前的准备工作步骤如下：

- 读图、分层；
- 新建工程文件；
- 编辑层名词典，即修改层名；
- 编辑系统库，如符号库、线型库、颜色库等；
- 新建工程图例，类似创建参数表；
- 关联工程图例；
- 打开图例板。

2. 校正图像

将图纸扫描，进入图像分析系统，将图像校正，同时输出 RBM 文件。如果对图像没有校正，那么一定要在将来学习到的误差校正系统对矢量数据进行校正。

3. 装入光栅文件

装入 TIFF 数据或在第二步输出的 RBM 文件。

4. 设置矢量化参数

矢量化参数包括矢量化时的几个必须的控制参数，设置矢量化参数的窗口如图 2-29 所示。

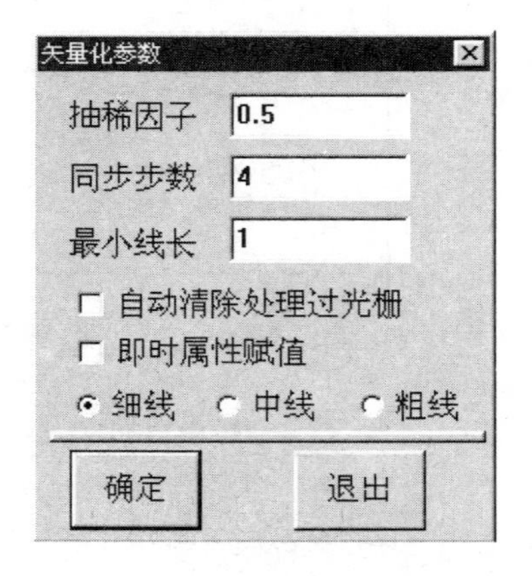

图 2-29　设置矢量化参数对话框

抽稀因子：是经验值。为了减少数据的冗余，在矢量化的过程中，系统在不影响数据精度的条件下自动进行抽稀。该抽稀因子就是控制线在抽稀后与原光栅中心线之间的最大偏差值，实际上就是控制数据精度要求，默认情况下为一个像素。抽稀后的线与原光栅中心线的最大偏差为一个光栅点（若扫描分辨率为 300dpi，则一个光栅点大约为 0.08mm）。

同步步数：就是在矢量化线的过程中，在搜索光栅线的中心点时，允许向前搜索的最大像素个数。若在给定的允许范围内，搜索不到中心线，则系统自动结束当前线跟踪。所以，这个参数控制矢量化转弯处的连续性，参数大则连续性较好，但线的准确性和线端点处的处理将受到影响。

最小线长：自动矢量化时，小于最小线长的线将被舍去。

每条线矢量化后，将在光栅文件中抹去这一条光栅线。

矢量化每条线后，系统弹出属性对话框，要求编辑属性，如图 2-30 所示。

☑ 自动清除处理过光栅

☑ 即时属性赋值

图 2-30 属性对话框

细线：对于 1~3 个像素点宽的线，采用细线操作。只对灰度和彩色图像有效。

中线：对于 3~5 个像素点宽的线，采用中线操作。只对灰度和彩色图像有效。

粗线：对于 5 个像素点以上宽度的线，宜采用粗线操作。只对灰度和彩色图像有效。

5. 设置矢量化范围

如果选择窗口方式，用光标在需要矢量化的区域，拖出一个窗口即可。

6. 修改工程文件中的文件状态

在工程中的文件都处于编辑状态，如图 2-31 所示。

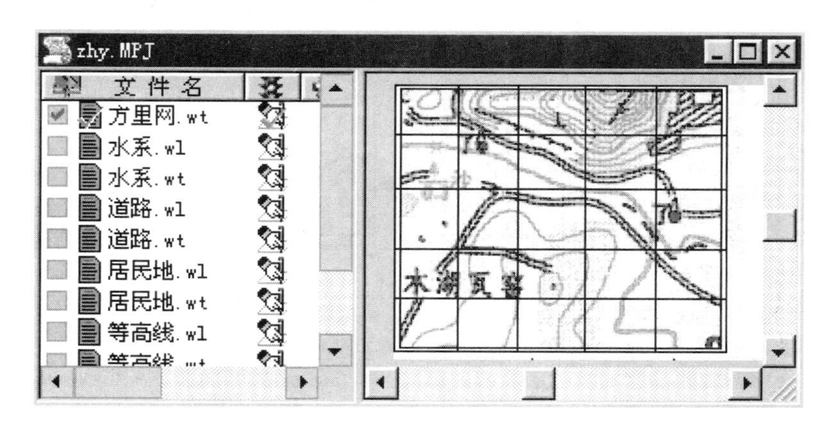

图 2-31 工程视图和编辑视图

对于方里网.wt 文件前有 标志，这说明这些文件处于当前的编辑状态。那么在什么时候文件需要这个标志呢？

由于上述文件都处于编辑状态，因此对它们可以进行修改，如删除、移动、添加等，但在添加图元（对哪个文件进行数据输入）时，就应该标明要添加到哪个文件当中，这样就需要对此文件修改成 标志。

在数据输入时，首先应该输入图幅的控制点（对于图 2-32 中的图幅来说，是方里线的交点和方里线与内图廓交点及内图廓的 4 个角点，目的是便于后来在误差校正系统采集实际值），因此，图 2-32 中方里网.wt 文件前先有一个 标志。

7．选择图例板中的图例，拾取图元的参数

输入某类图元（如点、线、面）时，应先选择输入图标（例如， 输入点图元图标），切到输入状态（如从输入线到输入点时）。然后，在图板中选择图例，实际上是拾取控制点的参数过程。

8．数据输入

（1）输入点图元。拾取了参数之后，就可以在右窗口将光标放到图元的控制点处，单击左键进行输入了。

数字化一开始，就应该首先输入控制点，如图 2-32 所示。

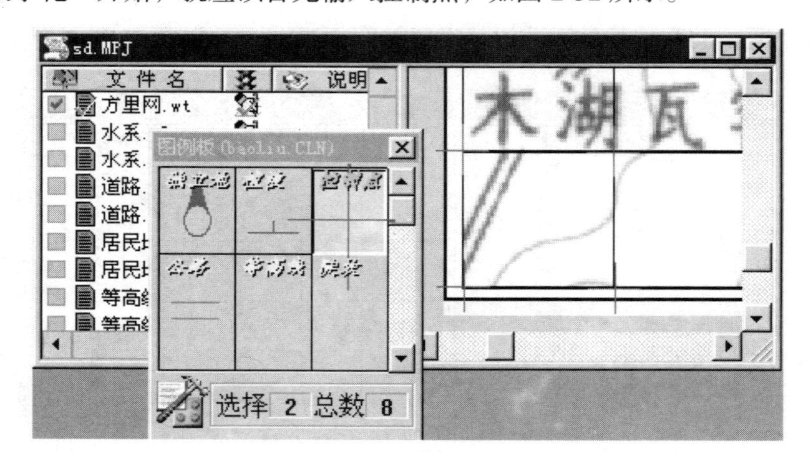

图 2-32　输入点图元

（2）线元矢量化移动光标，选择需要追踪矢量化的线，屏幕上显示出追踪的踪迹。每跟踪一段遇到交叉地方就会停下来，让你选择下一步跟踪的方向和路径。当一条线跟踪完毕后，按鼠标的右键，即可以终止一条线。如果此时按住“Ctrl”键，同时按右键，此线终止并封闭该线。如此可以开始下一条线的跟踪。

跟踪时，灵活使用 F5, F6, F7, F8, F12, F4 等功能键。

9. 重复七、八步操作

重复选择图例板中的图例，拾取图元的参数，以及数据输入操作。

10. 保存项目

激活左窗口，选择文件，保存项目。

2.3.3 高程自动赋值

等高线快速赋值方法具体操作如下。

1. 编辑属性结构

在线编辑中，修改线属性结构，增加双精度类型高程字段，如图 2-33 所示。

编辑属性结构

OK Cancel I插入项 D删除当前项 M移动当前项

序号	字段名称	字段类型	字段长度	小数位数
1	ID	长整型	8	
2	长度	双精度型	15	6
3	高程	双精度型	15	6
4				

图 2-33 编辑属性结构

2. 设置高程参数

当前高程：当前要赋值等高线的高程值。

高程增量：高程递增量。

高程域名：存储高程值的属性域名，可选择属性库中任意一个双精度型域存储高程值。

设置高程参数对话框如图 2-34 所示。

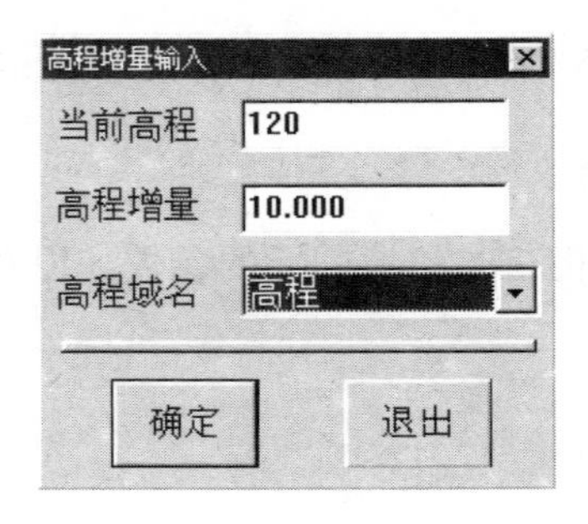

图 2-34　设置高程参数

3．高程自动赋值

用鼠标拖出一条橡皮线，系统弹出高程设置对话框，要求用户设置当前高程、高程增量和高程域名，然后，系统将凡与该橡皮线相交的等高线，根据已设置的当前高程为基值，自动逐条按高程增量递增赋值。原先若有值，则被自动更新高程。

4．高程色谱设置及高程色谱显示

选择高程色谱设置，会弹出如图 2-35 所示的对话框。

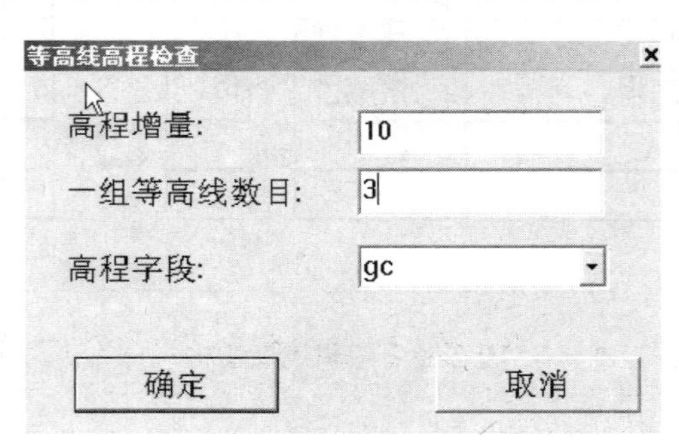

图 2-35　高程色谱设置

对一组等高线数目进行设置，则选择“高程色谱显示”时，系统会对等高线按照所给信息进行分色显示，以便于对高程值进行检查。

问题

1. 数据录入的一开始，为什么先用十字子图输入控制点?
2. 矢量化的流程是什么?
3. 如何进行自动高程赋值?

第3章 图形编辑

本章要点：

图形编辑是一个很重要的环节，通过数字化和矢量化操作，线、点类数据及区域的边界等开始进入系统。由于系统和人工的因素造成了一定的误差，因此，编辑过程是必不可少的步骤。它能辅助提高绘图精度，协助快速利用计算机提供丰富的色彩和多样化的图示技术，寻求图形的最佳表现形式。

由于它是“所见即所得”方式，在输出前，还可通过“还原显示”功能在屏幕上浏览一下最终的结果。

本章的主要内容有：

- ✧ 点、线、区图元的编辑；
- ✧ 拓扑处理的流程；
- ✧ 系统库的编辑；
- ✧ 工程裁剪；
- ✧ 解析造线。

3.1 数据编辑

3.1.1 编辑系统主界面

MAPGIS 图形编辑系统提供对点、线、面图元的空间数据和属性数据分别进行编辑的功能，它是一个功能强大的系统。

MAPGIS 图形编辑系统的界面如图 3-1 所示。

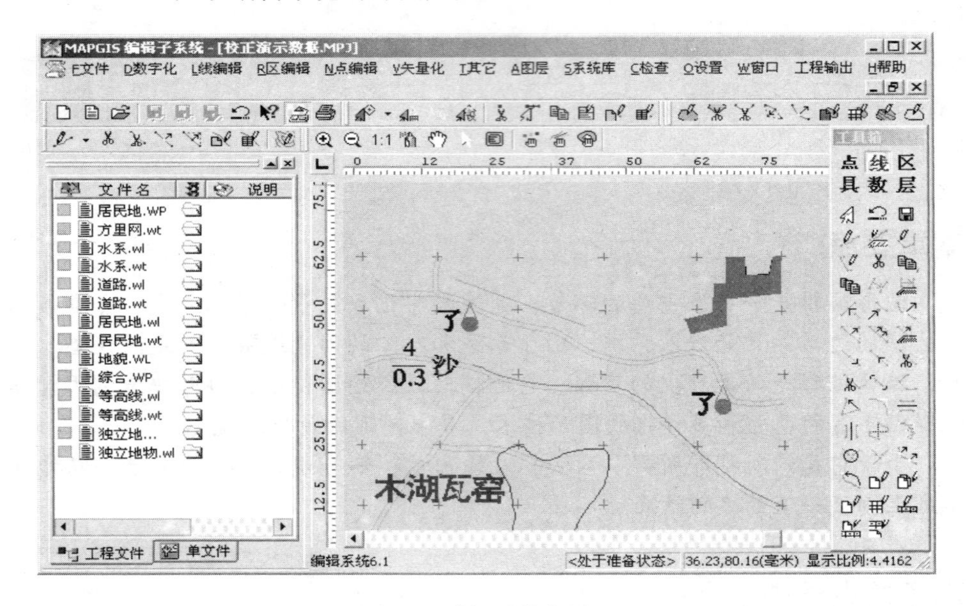

图 3-1 编辑系统主界面

3.1.2 线编辑

线编辑是图形编辑中很重要的一个环节。通过数字化和矢量化操作，进入系统的数据都是点图元和线图元。由于系统和人工的误差，编辑手段是必不可少的步骤。它能辅助提高绘图精度，协助快速利用计算机提供色彩丰富和多样化的图示技术，寻求图形的最佳表现形式。

1. 输入线

系统提供的输入线功能强大，我们应该灵活运用，特别在矢量化时，更应该充分利用这一功能。在交互矢量化时，有时自动跟踪也可以通过输入线来代替，这样可以大大地提高工作效率。

下面针对如图 3-2 所示的 1∶500 的图幅，做一些具体的解释。

（1）操作方法。拖动操作：按下鼠标左键不松开，拖动鼠标到适当位置后松开鼠标左键，这个过程就叫拖动操作。

移动操作：单击鼠标左键，然后松开，移动鼠标到适当位置后再按鼠标左键确认，这个过程就叫移动操作。

（2）输入流线为拖动操作，输入折线是移动操作。按 F8 键加点，F9 键退点，F11 键改向。在输入开始时，Shift 键按下自动靠近线。按 F12 键有捕捉线头线尾等功能。交互矢量化中按 F4 键有高程自动赋值的功能（要先编辑线的高程域名）。

（3）输入陡坎：由于陡坎有许多垂直的短线，在矢量化时，在相交处经常停止跟踪，这样需要不断按 F8 键加点。实际上，完全可以用输入折线的方式来实现。

注意：

陡坎是有方向的，输入时，要注意线型生成的方向。

（4）在扫描图纸时，可能是灰度扫描，这样数据量可能有些大。交互矢量化等高线时，速度有所减慢，这样也可以改为输入折线的方式。一条线结束时，按下“Ctrl+鼠标右键”自动封闭线。

（5）输入双线的几种方法：在实际的工作当中，常常遇到输入公路要素的情况。采用不同的输入方法，工作效率是不同的。数字化底图如图 3-3 所示。

要输入图中的公路，有 4 种方法。

- 选择一号线型，利用矢量化或输入折线的方法跟踪公路的左右两侧。
- 选择双线线型，利用矢量化或输入折线的方法跟踪公路的一侧；还原显示可得到结果，但在相交处不能自动断开，双线型如图 3-4 所示。
- 输入双线是最佳的方案。首先，在设置选单下，选择设置系统参数，设置双线（平行线）的宽度。然后，输入双线。在相交处输入时，一定把光标放到其中的一条线上，这样相交处自动断开。线型要用一号。输入双线示意图如图 3-5 所示。

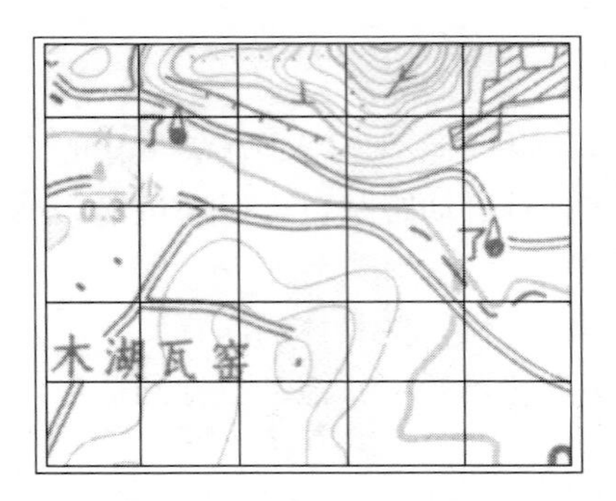

图 3-2　1：500 地形图

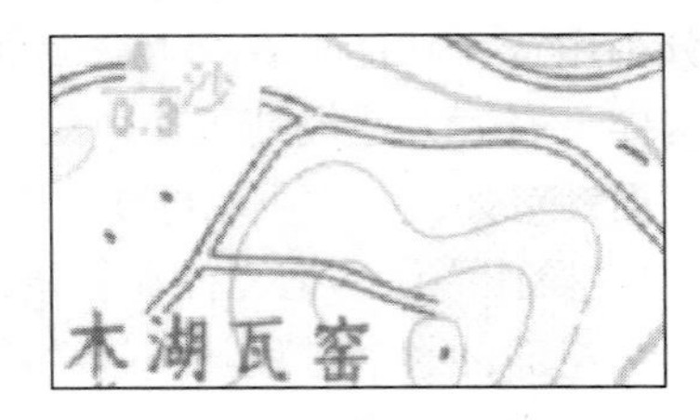

图 3-3　数字化底图

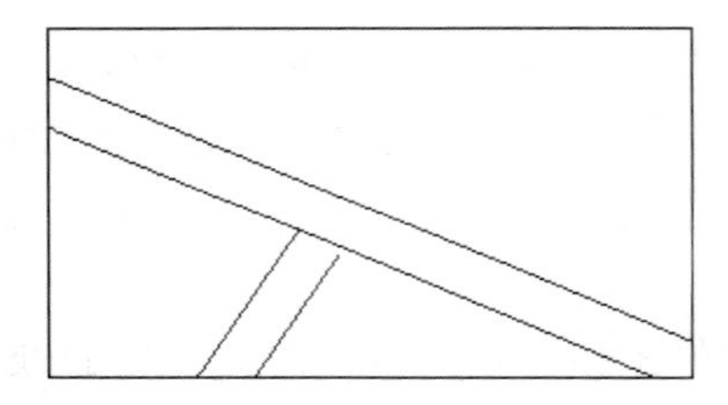

图 3-4　双线线型示意图

图 3-5　输入双线示意图

● 造平行线的方式。首先，选择矢量化公路的一条边，然后选择造平行线功能，系统弹出如图 3-6 所示对话框：选择了平行线的方向和间距后，系统自动生成了公路的另一边。

（6）多边形居民地的输入方法。输入多边形居民地，我们可以利用正交多边形工具来实现。

输入正交多边形为移动操作。先利用移动操作输入一条边，然后移动鼠标形成一长方形，接下来用光标捕捉一条边，成功后移动光标就可以进行部分扩展，从而生成正交多边形，如图 3-7 所示。

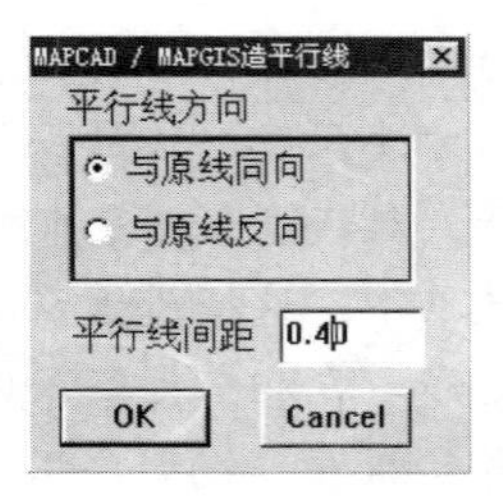

图 3-6　造平行线功能

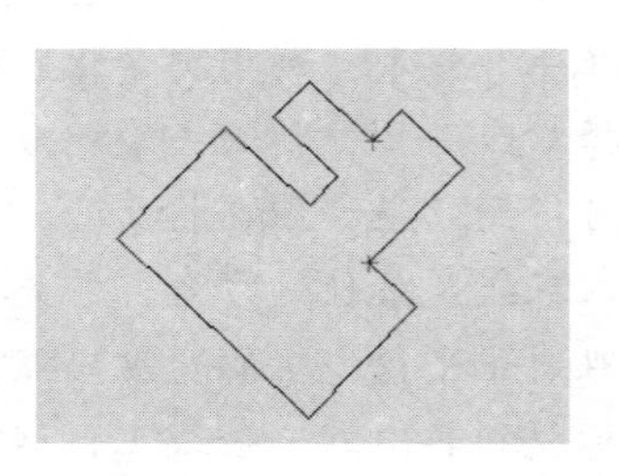

图 3-7　正交多边形示意图

2. 利用光滑线使等高线圆滑

等高线的输入方式，一般采用交互式矢量化的方法。但是，如果设置参数是用折线的方式，追踪出来的等高线有可能不圆滑，可以利用光滑线的方式来解决这样的问题。还可以根据实际情况，选择合适的光滑方式。

3. 利用镜像线巧绘桥梁

在绘制桥梁符号时，只需要绘制符号的一半就可以了。然后，用镜像线的原点方式绘制另一半，如图 3-8 所示。

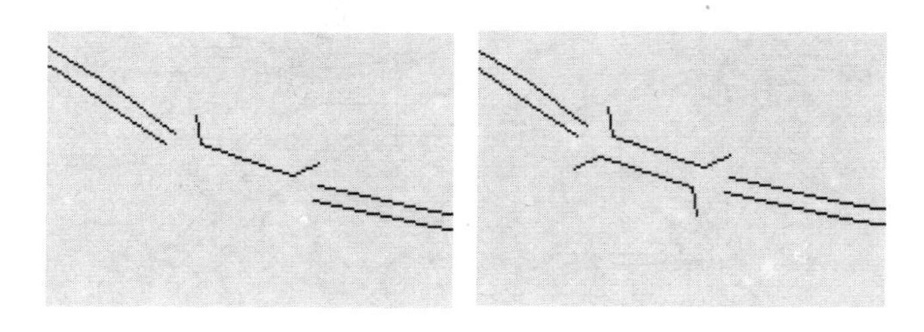

图 3-8 镜像线示意图

镜像一条或一组线，可对称于 *X* 轴、*Y* 轴、原点生成线图元。首先，选择要镜像的线，然后用光标确定轴所在的具体位置，系统即在相关位置生成新的线。

4. 修改线的方向

在输入陡坎的时候，跟踪的方向反了，可以利用改线方向的工具来把方向修正过来，如图 3-9 所示。

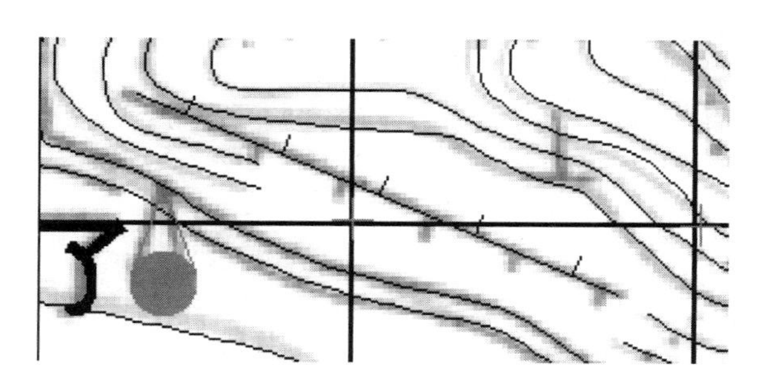

图 3-9 改线方向示意图

5．统改参数

数据录入时，有些地理要素的参数由于某些原因可能与制图的要求不符。如图 3-10 所示，本来应该把公路和简易公路放在公路层，却错给了水系层。如果逐个修改，肯定是浪费时间，可以利用统改参数的方法来修改。

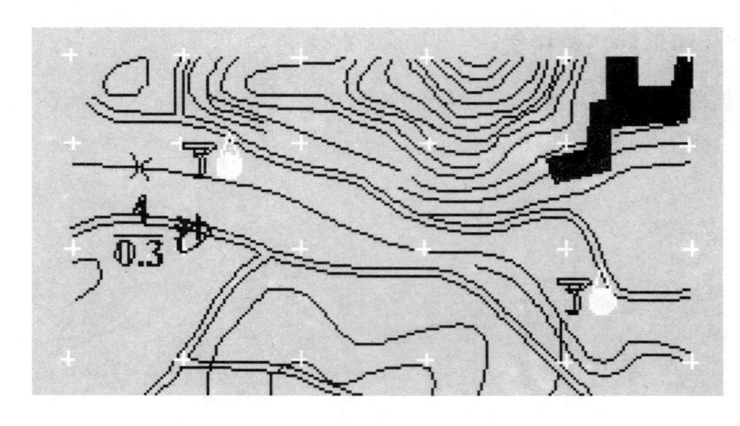

图 3-10　统改参数示意图

在图形设计时，公路和简易公路的颜色参数是 6 号，图层为 9 号，但输入时颜色参数错给为 7 号，图层错给为 10。那么统改操作如图 3-11 所示。

MAPCAD/MAPGIS线参数替换

替换条件		替换结果	
☐ 线型:	0	☐ 线型:	0
☐ 辅助线型:	0	☐ 辅助线型:	0
☑ 线颜色:	7	☑ 线颜色:	6
☐ 线宽度:	0.05	☐ 线宽度:	0.05
☐ 线类型:	折线	☐ 线类型:	折线
☐ X系数:	10	☐ X系数:	10
☐ Y系数:	10	☐ Y系数:	10
☐ 辅助颜色:	0	☐ 辅助颜色:	0
☑ 图层号:	10	☑ 图层号:	9
☐ 透明输出:	不透明	☐ 透明输出:	不透明

OK

Cancel

图 3-11　MAPCAD/ MAPGIS 线参数替换对话框

6. 根据参数赋属性

在属性数据中，表示图 3-12 中的水系等级操作步骤如下。

（1）修改水系的属性结构，添加等级字段。含有水系文件的工程如图 3-12 所示。

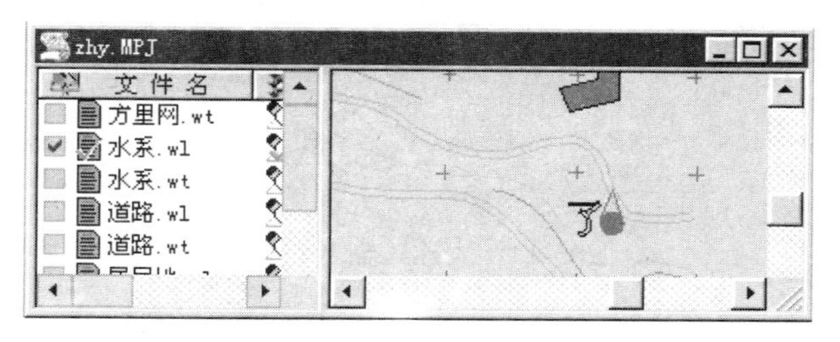

图 3-12　工程文件示意图

这样组织文件，可以使不同的地理要素具有不同的属性结构。

（2）选择根据参数赋属性。在弹出的如图 3-13 所示对话框中，先选择图形参数条件复选框，并按此按钮。在弹出的对话框中选择颜色修改为 2 号。然后，在等级的编辑框中输入二级字样。最后，按确定按钮。系统就把符合条件的图元赋为二级。

图 3-13　根据参数赋属性

7. 根据属性赋参数

该操作与“根据参数赋属性”过程相反，如修改公路等级为 4 的公路线形、显示颜色、图层等参数。根据条件表达式检索得到其相应的参数，然后修改之，如图 3-14、图 3-15 所示。

表达式输入
等级=="4"
字段名称
ID 长整型
长度 双精度型
等级 字符串型
操作符
+ - × / %
> >= < <= == !=
&& || ^ ! in
确定
取消

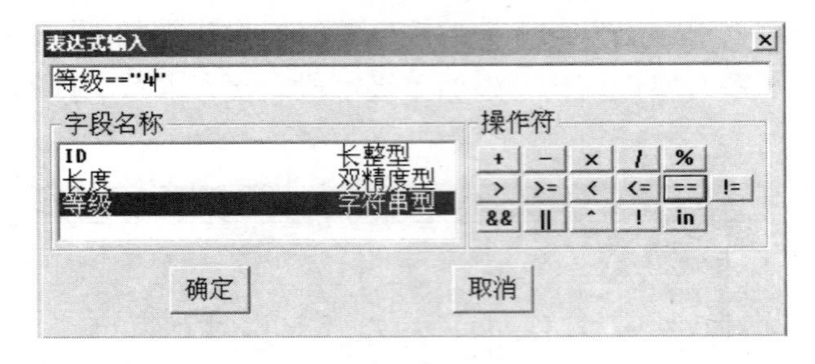

图 3-14　表达式输入对话框

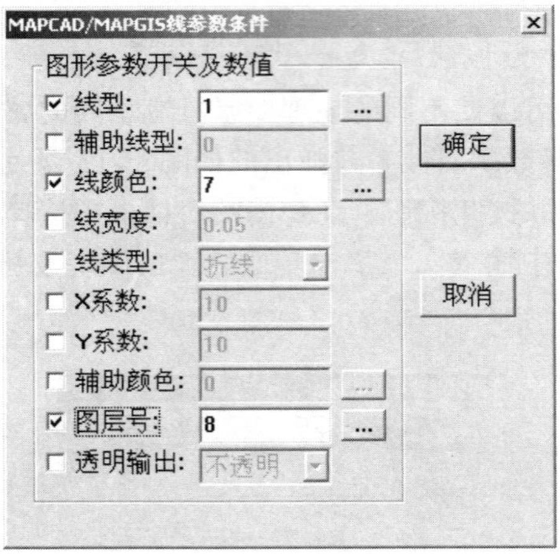

MAPCAD/MAPGIS线参数条件
图形参数开关及数值
线型: 1
辅助线型: 0
线颜色: 7
线宽度: 0.05
线类型: 折线
X系数: 10
Y系数: 10
辅助颜色: 0
图层号: 8
透明输出: 不透明
确定
取消

图 3-15　MAPCAD/MAPGIS 线参数条件对话框

8. 自动线标注

将线属性结构中某个属性以中点、平均或动态方式标注在线上，便于查看。

将结果保存为点文件，添加到工程中，就可以看到标注信息，如图 3-16 所示。

9. 修改线的参数和属性

修改线的参数和属性功能是同时修改线的参数和属性。选中该命令后，单击某线即弹出参数和属性窗口供用户修改。

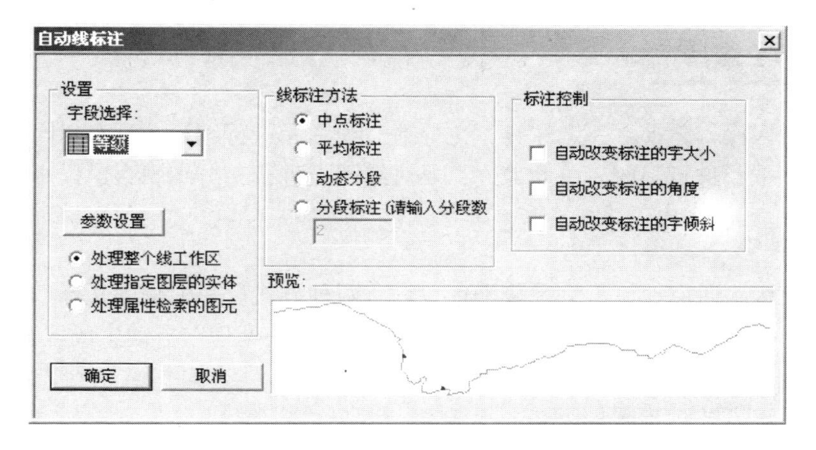

图 3-16　自动线标注对话框

10．解析造线功能

（1）极坐标定点。极坐标定点的功能是通过输入角度和距离来定点，输入的角度是指垂线和逆时针方向之间的夹角。距离是指输入线的长度。

（2）键盘输入点。

- 坐标值输入。在对话框中直接输入 X 轴 Y 轴的坐标值，单击“加点”即可。如有输入错误可进行“退点”操作，同时系统在对话框里显示当前的 X 轴 Y 轴坐标值。
- 距离交汇输入。当前点的坐标值加上在对话框里输入的 X 轴 Y 轴的坐标值就得到点的坐标值。

（3）输入定长线。直接在弹出的对话框里输入线段的长度即可。

（4）角度距离定点。

- 选择线段。在对话框里输入角度和距离值，鼠标选择需加点的线段，系统捕捉线段上最近的点，根据输入的角度和距离值定点。
- 顺序定点。在对话框里输入角度和距离值，单击生成点，系统沿输入线的方向上加点，输入的角度是指与线逆时针方向的夹角。

（5）求垂点。单击“选择线段”，用鼠标选择需求垂点的线段，然后选择两种求垂点的方式，最后选择“生成点”，系统将在您选择的线段上生成垂点。

3.1.3 区编辑

在对区操作之前，一定注意，充分地对线图元进行编辑，没有封闭的区域，要用结点平差进行封闭。总而言之，要对线图元进行充分编辑，这样事半功倍。

1. 输入区

输入区，通俗地说，就是普染色，它有两种方式。一种是用光标选择成区，称之为“手工方式”。另一种造区方式是通过“拓扑处理”自动生成区，称之为“自动化方式”。

“手工方式”步骤如下：

- 对线进行编辑，使其封闭，常用的方法是结点平差等；
- 线工作区提取弧T，用光标连续选择组成区域的线图元或用光标选择一个包含全部线图元在内的区域，此时弧段变黄色；
- 选择输入区选单项，然后用光标单击区的中央即可，同时系统弹出对话框，要求输入区的参数。

自动方式：利用拓扑处理的方式造区。

2. 合并区

合并区该功能可将相邻的区合并为一个区，方法有 3 种。

- 可以在屏幕上开一个窗口，系统就会将窗口内的所有区合并，合并后区的图形参数及属性与左键弹起时所在的区相同。
- 可以先用选单中的选择区功能将要合并的区拾取到，然后再使用合并区功能实现；
- 可以先用光标单击一个区，然后按住“Ctrl”键，再用光标单击相邻的区即可。

3. 分割区

在数据输入时，有可能出现少线的情况，这样在输入区造成了应该是两个区，但得到了一个区，那么我们通过分割区解决这个问题，分割区是将一个区元分割成相邻的两个区，步骤如下。

（1）必须在该区分割处输入一弧段（用“输入弧段”或“线工作区提取弧段”均可），如图 3-17 所示。

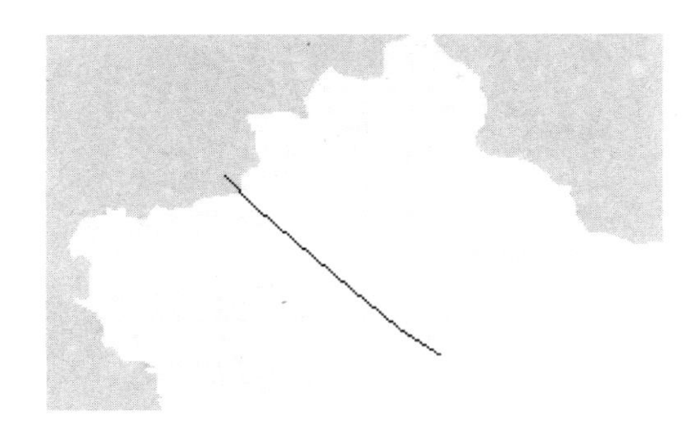

图 3-17　分割区示意图

（2）捕获该分割弧段，系统即用捕获的弧段将区分割成相邻的两个区，分割后的区图形参数及属性与分割前的区相同。

注意：
输入的弧段一定适当穿越要分割的区。

4．自相交检查

自相交检查是检查构成区的弧段之间或弧段内部有无相交现象。这种错误将影响到区输出、裁剪、空间分析等，故应预先检查出来。

系统有 2 个选项，检查一个区和所有区。

检查一个区：单击鼠标左键捕获一个面元，并对它的弧段进行自相交检查。

检查所有区：需要选择检查的范围（开始区号、结束区号）系统，即对该范围内的区逐一进行弧段自相交检查。

5．自动区标注

将区属性结构中一个或两个属性标注在区内，便于查看，如图 3-18 所示。

将结果保存为点文件，添加到工程中，就可以看到标注信息。

6．造基线和清除基线

造基线是输入两条弧线，当第二条弧线结束时，系统提示填充颜色和填充图案。清除基线是删除输入的弧线，必须在删除区之后才能完成。该命令在工具条右侧可以找到快捷图标。

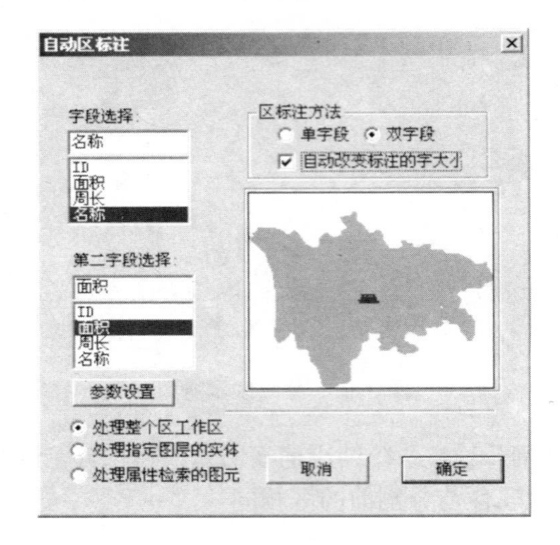

图 3-18　自动区标注对话框

3.1.4　点编辑

点图元有 6 种类型：注释、子图、圆、弧、图像、版面。在此分别介绍这几类图元的方法，输入点示意图如图 3-19 所示。

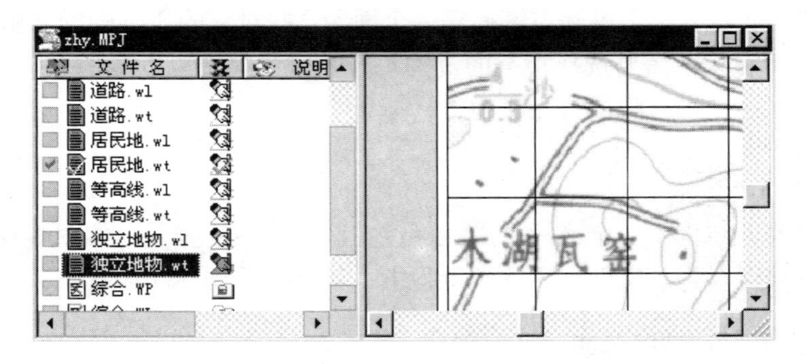

图 3-19　输入点示意图

1．输入步骤

● 选择输入点图元图标，进入输入状态；

- 打开图例板，拾取图元参数；
- 把光标放到图元的控制点处，单击左键。

2. 输入文字注记（注释）

（1）分数注记，例如 $\frac{4}{0.3}$ 。在注记对话框如图 3-20 所示输入。

图 3-20 输入注记对话框一

（2）角标注记，如 中国地质大学矿业大学联合办学。
在注记对话框如图 3-21 所示输入。

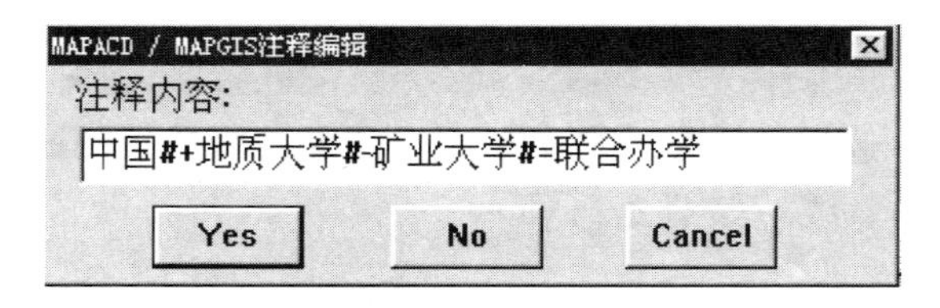

图 3-21 输入注记对话框二

3. 用阵列复制绘制理论图框

在误差校正时，经常利用手工输入的方里网十字点文件采集实际值，利用生成的标准图框采集理论值。但是，在利用标准图框时，还要把内图廓以外的线除掉，这样有些烦琐。

利用阵列复制的方法得到 1∶500 等大比例尺的理论图框就方便多了。

- 先输入一个十字子图，然后选择阵列复制工具，并单击十字子图，系统弹出一对话框；
- 在对话框中可如图 3-22 所示输入，单位为毫米。按确定按钮后，可自动生成。

4. 点定位

将指定的点图元移到指定的位置。

用鼠标左键来捕获要定位的点后，弹出对话框，如图 3-23 所示。要求依次输入这些点的准确位置坐标，这些点就移到了坐标指定的位置上。

图 3-22 阵列复制对话框

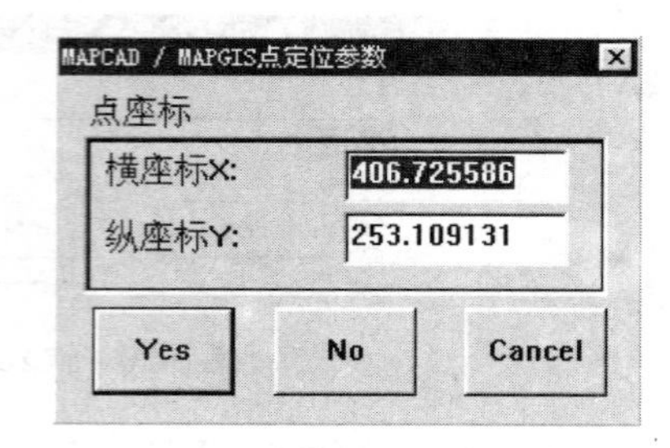

图 3-23 定位点对话框

5. 对齐坐标

用拖动操作，选择一区域，捕获一组点图元，将捕获的所有点在垂直方向或水平方向排成一直线，如图 3-24 所示。

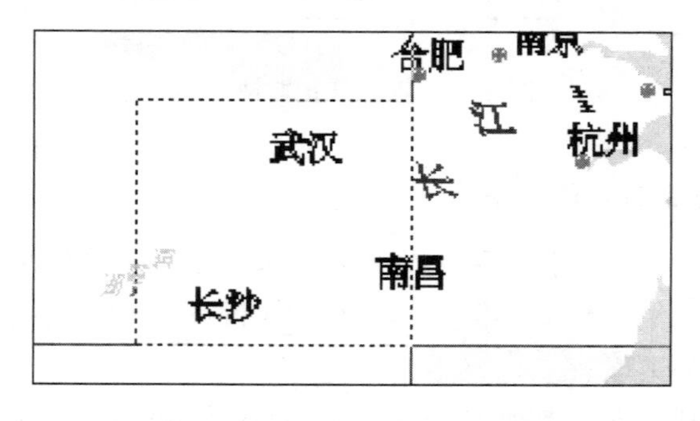

图 3-24 捕获一组点图元

系统弹出如图 3-25 所示对话框。

采用默认的参数，垂直右对齐，对齐结果如图 3-26 所示。

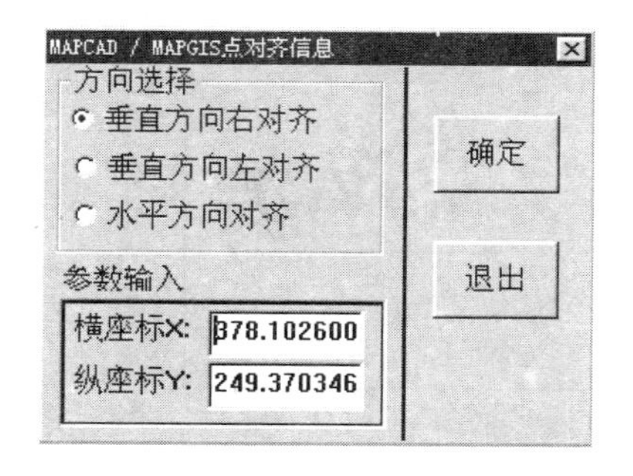

图 3-25 对齐点对话框

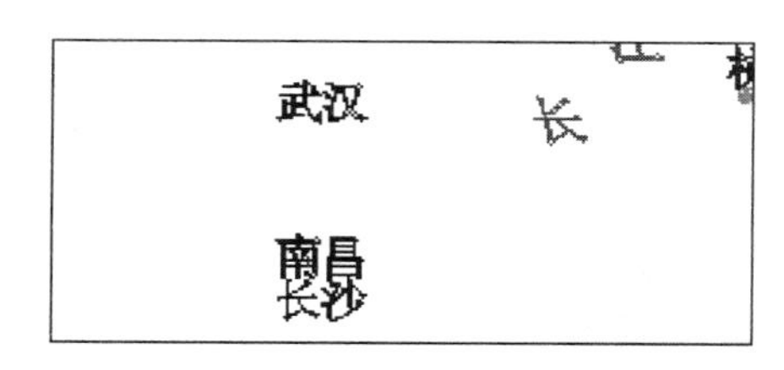

图 3-26 对齐结果

6. 剪断字串

剪断字串是将一个字串剪断，使之成为两个字串。

用鼠标左键捕获一个需剪断的字串后，系统弹出剪断字串对话框，如图 3-27 所示，这时可按“增”、“减”来确定剪断位置。

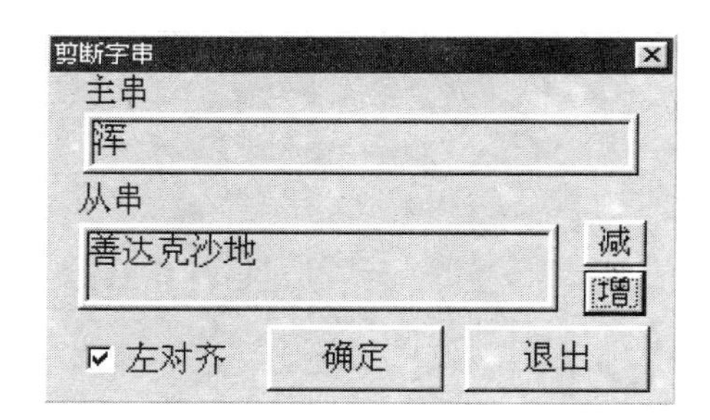

图 3-27 剪断点对话框

7. 连接字串

连接字串是将两个字串连接起来，使之成为一个字串。

用鼠标左键来捕获第一个字串后，再用鼠标左键来捕获第二个字串，系统自动地将第二个字串连接到第一个字串的后面。

8. 改变角度

用鼠标左键来捕获点，再用一拖动过程定义角度来修改点与 *X* 轴之间的夹角，如图 3-28 所示。

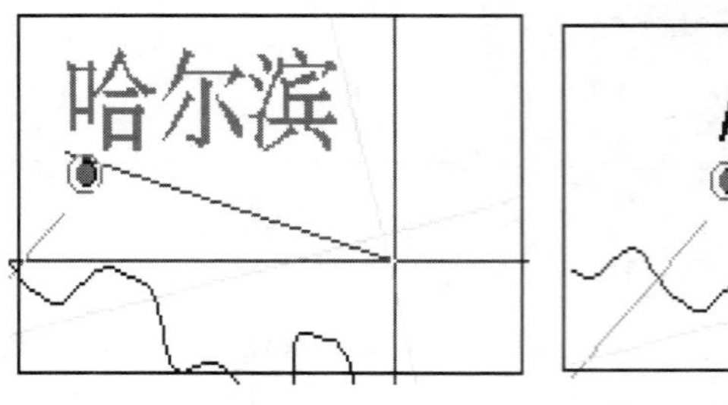

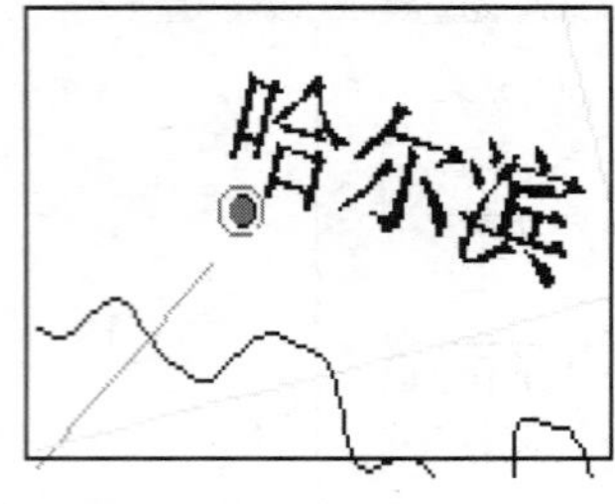

图 3-28　改变角度示意图

9．点参数编辑

点参数的编辑请参照线参数编辑，在此重点介绍以下几个功能。

（1）注释赋为属性。它把点文件中的注释赋给属性中的某一个字段作为字段值。

图 3-29 中的点文件是图斑的地类标注，现在我们把地类标注作为图斑的属性，就充分利用了根据注释赋为属性和 lable 点合并的功能。

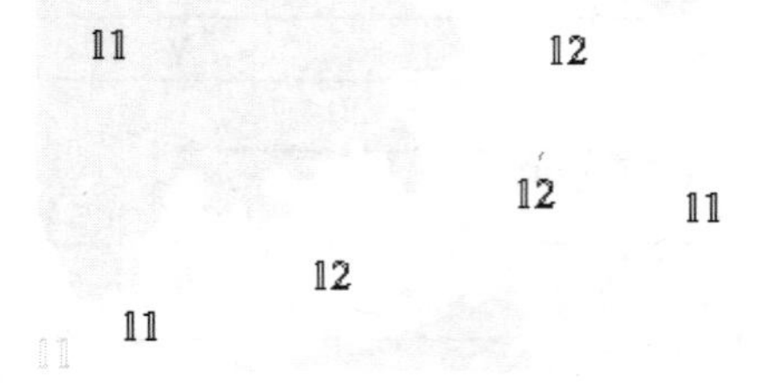

图 3-29　图斑地类标注

首先，编辑点属性结构，增加一个“地类”属性字段，类型为“字符串”。如图 3-30 所示。

编辑属性结构

OK　Cancel　I插入项　D删除当前项　M移动当前项

序号	字段名称	字段类型	字段长度	小数位数
1	ID	长整型	8	
2	地类	字符串	10	

图 3-30　编辑属性结构

然后，选择注释赋属性功能，应该选择地类字段，接下来，就自动将注释字符串的内容自动写到该字段中，关闭点文件。

最后，选择 lable 点合并，系统要求输入点文件。输入完毕，系统就把地类标注作为图斑的属性。

（2）根据属性标注释。在点文件中，图面上有很多字符串是作为点图元的属性存储的。

选择该功能，系统弹出选择属性字段对话框，如图 3-31 所示。

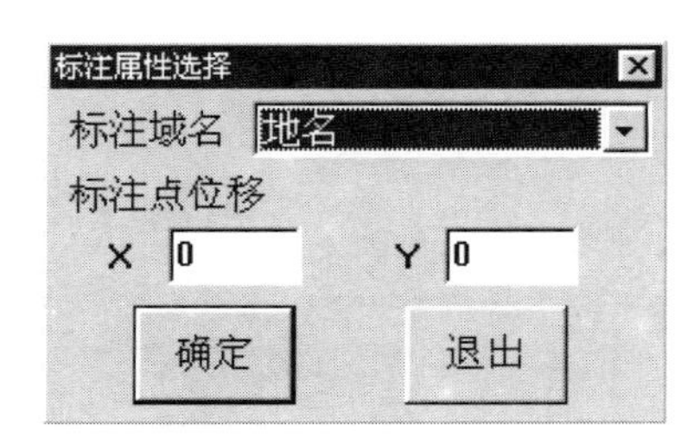

图 3-31　标注属性选择

选择欲生成注释串的字段，如“地名”字段，输入要注释的字符串左下角与该点的相对位移的 X,Y 值。接下来，系统要求输入生成字符串的图形参数，输入完毕系统自动将该属性字段的内容在其相应的位置上生成指定参数的注释串。

10. 造注释（注释内容赋给属性）

首先，编辑点属性结构，增加一个属性字段。然后点工具条上 按钮设置一个属性字段，最后单击工具条上 按钮造注释。完成后，可以利用查看点属性看到输入的注释已经填入到所选的属性字段中。

11. 散列式造点

首先，编辑点属性结构，增加一个属性字段。然后点工具条上 按钮设置一个属性字段，随后打开工具条上 按钮散列式控制开关。最后单击工具条上 按钮造注释，用户输入的字符或汉字将被逐一分割在用户光标点的位置上。完成后，可以利用查看点属性看到输入的注释已经填入到第一个字符或汉字注释的属性字段中。

问题

1．输入双线路有哪几种方式？
2．如何使等高线自动封闭？
3．如何进行统改参数？
4．如何根据属性赋参数？
5．如何实现 LABLE 点合并操作？
6．手工输入区首先应该进行哪些操作？
7．分割区应该注意哪些事项？在什么情况下利用分割区的功能？

3.2 拓扑处理

3.2.1 基本概念

1．弧段（ARC）

弧段是由一系列坐标点组成的，可以构成多边形（区域）边界的数据体。对每个区而言，弧段是有方向的。MAPGIS 拓扑处理子系统的预处理功能和拓扑处理功能都是以弧段为基础的。

2．结点

结点是弧段的端点，或者是数条弧段的交点。在拓扑处理中，一旦建立了结点，数据文件便有了结点信息，拓扑关系的形成依赖于结点信息。结点表示弧段间的位置关系，以及与其他结点的相关性。结点间的相关性是通过弧段相联系的，在平面上构成网状结构。建立了结点信息之后，任何编辑操作将会破坏结点信息。

3.2.2 拓扑处理流程

拓扑处理最大特点是自动化程度高，在拓扑处理过程中一般不需要人工干预。利用拓扑处理可以进行普染色。

拓扑处理的核心是建立拓扑关系。为了便于拓扑关系的自动建立，系统提供了系列拓扑预处理功能。当然，如果前期工作做得比较好，后期的许多工作（如弧段编辑、自动剪断等）就可以省掉，建立拓扑也得心应手。

拓扑处理选单如图 3-32 所示。

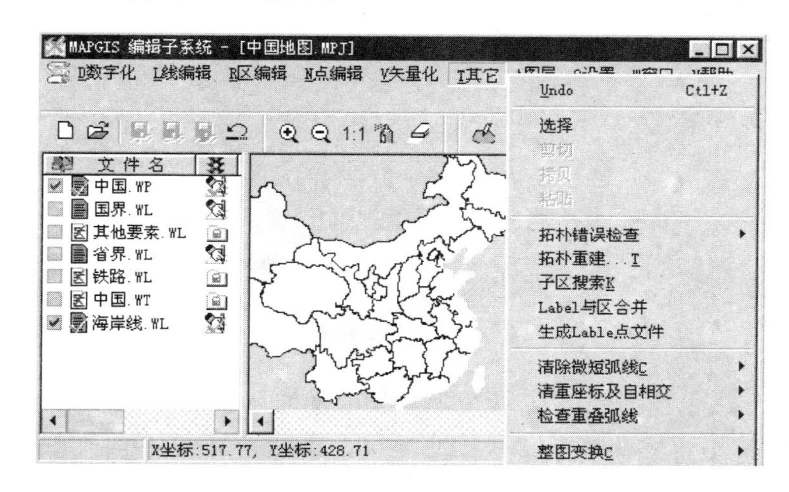

图 3-32　拓扑处理界面

1．数据准备

数据准备根据数据的组织分为两种情况，数据准备的方式也不同。

（1）根据地理要素的特征，在数据输入时，将不同的要素按文件存放，并用工程管理，如图 3-33 所示。

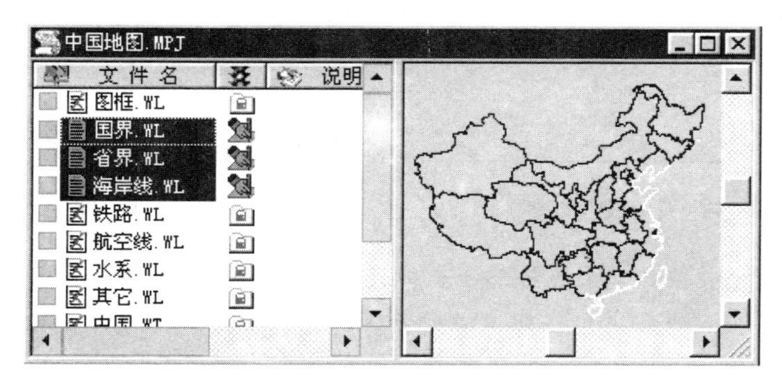

图 3-33　拓扑处理的数据组织一

- 对图 3-33 行政区划进行拓扑处理时，首先在工程中选定如图 3-33 所示的 3 个文件。
- 按右键，系统将弹出一选单，然后选择合并选项。系统弹出如图 3-34 所示对话框，在此对话框中的列表框，先选择一个文件作为合并后文件的属性结构，再选择自动把合并后的文件添加到工程中复选框。

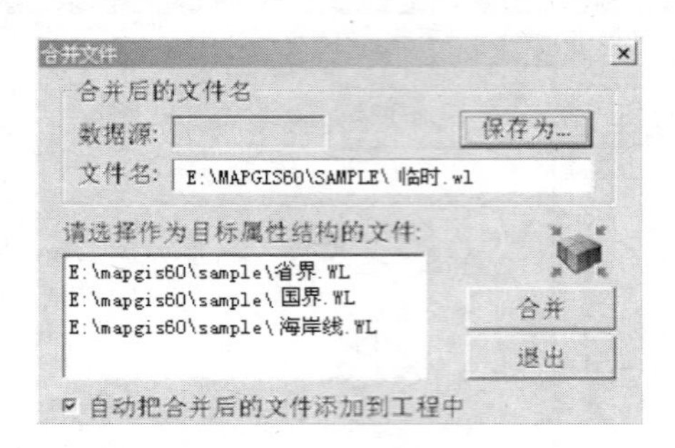

图 3-34　合并文件对话框一

- 按图 3-34 中的保存按钮，系统弹出如图 3-35 所示对话框。在此，选择自定义文件单选框，可以在文件名的编辑框中输入合并后的文件名，如图 3-35 所示的“临时.wl”。也可以通过文件按钮，选择合适的文件。完毕，按确定按钮，返回上一级对话框，如图 3-36 所示。

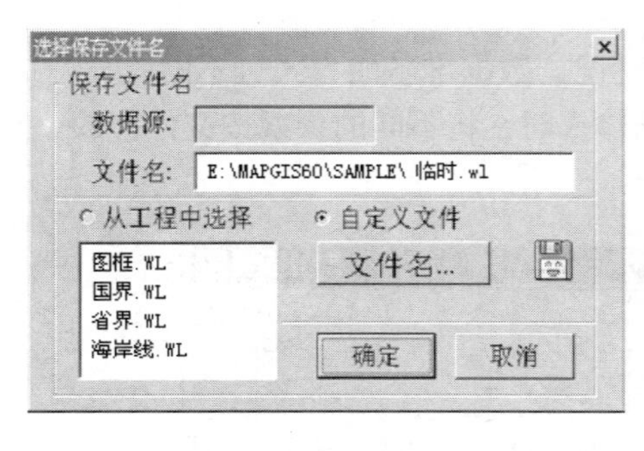

图 3-35　保存文件对话框

图 3-36　合并文件对话框二

- 选择合并按钮，系统将三个文件进行合并，同时将“临时.wl ”添加到工程当中。再按退出按钮，退出当前合并操作。
- 将国界、省界、海岸线文件关闭。然后用光标选择临时文件，并设置为当前编辑状态。

后面将对临时文件进行预处理。

（2）有些用户数据录入的目的主要用来成图，对数据的组织不像图 3-33 那样管理，而是一个文件中根据地理要素的特征分了许多层，这样可以利用图层的操作将与拓扑处理有关的数据提取出来保存为一个线文件，然后进行预处理。可以充分利用改当前层、存当前层功能，把与拓扑处理有关的数据提取，如图 3-37 所示。

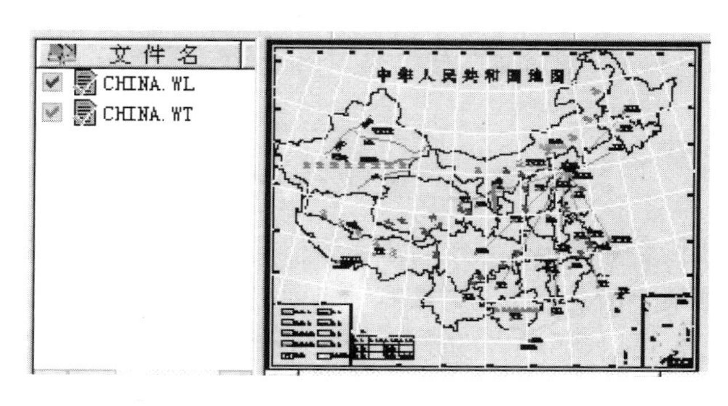

图 3-37　拓扑处理的数据组织二

2. 自动剪断线

自动剪断线的目的：在数字化或矢量化时，难免会出现一些失误，在该断开的地方线没有断开，这给造区带来了很大障碍，如图 3-38 所示。

在自动剪断线之前，首先选择设置系统参数选单项，在弹出的如图 3-39 所示对话框中修改搜索半径。

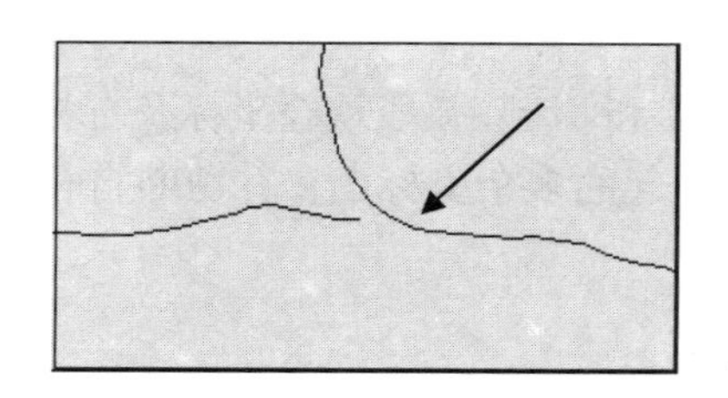

图 3-38　某些错误示意图

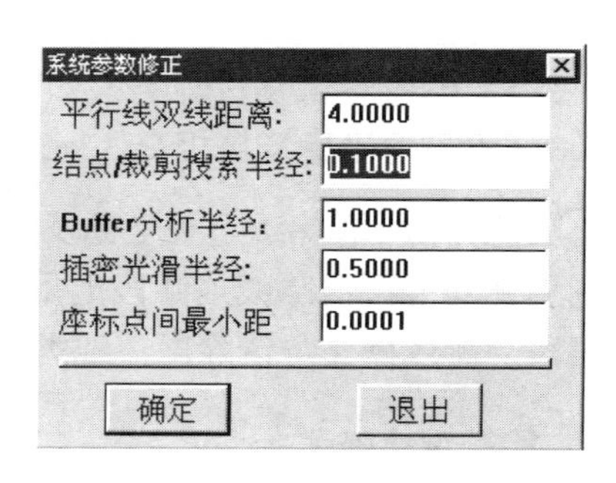

图 3-39　设置系统参数对话框

3. 清除微短弧线

清除自动剪断线后，得到一些无用的微短线，还有在数据输入时不经意生成的无用的微短线，这些无用短线头会影响拓扑处理和空间分析。系统弹出对话框，如图 3-40 所示。

图 3-40　最小线长对话框

输入最小线长后并确定，系统将小于该值的短线检索出来。

将光标放到某个错误类型上，按右键，弹出如图 3-41 所示的选单，系统可以删除一条线，也可以删除符合条件（线长小于该值）的所有微短线。

拓扑错误信息

错误类型	弧段1	弧段2	节点
微短线	18	18	18
微短线		39	39
微短线		50	50
微短线	57	57	57
微短线	87	87	87
微短线	89	89	89
微短线	106	106	106

删除线18
删除所有微短线

提示:按鼠标右键进行改错

图 3-41　拓扑错误信息一

4. 清除重叠坐标及自相交

该功能分为“清除线重叠坐标及自相交”和“清除弧段重叠坐标及自相交”。

利用此功能可清除线或弧段上重叠在一起的多余坐标点，并剪断自相交的线或弧段。具体操作与清除微短线类似。

5. 检查重叠弧线

检查线或弧段是否有重叠现象。

6. 结点平差

在此利用结点平差可以使区封闭。

在自动剪断线之前，首先选择“设置系统参数”选单项，在弹出的如图 3-42 所示对话框中修改搜索半径。

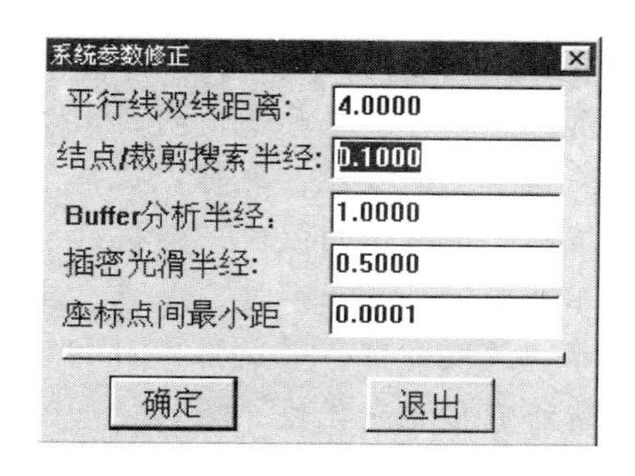

图 3-42　设置系统参数对话框

注意： 自动结点平差时应正确设置“结点搜索半径”。半径过大，会使相邻结点掇合一起造成乱线的现象。反之，半径过小，起不到结点平差作用。

7. 线拓扑错误检查

拓扑错误检查是拓扑处理的关键步骤，只有数据规范，没有错误后，才能建立正确的拓扑关系。利用此功能可以很方便地找到错误，并指出错误类型及出错位置。

查错可以检查重叠坐标、悬挂弧段、弧段相交、重叠弧段、结点不封闭等严重影响拓扑关系建立的错误。错误信息显示窗口如图 3-43 所示。

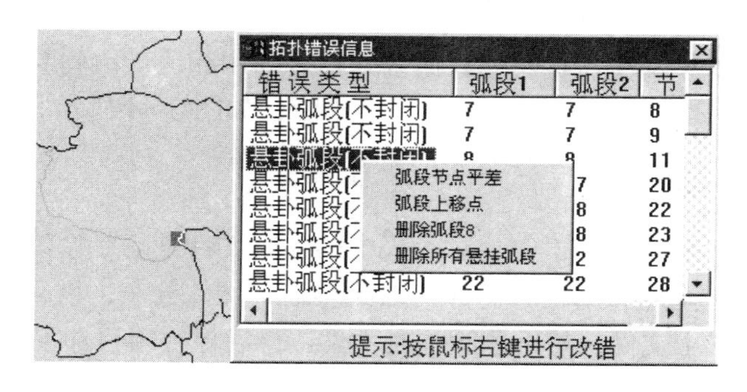

图 3-43　拓扑错误信息二

在图 3-43 的窗口中，移动光条到相应的信息提示上，按鼠标左键，系统自动将出错位置显示出来，并将出错的弧段用亮黄色显示。同时，在错误点上有一个小黑方框不停地闪烁。按鼠标右键，则会弹出错误修改选单。

在修改错误时，不必关闭错误显示窗口，即可进行相应的操作。

- 重叠坐标：若出现坐标重叠现象，执行“清除弧段重叠坐标”或“清除所有弧段重叠坐标”操作即可。
- 悬挂弧段：若该弧段较长，并且是多余的，用“删除弧段或删除所有弧段”功能将该弧段删除。若较短，也可以执行“弧段移动点”操作移动伸出去的点。若该弧段是有用的弧段，则执行“弧段结点平差”操作。
- 弧段相交：弧段相交，则不能正确建立结点，出现这种现象，若是两条弧段相交，只要剪断弧段即可。若是弧段自相交，则需执行“剪断自相交弧段”或“剪断所有自相交弧段”操作。
- 重叠弧段：按鼠标右键，执行“清除重叠弧段”或“清除所有重叠弧段”操作。
- 结点不封闭：利用“结点平差”或“弧段移点”操作使其封闭。

8. 线转弧段

将工作区中的线转换成弧段，并存入文件中，这个文件只有弧段而没有区。在拓扑处理过程中，需要这样的文件。在工程中，利用添加项目把这个区文件加到工程中，并且使它处于当前编辑状态。

9. 拓扑重建

系统自动建立结点和弧段间的拓扑关系，以及弧段所构成的区域之间的拓扑关系，同时给每个区域赋予属性，并自动为区域填色。拓扑关系建立好后，可修改区域参数及属性，若发现数据有问题，利用相应的编辑功能，重新修改数据后，再重建拓扑，原来的参数及属性不变，如图 3-44 所示。

10. 整理数据

由于在建立拓扑的过程中，对工程中的临时文件进行了修改，并且建立了拓扑关系，为了充分利用临时文件，因此将临时文件分离，恢复原来的国界、省界、海岸线三个文件，然后删除临时文件，最后保存项目和工程。

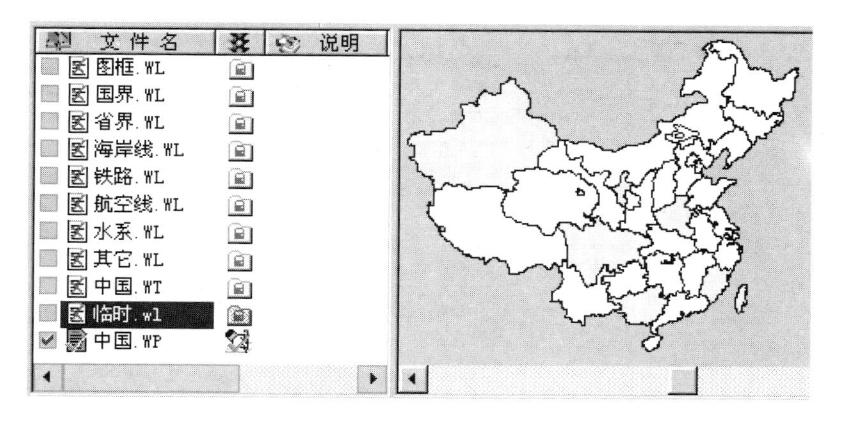

图 3-44 拓扑重建

那么，如何将已合并的 3 个文件进行分离呢？

- 将光标放到“临时.wl”上按右键，在弹出的如图 3-45 所示选单中选择根据图层分离文件。

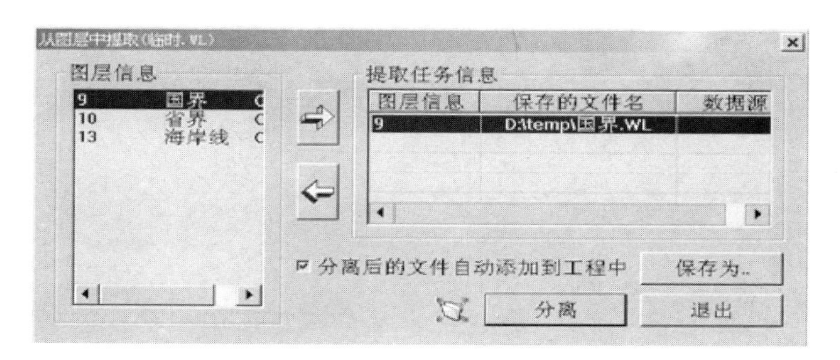

图 3-45 按层分离文件一

- 系统将弹出如图 3-46 所示对话框。选择图中分离后的文件自动添加到工程中的复选框，并且选择图层信息列表框中的国界图层，然后再按右箭头按钮。
- 选择“从工程中选择”单选框，然后再选择其列表框中的“国界.wl”，这意味着分离后的国界图层将覆盖工程当中所选的“国界.wl”。按确定按钮，系统返回上一个对话框，但已发生改变，如图 3-47 所示。

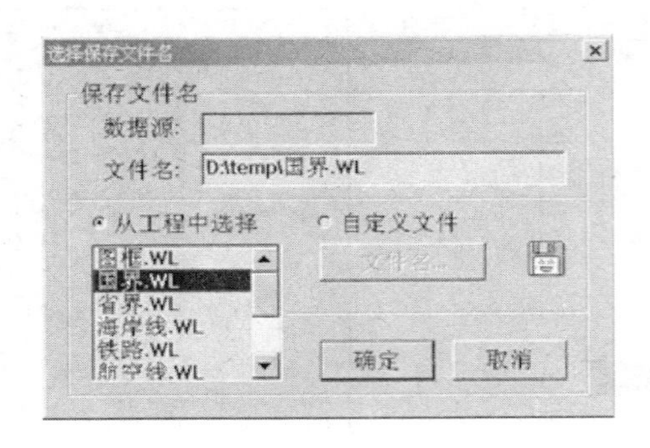

图 3-46　按层分离文件二

● 重复前述 3 个步聚，省界、海岸线两层分离，添加到图 3-47 的任务信息列表中，最后按“分离”按钮，系统将根据所选择的信息自动分离，并更新工程中已有的三个境界数据。

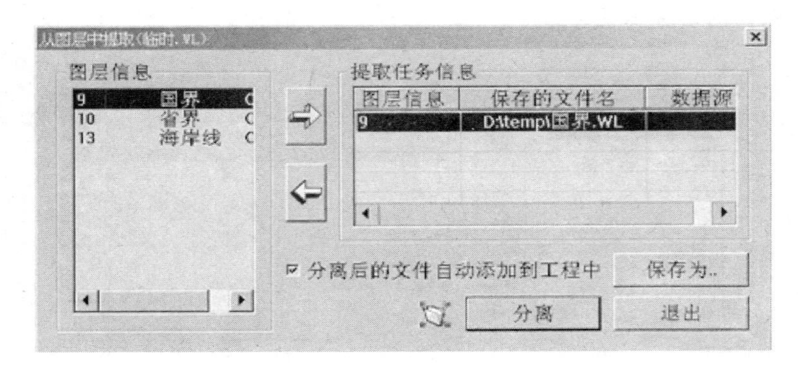

图 3-47　按层分离文件三

📖 问题

1. 如何将不同的文件进行合并？
2. 如何将具有不同图层的文件进行分离？
3. 如何利用拓扑处理进行普染色？

3.3　系统库编辑及其他功能

3.3.1　系统库概述

MAPGIS 系统库目录下有：子图库、填充图案库、线型库和颜色色谱库。这些库是系统提供的，但是各行各业的制图的标准不同，系统不可能包含所有内容，因此有时需要根据自己的实际情况，丰富系统库内容。借助“图形编辑系统”的编辑功能可以对子图、图案、线型的图元进行有效的编辑。所以，MAPGIS 系统库编辑镶嵌在“编辑系统”中，其功能主要位于系统库选单下，如图 3-48 所示。

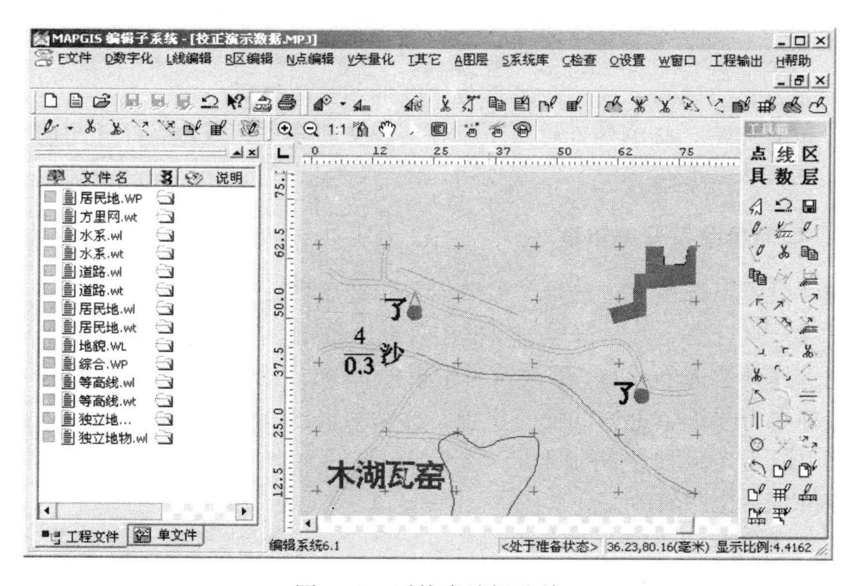

图 3-48　系统库编辑选单

系统库编辑主要提供了对子图库、填充图案库、线型库和颜色库的编辑功能。对系统库中已有的子图、图案、线型，只需直接从对应的库中提取即可。

3.3.2 系统库编辑步骤

1．系统库编辑步骤

- 如果系统库中已有，则直接在“其他”选单下选择“编辑符号库”功能，将需要编辑的子图、图案、线型提取出来。
- 如果编辑新的子图、图案或线型，可以充分利用系统提供的编辑工具精确地绘制出形状。
- 在“设置”选单下，选择“参数设置”选单项，打开“符号编辑框可见”复选框，此时符号编辑框出现在屏幕上。选择“修改符号编辑框”将编辑框移动及改变大小直到合适的位置。编辑框的中心线和中间的十字叉分别控制着符号的基线（如线型的基线）和符号的中心点（如子图的中心点）。
- 用系统中的点、线、面编辑功能进行相应的编辑。
- 编辑完毕，将编辑好的图元保存到相应的库中，成为系统库中的子图、图案或线型。

2．如何修改符号编辑框

在“设置”选单下，选择“参数设置”选单项，在对话框中打开“符号编辑框可见”复选框，此时符号编辑框出现在屏幕上。

先选择其他选单下的“修改符号编辑框”，然后修改符号编辑框。可以用鼠标直接抓取符号编辑框内的任一位置，移动编辑框，使其落在已绘制好的图形上。也可以用光标取方框的四角，修改编辑框的大小。当编辑框的大小改变时，中心点的位置也跟着改变。

3．何谓基线、控制点

基线是表示线图元空间分布的主干线。在数字化线图元的时候，有一个符合日常习惯的约定，一般沿着线图元的基线跟踪，像行人沿右侧在路上行走一样，而图形在左边形成。

控制点是控制点图元的位置的标示。形状规则的点图元控制点一般在中心，形状不规则的点图元控制点在左下角。

不论是造线型，还是点图元，在编辑框中首先要确定基线和控制点的位置。

4. 举例

造线型、子图、填充图案的方法是一样的，假设线型库中没有铁路线型，在此以造铁路线型为例，如图 3-49 所示。

铁路的线型表象黑白相间，在不同比例尺的国家标准图式中，要求不同。把一个黑白相间，看做一个单位。造线型时只造一个单位就可以了。

如国家标准 1∶20000 的图式规定：铁路，黑白两部分相等，并且一个单位的长度为 10mm，两条线本身的宽度分别为 0.1mm，两条线之间的宽度为 0.8mm。

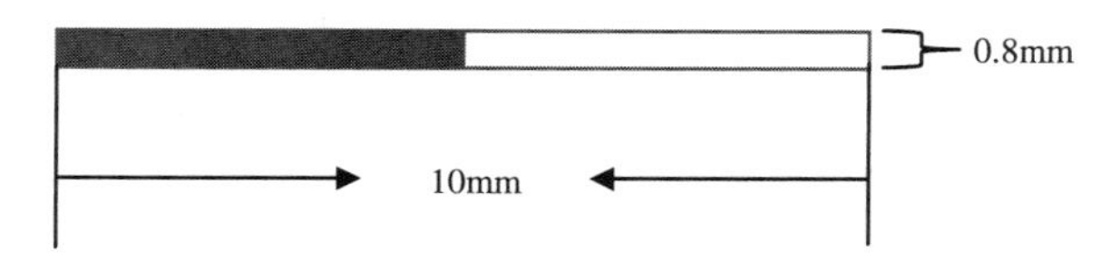

图 3-49　铁路线型示意图

第一步：在“**设置**”选单下，选择“**参数设置**”选单项，打开符号编辑框可见功能。此时，在编辑器中出现符号编辑框。符号编辑框，是一个边长为 10 个单位的正方形。在编辑框中间，有一个十字叉。在造线型时，基线一定经过十字叉（造子图时，控制点的位置就落在十字叉上）。

第二步：充分利用编辑工具，在符号编辑框中，输入一个铁路单元的图形。注意：一个铁路单元要占 10 个单位，两线之间的宽度占一个单位，并且黑白两部分相等。

第三步：保存线型。保存线型时，要输入主替换色。只有当主替换色的参数与造线型时铁路单元的颜色一致，那么才在以后的使用过程中，本线形的颜色可任意改变，如图 3-50 所示。

线型保存参数

保存线型号 67　辅助线型号 0

主色替换 1　可变线宽 1

主色替换指定的颜色将替换为主色，
其余颜色替换为辅助色；
可变线宽指定的宽度将被替换为可变线宽，
其余线宽度不变。

确定　退出

图 3-50　线型保存参数

3.3.3 符号拷贝

不同类型或不同比例尺的图件，需要的符号有所不同。因此，在制图的过程中，可以按不同比例尺的国家标准图式，将符号分成不同类型的符号库。

在编辑一个特定类型的符号库，并且这个库需要某一个符号时，而这一个符号在其他类型的符号库中已经出现。这样，可以通过符号库拷贝的功能，直接把这个符号复制到所需要的库中。

第一步：进行系统设置，把系统库目录设置为源符号库所在的目录，参见图 3-51。

图 3-51 设置系统环境

第二步：进入图形编辑系统，选择符号库拷贝选单项及符号库拷贝。

第三步：系统要求选择“目的符号库”，如图 3-52 所示。

在此，选择 E:\mapgis32\slib 的 subgraph.lib。完毕，会弹出如图 3-53 所示的对话框。

第四步：在对话框的左边，选择要拷贝的符号；在右边给这个符号选择一个合适的位置，建议最好将此符号放置到目的符号库的尾部。

然后，选择红色的箭头，这样就实现了符号库之间的拷贝。用插入、删除

的操作来实现符号库的编辑。按确定按钮后，退出操作。

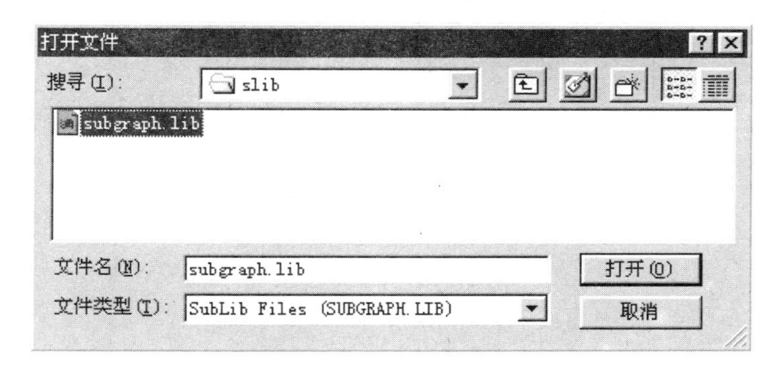

图 3-52 打开文件

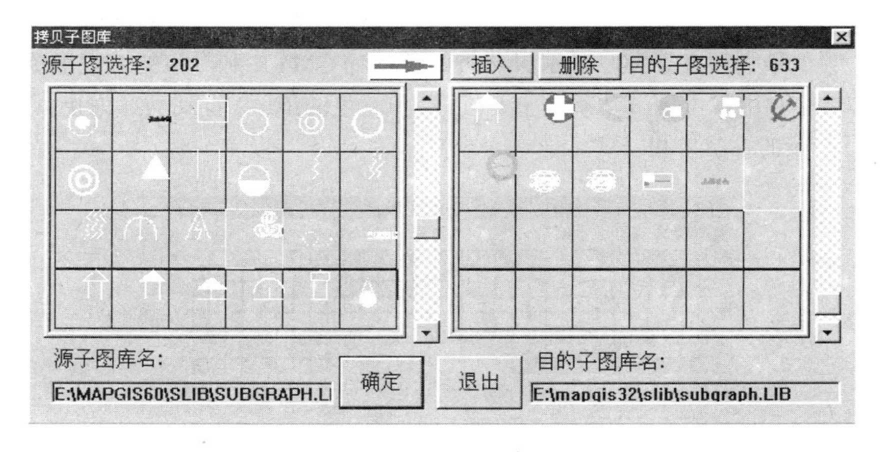

图 3-53 拷贝子图库

3.3.4 颜色库编辑

1. 输出颜色表

根据系统当前使用的颜色表自动生成点、线、面文件，即色标文件。将它输出，用以作为制图参考。色标文件如图 3-54 所示。

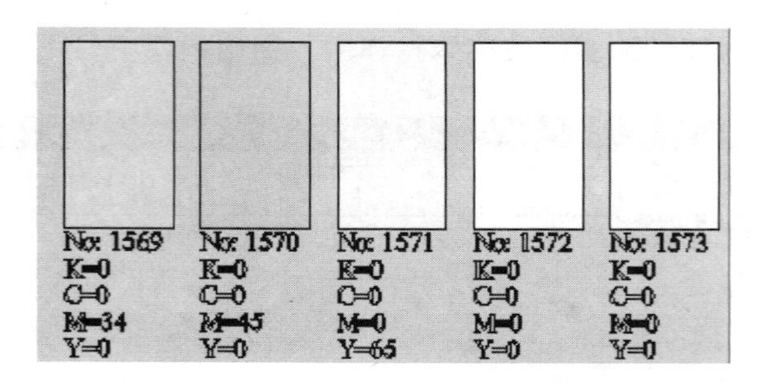

图 3-54　色标文件

2．输出颜色表

输出颜色表分为编辑色标和编辑专色两种，下面分别加以说明。

进入编辑色标，系统弹出色标编辑板，如图 3-55 所示，选择要编辑的某一颜色（颜色号必须大于 500），编辑器将此色标的 CMYK 和专色的浓度形象化显示出来，这时用户可用滚动条调整 CMYK 和专色的浓度，直到满意为止，按“保存色标”按钮存盘即可。

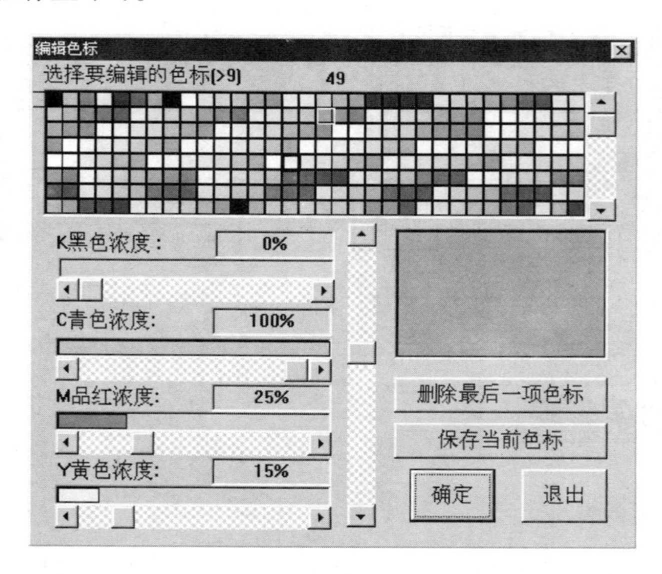

图 3-55　编辑色标对话框

如果需增加一新色标，可在颜色表最尾处按鼠标左键，然后调整新色标的

CMYK 和专色的浓度，满意后存盘。

进入“编辑专色”，系统弹出专色编辑板，可以选择要编辑的某专色，编辑器将此专色的 CMYK 浓度形象化显示出来，这时用户可用滚动条来调整 CMYK，直到满意为止，按“保存专色”按钮存盘即可。

如果需增加一新专色，按增加专色按钮，然后调整新专色的 CMYK，满意后存盘，如果需删除一专色，按减少专色按钮。

3.4 其他功能

1. 工程裁剪

将当前使用工程自动裁剪生成含有点、线、面文件的工程。它位于“输入编辑”模块的其他选单下。

工程裁剪的步骤如下。

- 编辑裁剪框。要求把裁剪框造成一个区，保存一个区文件。
- 选择“其他”——“工程裁剪”功能，在弹出的对话框中选择裁剪后文件的存放目录。
- 在弹出的对话框中选择“添加全部”、“选择全部”、“生成原值数据”，选择“裁剪的类型”和“裁剪的方式”。起名保存工程文件名和结果文件名。单击“装入裁剪框”，装入已编辑好的裁剪框。
- 单击“开始裁剪”，系统开始裁剪。

启动后弹出裁剪后文件存放路径对话框，选择一个路径后出现如图 3-56 所示窗口。

2. 检查

工作区属性检查：根据工程中点线区文件的属性检查它们的参数和属性以及其他编辑工作。以区文件为例，如图 3-57 所示。

给出检查结果文件路径和名称，单击属性结构中某个字段，在右边窗口中出现区文件中该字段的所有属性值。单击某个属性值，再单击“选择结果”，在工程中可以看到该属性值对应的图形在闪烁，这时可以对结果图形进行各种编辑。同时可以查看结果文本文件内容，还可以条件检索某些满足条件表达式的

图形，其操作方法类似。

工程信息检查：检查工程中文件信息，可以查看工程地图参数和文件地图参数，并生成结果文本文件，如图 3-58 所示。

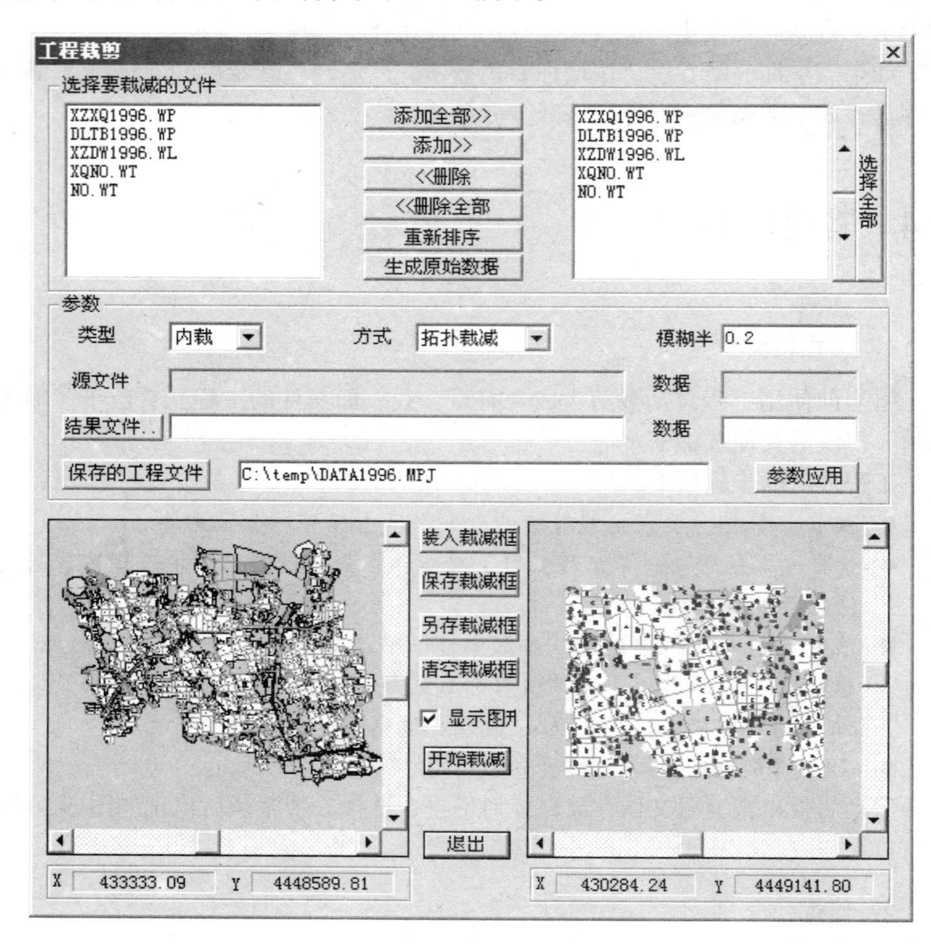

图 3-56 工作裁剪对话框

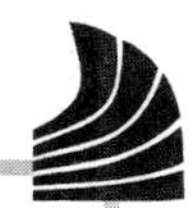

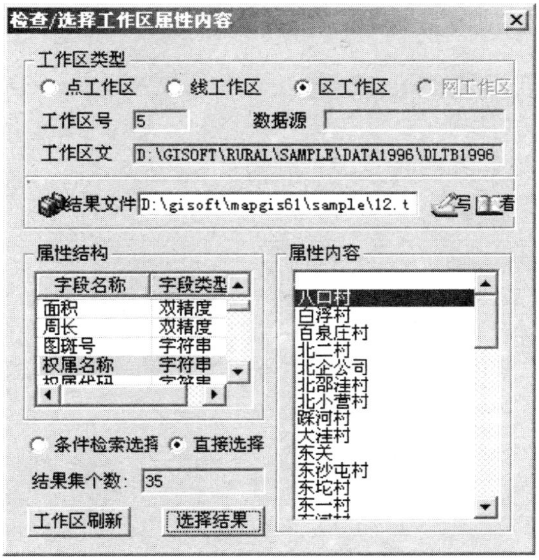

检查/选择工作区属性内容
工作区类型
点工作区
线工作区
区工作区
网工作区
工作区号
5
数据源
工作区文
D:\GISOFT\RURAL\SAMPLE\DATA1996\DLTB1996
结果文件
D:\gisoft\mapgis61\sample\12.t
写
看
属性结构
字段名称
字段类型
面积
双精度
周长
双精度
图斑号
字符串
权属名称
字符串
属性内容
八口村
白浮村
百泉庄村
北二村
北企公司
北邵洼村
北小营村
踩河村
大洼村
东关
东沙屯村
东坨村
东一村
条件检索选择
直接选择
结果集个数:
35
工作区刷新
选择结果

图 3-57 检查/选择工作区属性内容对话框

检查工程内容
工程信息
文件数
5
浏览工程地图参数
工程名
D:\gisoft\Rural\sample\Data1996\DATA1996.MP
图例文
文件信息
状态:
打开
类型:
区类型
数据
名称:
D:\GISOFT\RURAL\SAMPLE\DATA1996\XZXQ1996.WP
最小显示
0.000
最大显示
0.000
分类
0
描述:
行政辖区
浏览地图参数
文件列表
XZXQ1996.WP
DLTB1996.WP
XZDW1996.WL
XQNO.WT
NO.WT
属性结构
字段名称
字段类型
权属代码
字符串
权属名称
字符串
计算面积
双精度
平差面积
双精度
结果文件
D:\gisoft\mapgis61\sample\23.txt
写
看
退出

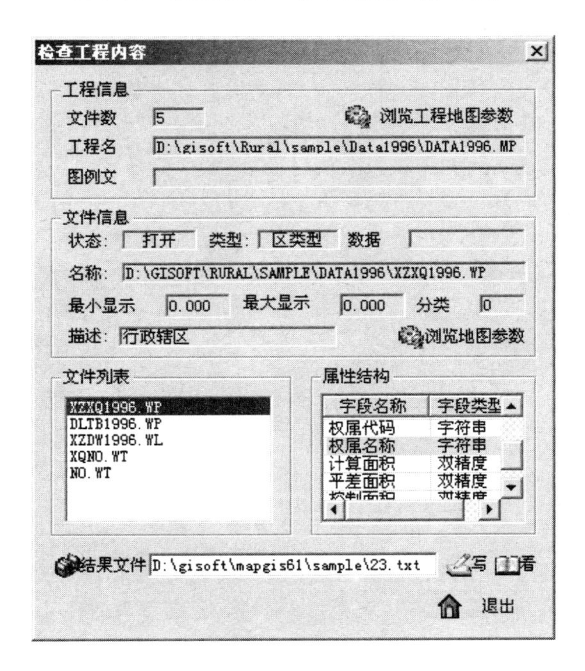

图 3-58 检查工程内容对话框

图例信息检查：实际是图例文件转换为文本文件，如图 3-59 所示。

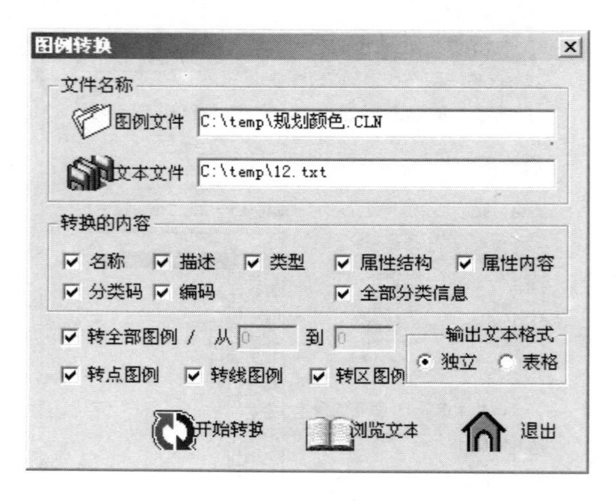

图 3-59　图例转换对话框

属性动态显示：将工程中文件的属性动态地在鼠标所指的位置上显示出来。该功能位于“窗口”选单下，如图 3-60 所示。

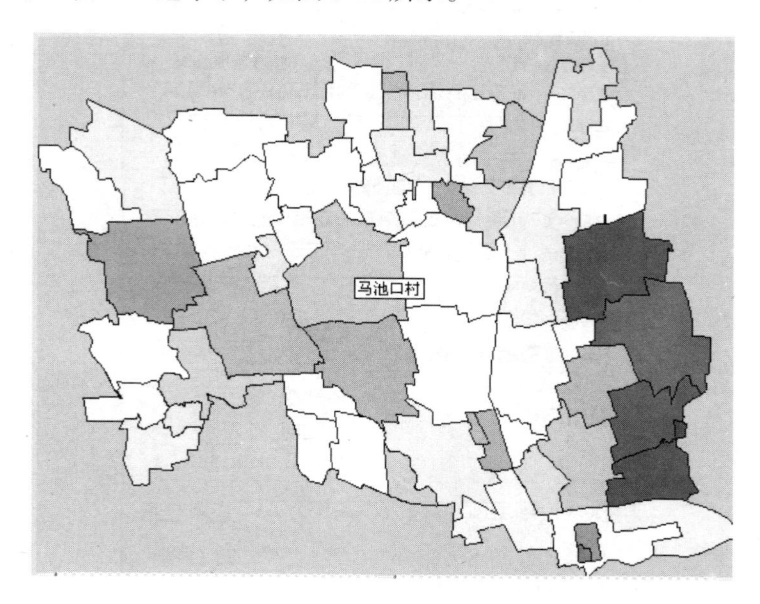

图 3-60　属性动态显示结果

3. 改点参数时可改变点类型

在修改点参数时可以改变点的类型，例如，把注释改变成子图等。此功能在选单“设置”下的“参数设置”中，在“修改点参数时可改变点的类型”前打钩即可。

问题

1. 请制作一个陡坎线型？
2. 如何进行线型库之间的拷贝？

第4章 文件转换

本章要点：

MAPGIS 文件转换子系统，为 MAPGIS 系统和其他系统间架设了一座桥梁，实现了不同系统间的文件转换，从而达到资源共享的目的。

MAPGIS 数据输入接口包括 MAPGIS 的明码格式数据接口、DXF 格式接口、DLG 接口、STDF 格式、瑞得全站仪格式、MAPINFO 格式接口及 ARC/INFO 接口，其中 ARC/INFO 接口包括内部格式接口、E00 格式接口、ARC/INFO 公开格式接口。

MAPGIS 数据输出接口包括 MAPGIS 的明码格式数据接口和 DXF 格式、DLG 格式、CGM 格式、STDF 格式、MAPINFO 及 ARC/INFO 接口，其中 ARC/INFO 接口包括内部格式接口、E00 格式接口、公开格式接口。

本章的主要内容有：

✧ AUTOCAD 数据的转换；
✧ ARCINFO 数据的转换；
✧ MAPGIS 明码数据的转换。

4.1 文件转换

MAPGIS 数据接口转换子系统，为 MAPGIS 系统和其他系统间架设了一座桥梁，实现了不同系统间的数据转换，从而达到资源共享的目的。

系统主选单如图 4-1 所示。

图 4-1　数据接口转换子系统主选单

有关“文件”、“窗口”、“选择”、“帮助”这 4 个选单项的具体操作，用户可参考前面章节中的相关部分，下面只对 3 个数据接口转换选单作详细介绍。

4.1.1　数据输入接口

1．如何将 AUTOCAD 数据转换为 MAPGIS 数据

在将 AUTOCAD 数据转入 MAPGIS 时，经常会遇到两边的线型库、颜色库的编码不一致，而且在 AUTOCAD 中有些图元是以块的形式组成，这样就造成转换后形成“张冠李戴”，有时两边无法对应。另外，在转换时还经常需要将

AUTOCAD 的某层转为 MAPGIS 的对应层。因此，系统提供了一套对照表文件接口：

符号对照表——“arc_map.pnt”；

线型对照表——“arc_map.lin”；

颜色对照表——“cad_map.clr”；

层对照表——“cad_map.tab”。

用户编辑生成这些表文件，并将其放在系统库目录下，系统成批或单个文件转换时都会按这个表文件的对应情况自动转换。

转换步骤如下。

第一步：将 AUTOCAD 的 dwg 格式，转换为 AUTOCAD 的数据交换格式 DXF，最好选择 R12 版本；转换 DXF 文件时，不要对原图的块（符号）作爆破处理，并且注意到原图是否有样条曲线，如果有最好作爆破处理。

第二步：将系统库目录设为..\suvslib，并将..\slib 目录下的上述 4 个对照表文件拷贝至系统库目录..\suvslib 下。

第三步：对系统库目录..\suvslib 下这 4 个对照表文件进行编辑，可直接用 Windows 写字板或记事本方式打开，需要注意的是，对照表中 MAPGIS 编码是在“数字侧图”系统中查到的，并且要区分对照表的大小写。下面列举如何对这 4 个对照表进行编辑。

符号对照表（arc_map.pnt）如图 4-2 所示。

AUTOCAD（块名）	MAPGIS（编码）
W-L	*9431*
718A	*9511*
5261	*9531*
……	

arc_map.pnt - 记事本

文件(F) 编辑(E) 格式(O) 帮助(H)

```
GC113          1110
GC014          1120
GC114          1130
GC015          1140
GC115          1150
```

图 4-2 符号对照表

线型对照表（arc_map.lin）如图 4-3 所示。

AUTOCAD（线型）	MAPGIS（编码）
CONTINUOUS	*2110*
DASH1	*1402*
DASH4	*4320*
DOT1	*1403*
……	

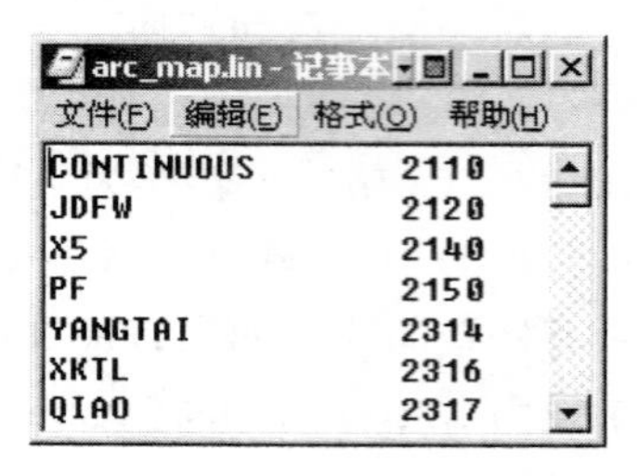
arc_map.lin - 记事本
文件(F) 编辑(E) 格式(O) 帮助(H)

```
CONTINUOUS        2110
JDFW              2120
X5                2140
PF                2150
YANGTAI           2314
XKTL              2316
QIAO              2317
```

图 4-3　线型对照表

颜色对照表（cad_map.clr）如图 4-4 所示。

MAPGIS（颜色号）	AUTOCAD（颜色号）
1	*10*
2	*4*
4	*2*
6	*1*
7	*3*
……	

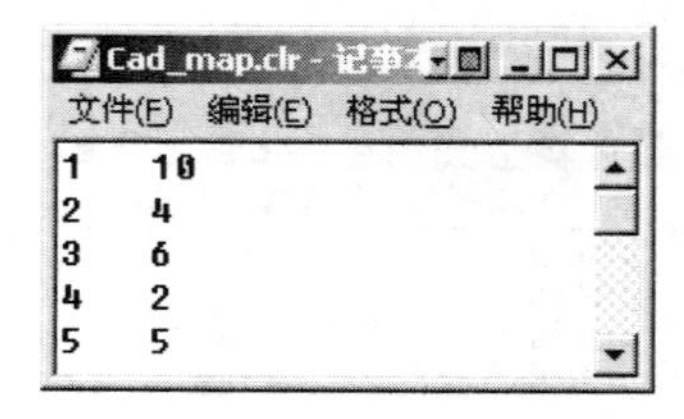
Cad_map.clr - 记事本
文件(F) 编辑(E) 格式(O) 帮助(H)

```
1    10
2    4
3    6
4    2
5    5
```

图 4-4　颜色对照表

层对照表（cad_map.tab）如图 4-5 所示。

MAPGIS（图层号）	AUTOCAD（图层名）
0	*0*
1	*1*
2	*3*
3	*5*
……	

cad_map - 记事本
文件(F)　编辑(E)　格式(O)　帮助(H)

```
1        KZD
2        JMD
3        DLDW
4        DLSS
5        GXYZ
```

图 4-5　层对照表

第四步：进入“文件转换”模块，选择“输入”按钮，单击“装入 DXF”，将需要转换的 AUTOCAD 文件装入到系统中，此时，系统会提示“选择不转出的层”，选择后确定，则系统会按照已经设定好的对照关系开始转换。

第五步：在窗口中单击右键选择“复位窗口”，则系统会弹出如图 4-6 所示对话框，以便于选择需要的文件。

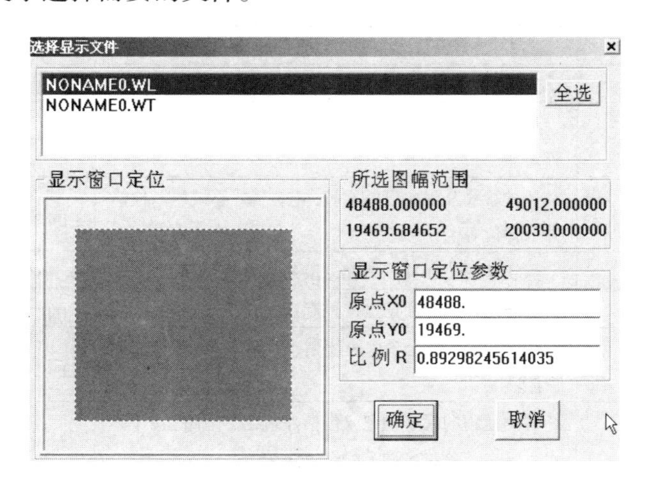

图 4-6　选择显示文件对话框

选择“确定”后，就可以在窗口中看到转换后的结果文件图了，别忘了对转换后的结果文件进行存档。

注意：

- AUTOCAD 代码与 MAPGIS 代码之间不能使用 Tab 键，只能使用空格键；
- MAPGIS 代码后为“Enter”键，不能出现空格；
- 上面列举的对照表文件中第一行（代码说明行）是不需要的。

如果不想这样做，还想按原来 MAPGIS 5.32 的做法，不考虑那么多因素，先把 AUTOCAD 块之类的图元打散，然后再转换到 MAPGIS 中也可以。但可能会有很多东西转不过来，这时只需要把当前系统环境目录下的 arc_map.pnt, arc_map.lin, cad_map.tab, cad_map.clr 这 4 个文件删除，再转换就可以了。

2. 如何将 ARC/INFO 数据转换成 MAPGIS 数据

以某单位 ARC/INFO 的 E00 数据为例，说明 ARC/INFO 数据转入 MAPGIS 的过程和要点。

（1）ARC/INFO 数据说明

要转换的 ARC/INFO 数据为 E00 格式，数据分 B,L,E,P,T,F,A 七层，如表 4-1 所示。

表 4-1 ARC/INFO 数据说明表

层 名	层 码	内 容（举例）	ARC/INFO 数据特征类
建筑物	B	建筑物（包括房屋、围墙等）	POLY LINE ANNO
道路等	L	道路和部分线状要素及部分面状要素（除房屋以外）	LINE POLY
管线	E	各种管线及附属设施（水、电、气等管线以及检修井、杆位等）	LINE
点状要素	P	点状地物（如独立地物、散列植被符号等）	POLY
地形	T	等高线、高程注记点、控制点	LINE POINT ANNO
辅助线划	F	辅助线划（如台阶内短线划、斜坡线、示坡线、棚房断线等）	LINE
汉字注记	A	各类地物的汉字注记（包括建筑物、道路、山体、水系、主要单位名称等的汉字注记）	ANNO

各图元要素都有相应的编码，所以数据转换前的第一任务是要将 ARC/INFO 下的图示符号与 MAPGIS 的图示符号对应起来。

（2）转换过程

编辑代码对照表工作是数据转换质量好坏的关键，如果代码对应错误或不全，则转换后的图形会出现错误或丢失信息。图元要素分点、线、面三类，转换前分别编辑点、线、面三类图元信息的代码对照表。

代码对照表在记事本下编辑即可，方法与上述dxf转换类似。格式如下：

ARC/INFO代码　　　　　MAPGIS代码

……

点、线、面三类图元信息的代码对照表格式相同，制作完后按以下文件名保存：

点　arc_map.pnt

线　arc_map.lin

面　arc_map.reg

保存后将这三个文件复制到MAPGIS大比例尺符号库目录下，即工作目录..\suvslib下，如C:\MAPGIS62\SuvSlib。

注意：

- ARC/INFO代码与MAPGIS代码之间不能使用Tab键，只能使用空格键。
- MAPGIS代码后为“Enter”键，不能出现空格。
- 在ARC/INFO下会有一些多余的符号，如汉字注释左下角的定位点，这些点的代码又各不相同，如果不处理则在转换后随机生成一些点状符号。我们可以这样来处理，在代码点对照表中最后一行加入：

  Other　MAPGIS编码

  这样转换后会统一生成指定的MAPGIS符号，可以统一关闭或删除。

ARC/INFO数据转换步骤如下。

第一步：进入MAPGIS文件转换子系统。

第二步：选择“输入”选单下的“成批转换E00”进行大批量数据转换，其中“输入ARC/INFO（*.E00）”为转单个文件。

第三步：选择E00数据所在目录，如图4-7所示。

打开后系统会询问是否将成果数据放在原目录下，如图4-8所示。选择“否”则可指定目录，文件名称前面带有路径，而选择“是”即开始转换，文件名称为原来的名称。

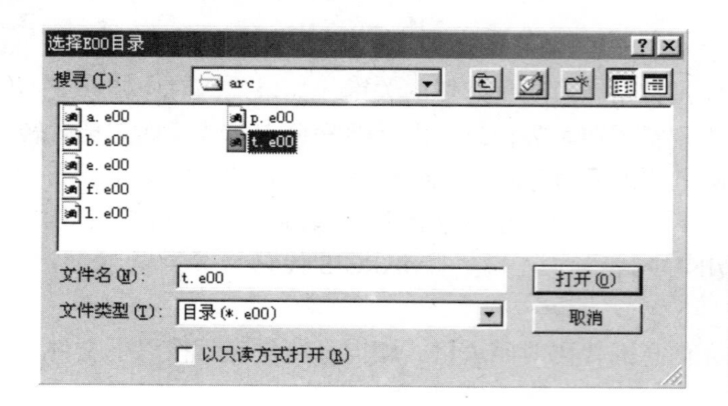

图 4-7　选择 E00 数据对话框

图 4-8　询问转换结果对话框

第四步：在转换过程中会分别弹出对话框，要求指定点、线、面的颜色，一般选择“CODE”。若取消，转换后符号颜色不统一，如图 4-9 所示。

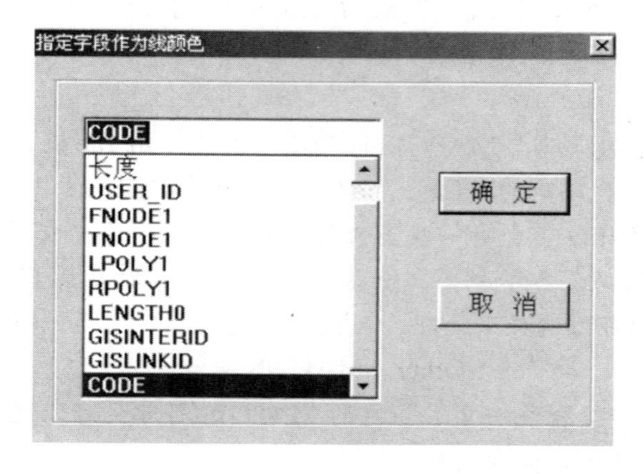

图 4-9　指定字段作为线颜色对话框

转换后系统会自动将成果数据保存到指定的目录。

注意：

为了方便利用 MAPGIS 建立底图库，在转换前，最好将 E00 数据按层分类保存，因为原来的数据是按图幅分目录的，要将这些按图幅分的数据按层分为 7 个目录，即将同一层的数据保存到一个文件夹中，这样方便大批量的转换。

总结以上的论述，可以看出，在进行数据转换时一般按以下几个步骤完成。

● 分析需要转换的数据，分清数据中的层。以层为单位，将数据合并到同

一个文件夹中。

- 按照相应的规范和说明，尽可能详细和精确地编制出代码对应表。
- 在 MAPGIS 平台中运行数据转换子模块，将数据转化为 MAPGIS 格式。
- 对照检查转换前后的数据图形，进一步细化和改进代码对照表，重新进行转换。

在转换完成之后要建立地图库，一般来说，需要转换的数据中都有一个地图库索引，可以利用这个索引来建立图库。具体的步骤如下。

- 将需要转换的数据提供的接图表按上面的步骤直接转化为 MAPGIS 格式的区文件并保存。
- 打开地图库管理，在“文件”中选择“新建图库”。
- 在弹出的对话框中，“新建图库分幅方式”中选择“不定形的任意分幅”，按“下一步”按钮。
- 在弹出的对话框中，按“图库分幅索引区引入”按钮，选择转换后的接图表区文件，按“完成”按钮。在这一步中可以进行图库投影参数的设置。
- 如果在被转换数据中都是规则的分幅，就可以选择“等高宽的矩形分幅”或“等经纬的梯形分幅”，其他步骤与建立规则图库的步骤相同。
- 图库索引建立后，就可以将转换后的数据入库了。选择“图幅管理”选单下的“图库层类管理器”按层添加各层，注意，在转化后的数据中，由于 ARC/INFO 的数据是不按点线区划分的，因此，在转化后的数据中，每一个文件夹中都包含了点、线和区文件，只要是不同的文件夹（也就是不同的数据结构）就需要作为层类来添加。另外还应该注意层类的名称应尽量简洁明了，一目了然。

图库的层类提取完后，需要将数据入库。选择“图库管理”选单下的“图幅批量入库”，按层确定数据所在的目录，确定图幅的标识。完成数据的入库。

3. 如何转换 MAPGIS 低版本明码数据

MAPGIS5.X 版本的明码格式数据中对线的参数存储方式与 MAPGIS6.X 不同，高版本采用直接记录线宽方式，低版本是记录线宽代号。因此在进行单个或者成批输入明码文件前，将“选择”选单下的“设置明码输入线宽按浮点方式”前小钩去掉，就可以满足需要，转换过来的线宽就是按照直接记录的方式。

4.1.2 数据输出接口

MAPGIS 数据输出接口是将 MAPGIS 系统的标准文件格式输出到其他系统的文件格式，从而达到数据共享的目的。

1．AUTOCAD 数据输出接口

系统提供了 3 种转换方式，用户可根据具体情况自由选择。一般来说，数据方式适用于 DXF 文件被作为一个接口供其他软件调用。图形方式和全部图形方式适用于在 MAPGIS 上作图，在 AUTOCAD 上出图或集成，它仅是字体上与 MAPGIS 不同，这种方式将花费大量的时间，占用大量的空间。

GIS 数据方式输出 DXF：这种方式转向 AUTOCAD 的线无线型、点无子图、汉字为 AUTOCAD 下的单线字（汉字代码）。

部分图形方式输出 DXF：这种方式转向 AUTOCAD 的线有线型、区有填充图案，子图可以输出，仅汉字为 AUTOCAD 下的单线字，不过单线字可以通过 AUTOCAD 下的一些简单的编辑替换操作换为期望的字体。

全图形方式输出 DXF：这种方式就是在 AUTOCAD 上看到的图与 MAPGIS 下看到的除线颜色、符号颜色、注记、填充不同外，其余基本一致。

注意：

在向 AUTOCAD 转换输出时，由于 AUTOCAD 中高程是用 Z 坐标来表示，而 MAPGIS 系统中的高程是放在属性中，所以转换时系统要求选择一个字段作为高程输出。在将来 MAPGIS 中引入三维坐标后，既可将高程放在属性中输出，也可将其放在图形上输出，用户可灵活选择。

2．ARC/INFO 数据输出接口

系统提供了 3 种转换方式：ARC/INFO 标准格式、ARC/INFO 内部交换格式（即 E00 格式）、ARC/INFO 公开格式（即 GENERATE 格式），用户可根据自己的需要选择。

输出 ARC/INFO 标准格式：这种输出方式通常被用做由 MAPGIS 转 ARC/INFO 时，在 ARC/INFO 上，既希望有空间数据，又希望有与之相对应的属性数据的情况。此时，MAPGIS 的点文件应以 E00 的方式转入 ARC/INFO，使用时点为一个覆盖层，线、区为一个覆盖层，然后在 ARC/INFO 上叠加即可。MAPGIS 中点文件的子图、注释都可以转入 ARC/INFO，只不过子图是以子图号的方式

输出，用户只需在 ARC/INFO 上建立一套与 MAPGIS 对应的子图库即可，子图的属性可以使用选单上的输出点属性功能输出，然后在 ARC/INFO 上属性连接。

输出 ARC/INFO 的 E00:这种输出方式通常被用做输出 MAPGIS 的点文件，以及向高版本的 ARC/INFO（如 ARC/INFO7.0）输出空间数据。MAPGIS 在以这种方式工作时，只输出图元的默认属性，如线文件只输出 ID、长度、起始终止点、左右多边形。

输出 ARC/INFO 公开格式：这种输出方式通常被用做只向 ARC/INFO 输出空间数据，而属性数据在 ARC/INFO 上建立。

注意：

- 由于 ARC/INFO 的微机版对点、线、区的数量有一定限制。例如：一条线不能超过 500 个点，在 E00 格式中，一条注释不能超过 80 个字符，所以用户在转换输出时应予以注意，并且在输出到 ARC/INFO 文件前，必须在编辑器中使用压缩存盘，以去除逻辑上删除的点和线，然后再输出。在用 ARC/INFO 标准格式输出时，系统为用户提供了自动剪断超过 500 点的线的功能，所以转到 ARC/INFO 的数据可能比 MAPGIS 上的实体要多。
- MAPGIS 数据转入工作站版的 ARC/INFO，比较好的方法是先用 E00 输出空间数据，用标准格式输出属性数据，也就是一幅图分别用两种方式输出，输出的 E00 在 ARC/INFO 上形成覆盖层，然后将标准格式的属性数据 AAT 和 PAT，用属性连接的方式联入 E00 形成的覆盖层中，再在 ARC/INFO 上重建拓扑关系。
- 如果既有工作站版的 ARC/INFO 又有 PC 版的 ARC/INFO，可采用标准格式先将数据输出到 PC 版的 ARC/INFO，然后在 PC 版的 ARC/INFO 上整理通过，再输出 E00，然后由工作站上的 ARC/INFO 读入即可。
- 直接输出带有图形和属性的 E00 数据。

问题

1. 如何将 AUTOCAD 数据转换为 MAPGIS 数据？
2. 如何将 ARC/INFO 数据转换为 MAPGIS 数据？

第5章 升　　级

本章要点：

升级子系统，是MAPGIS内部格式文件转换系统，它处理MAPGIS5.X版本与MAPGIS6.X版本文件格式转换。

本章的主要内容有：

✧ 介绍MAPGIS文件类型；
✧ 介绍MAPGIS5.X, MAPGIS6.X之间的转换。

5.1 MAPGIS 文件类型

点、线、区、网络、表格，是 MAPGIS 管理的主要实体。它将每类实体按一种文件类型存储，与实体相对应有点文件、线文件、区文件、网络文件、表格文件。为了更有效地管理实体，与 5.X 版本相比，在文件内部格式方面 6.X 做了较大的改变（具体改变内容请参考其他手册）。为了保护用户的现有利益，系统提供了 5.X 与 6.X 相互转换功能。

5.2 文件升级

文件升级的界面如图 5-1 所示。

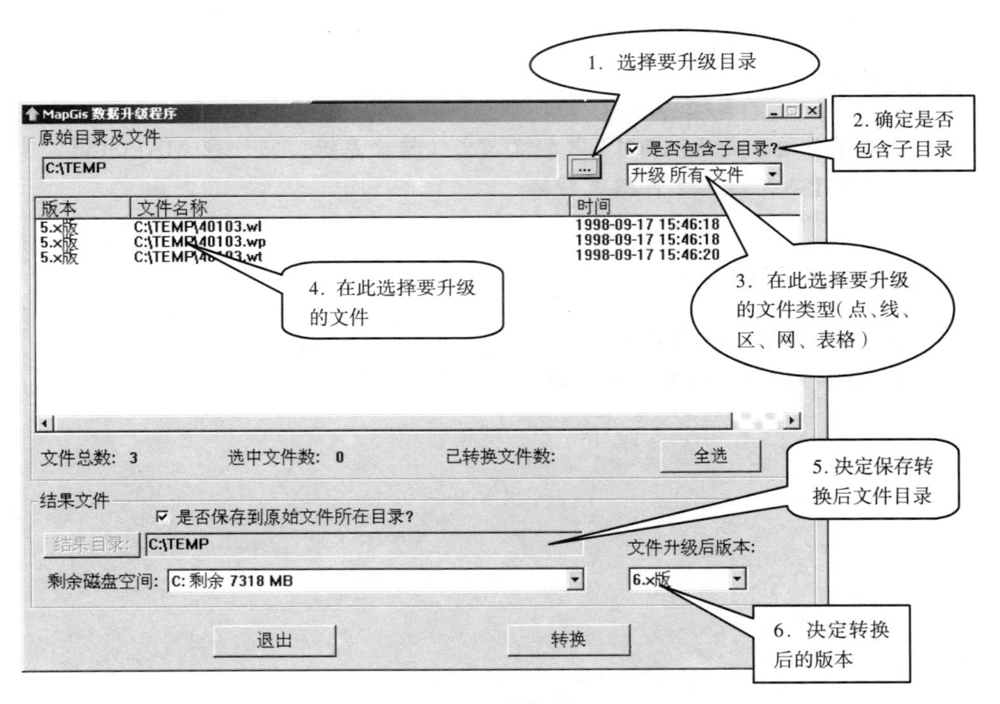

图 5-1　文件升级

具体步骤如下。

第一步：选择需要升级的原始目录。如果此目录又含子目录，那么就选择“是否包含子目录”复选框。

第二步：选择升级文件类型。

第三步：在列表框中，选择要升级的文件。可通过“Ctrl”键选择多项，如果有必要，可以选择“全选”按钮。

第四步：决定升级后的文件保存的结果目录。

第五步：决定文件升级到哪个版本，并选择“转换”按钮，这样系统将自动转换。

问题

1. MAPGIS 存在哪些版本文件？
2. 5.X 与 6.X 版本之间如何转换？

第6章 误差校正

本章要点：

在图形的扫描输入或数字化输入过程中，由于操作的误差、数字化设备的精度及图纸的变形等因素，使得输入后的图形存在着局部或整体的变形。为了减少输入图形的变形，提高图形的制作精度，图形输入后必须经过误差校正。

误差校正对矢量数据的交互式误差校正和自动误差校正与成批矢量文件自动校正。

本章重点阐述了误差校正的方法和操作步骤，同时也穿插了误差校正的部分基本原理，以便初学者能迅速运用误差校正系统来校正自己的MAPGIS图件，并加深对误差校正的理解。

本章的主要内容有：

- ✧ 交互式误差校正；
- ✧ 自动误差校正。

6.1 交互式误差校正

交互式误差校正适用于所选控制点较少，误差校正精度要求不高的图形。

需要注意的是，不管交互式校正还是自动校正，都只能校正图形的变形，而不能通过校正去改变图形的比例尺(例如将1∶10000的图形可校正为1∶10000，但不能校正为1∶100000)。若需改变比例尺，则可通过“图形编辑”中的“整图变换”功能改变图形 *X* 和 *Y* 方向的比例实现。

交互式误差校正的具体操作步骤如下。

1. 打开文件

打开需要校正的点文件、线文件和面文件，如图 6-1 所示。

打开文件后，误差校正的界面发生变化，所有的主选单都显示出来，文件下的选单选项也发生变化，如图 6-2 所示。

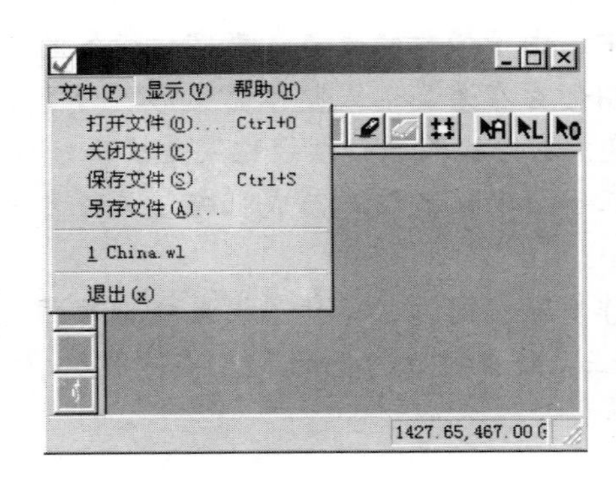

图 6-1 打开文件选单

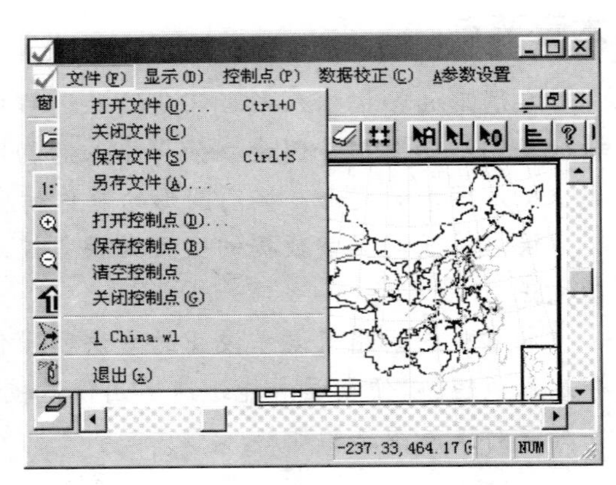

图 6-2 打开控制点选单

2. 打开控制点

其文件名为“*.pnt”。在系统的演示数据中若找不到该文件，只需键入文件名创建一个即可。该文件是一个文本文件，主要用于记录误差校正过程中所采集的实际控制点和理论控制点的坐标信息。

3. 设置控制点参数

在控制点主选单下选择该选单选项，其界面如图6-3所示。

选择该项后，系统将弹出如图6-4所示的控制点参数设置对话框。

一般情况下，对话框中的其他参数可保持不变，只需将“采集实际值时是否同时输入理论值”选中（打“√”）即可。各项选择参数的作用及用途如下。

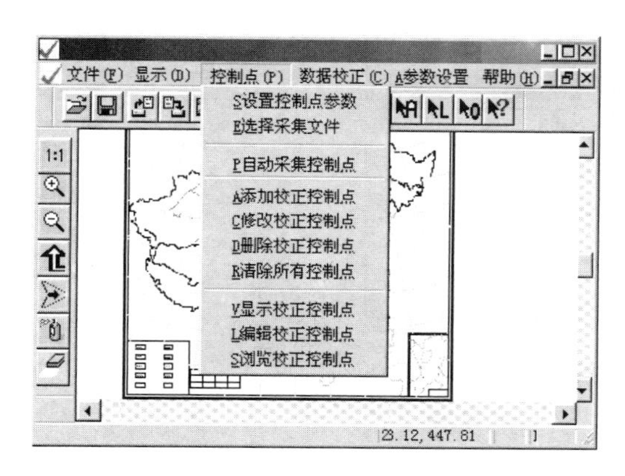

图6-3 控制点选单

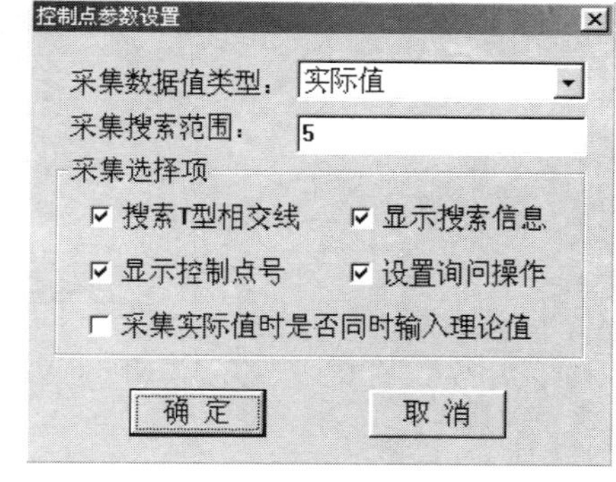

图6-4 设置控制点参数

采集数据值类型：指定从当前文件中所采集的控制点是实际控制点，还是理论控制点。在交互式校正中，都是“实际值”。

采集搜索范围：交互式校正中，该采集搜索范围主要用于判断采集控制点是否落在以当前鼠标位置为中心，采集搜索范围为半径的圆域内。系统通常将线交点、线上的坐标点判断为控制点。

搜索T型相交线：指在搜索线的交点时，对于如图6-5所示三种类型的线是否求其交点。若选择，系统在搜索半径内自动搜索出该点，供用户作为控制点。如果不选择，则在搜索时，将不作为交点考虑。

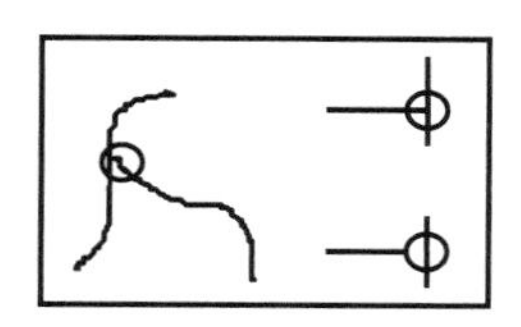

图6-5 T型线交点的三种类型

显示搜索信息：是否将搜索到的控制点信息显示出来。默认情况下，使用红色“十”字显示出搜索到的控制点位置。

显示控制点号：用于选择是否将采集到的控制点标号显示。

采集实际值时是否同时输入理论值：选择该选项后，在执行下面第五步“添加校正控制点时”，系统就会弹出如图 6-6 所示输入窗口，让用户输入该点的理论值。

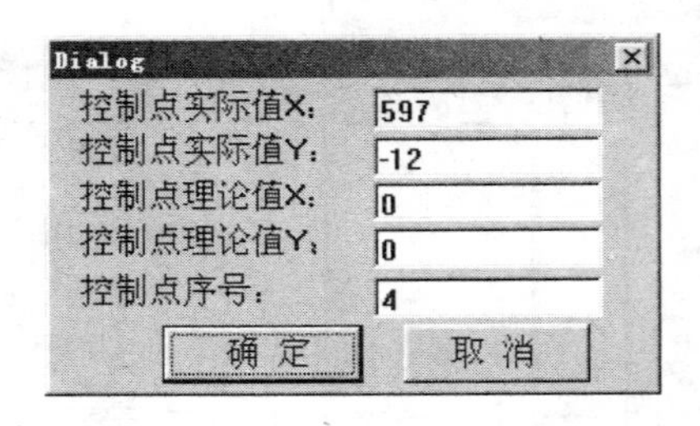

图 6-6　设置校正控制点参数

4. 选择采集文件

通过该功能告诉系统采集哪个文件的控制点。

5. 添加校正控制点

利用“添加控制点”可以采集图形中控制点的实际值，同时可在图 6-6 所示对话框中输入理论值。

6. 修改控制点

如果添加的控制点参数有误，可利用该功能来修改已输入的参数。如果不需要对参数进行修改，操作时可省去这一步。

7. 删除控制点

如果已添加控制点的位置或参数不对，可先利用该功能删除该控制点，然后再重新添加控制点。

8. 浏览校正控制点

利用该功能可查看误差校正的精度。一般情况下不需要进行此步。

9. 文件校正

在数据校正选单下选择对应类型的文件校正转换，如图 6-7 所示。

选择要转换的文件类型后（例如：线文件校正转换），系统将弹出一个对话框，选择要进行校正的文件。选择文件后，系统将自动进行误差校正。

对于部分文件校正，校正前首先要用鼠标拉一个矩形框，落在框内的部分将被校正，框外的部分则保持不变。

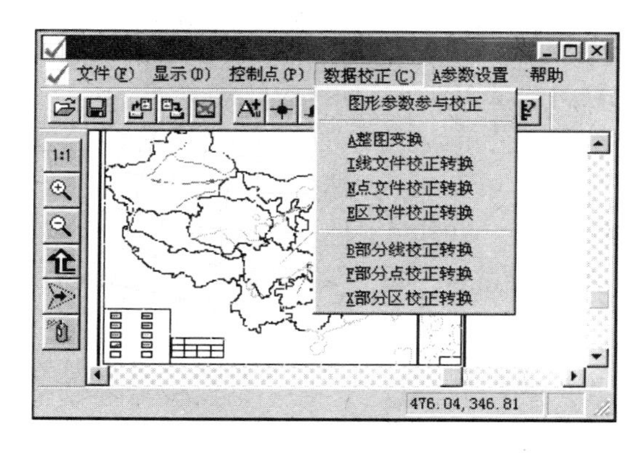

图 6-7　数据校正选单

注意：

校正变换后的文件名分别是NEWLIN.WL(NEWPNT.WT和NEWREG. WP)，可通过“显示”选单下的“复位窗口”或“1：1”的快捷方式查看显示校正后的文件。这些文件都是一些临时存在的文件，一定要另外换名保存。

6.2　自动校正

自动校正适用于控制点较多，误差校正精度要求较高的图形。

自动误差校正的基本原理：通过系统自动采集实际控制点和理论控制点的坐标值，在实际值和理论值之间建立一种对应关系，并计算出每个实际控制点的误差系数，从而可根据所得到的误差系数来校正每个实际控制点周围的点、线、面数据，最终达到校正整个点、线、面文件的目的。

既然自动校正是通过系统自动采集实际控制点和理论控制点的值而进行校

正，那么与之对应的实际控制点文件和理论控制点文件是如何得到的呢？下面讲述了采集这两个文件的具体方法和操作步骤。

（1）实际控制点文件：在数据录入的开始，就采集这个文件。采集该文件可通过两种方法：

- 将扫描光栅文件上所有格网线的交点，用输入“十”字子图的方法保存为点文件。
- 在图形编辑中，选择“折线”线形，用“输入线”的方法将光栅文件上所有格网线的交点矢量化成相交的“十”字短线，并单独存成一个线文件，例如 SJ.WL。本流程将以 SJ.WL 为例。

这些格网线交点包括公里线交点（或经纬线交点）、公里线与内图框的交点（或经纬线与内图框交点），以及内图框的四个角点。

（2）理论控制点文件：即图框文件。在投影变换中生成相应比例尺的图框，保存图框线文件，例如：Frame. WL。具体的生成图框请参见“投影变换”中的图框生成。

这两个文件准备好后，就可进入误差校正系统进行误差校正了，具体操作步骤如下。

（1）打开文件。包括以下三种类型的文件：矢量化后需要进行校正的点文件、线文件和区文件；与该图幅对应的从光栅文件上采集的实际经纬网交点文件（如 SJ.WL）；与该图幅对应的图框线文件（Frame. WL）。

（2）检查实际文件和图框文件是否基本套合：其中实际文件包括需进行校正的点、线、面文件与实际格网线文件（它们都是从同一光栅文件采集的，所以肯定是套合）。通过复位窗口同时显示实际格网文件及图框线文件，看它们是否套合在一起。如果不套合，可先分别量出实际格网文件（SJ.WL）和图框线文件（Frame. WL）左下角的屏幕坐标，计算其差距，然后通过数据校正选单下的整图变换功能输入 X 与 Y 的平移参数（差距）平移实际文件达到套合的目的（此功能也可以在图形编辑系统中工具选单下完成）。

注意：

最好不要平移图框线文件（Frame. WL），别忘了将平移后的文件存盘。

（3）打开控制点：打开或创建一个*.PNT 文件。具体操作参见第 6.1 节交互式校正的第二步。

（4）设置控制点参数：注意数据类型一定要选择“实际值”，其他参数可

不管。具体操作及参数参见第6.1节交互式校正的第三步。

（5）选择采集文件：与“实际值”类型相对应，选择格网交点文件（SJ.WL）。

（6）自动采集控制点：与第四步中“实际值”数据类型相对应，此时采集的是实际控制点的坐标值。

（7）设置控制点参数：数据类型设置为理论值。同时输入采集搜索范围（即用勾股定理计算格网交点与标准图框对应点误差最大的两点之间的距离，搜索范围最好略大于该最大距离）。

（8）选择采集文件：与理论值相对应，选择图框（Frame. WL）文件。

（9）自动采集控制点：此时采集的是理论控制点的值。

（10）浏览校正控制点：利用该功能可查看误差校正的精度。一般情况下不需进行此步，其具体功能及操作请参照用户教程。

（11）文件校正：同交互式误差校正。

问题

1. 在自动误差校正之前，应做好哪些数据准备工作？
2. 在自动误差校正时，应打开哪几个文件？这几个文件之间的相互关系是什么？哪几个文件左下角的坐标是严格套合的？如果标准图框与其他文件相距很远，能够成功地进行误差校正吗？
3. 采集搜索范围如何计算？
4. 在自动误差校正时，为什么必须先采集实际控制点的值，再采集标准图框的理论控制点的值？

第7章 投影变换

本章要点：

图形录入完毕之后，经常需要将图形从一种坐标转化为另一种坐标，或从一种投影系转为另一种投影系，这就需要对图形进行投影变换。在对图形进行投影变换之前，应先对图形进行误差校正，然后在投影变换系统中输入已校正图形的 TIC 点，并保存已输入 TIC 的文件，最后对该文件进行投影转换。

由于图框和投影变换联系紧密，故 MAPGIS 将其放在同一子系统中，本书也将图框的生成和投影变换放到同一章讲述。

本章的主要内容有：

- ✧ 标准图框的生成；
- ✧ 非标准图框的生成；
- ✧ 图形文件的投影转换；
- ✧ 用户文本文件的投影转换；
- ✧ 其他相关工具。

7.1 图框生成

图幅的图框包括标准分幅图框和非标准分幅图框。不管是标准图框还是非标准图框，在生成图框之前都应该了解该图框所采用的投影类型、图幅范围及编号、坐标网和比例尺。本节将分别讲述这两种图框的生成。

7.1.1 标准图框的生成

标准图框的生成位于投影变换子系统中，在“系列标准图框”选单下列出生成不同比例尺图框的选项选单，如图 7-1 所示。

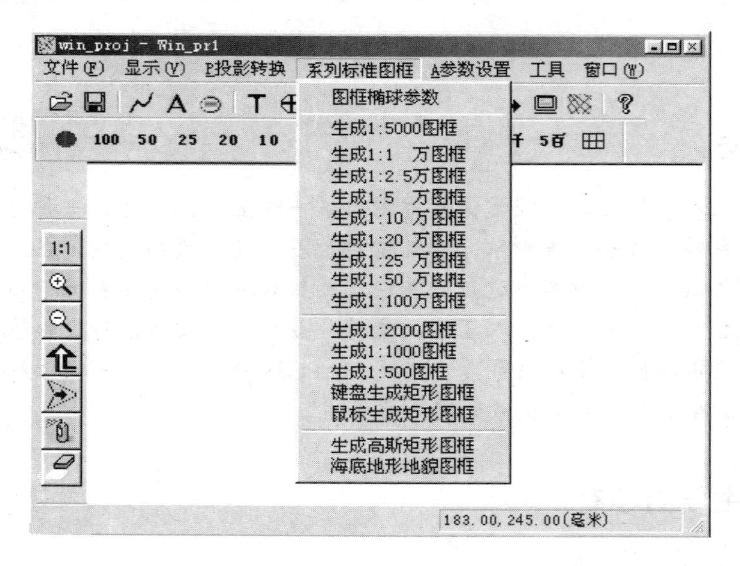

图 7-1 标准图框生成主选单

在系统提供 10 多种不同比例尺的标准图框中，部分不同比例尺的图框，在生成时其参数的设置是类似的。下面将按照“系列标准图框”选单中所列的上下顺序并进行一定的分类依次进行介绍。

（1）生成 1∶5000, 1∶10000, 1∶25000 万, 1∶50000, 1∶100000, 1∶200000 等小比例尺标准图框。

这几种比例尺的标准图框所使用的投影方式都是高斯–克吕格投影。其具体

步骤如下（以 1∶10000 的标准图框为例）。

① 选择标准图框的比例尺：在系列标准图框选单下，选择“生成 1∶10000 图框”，系统弹出图 7-2 所示的对话框。

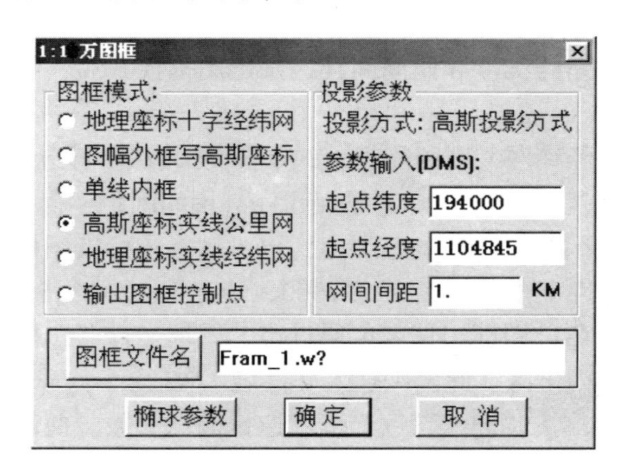

图 7-2 生成 1∶10000 标准图框的参数设置对话框

② 设置图框参数：需要设置的主要图框参数如图 7-2 所示。下面我们将该图框参数按照从上到下、从左至右的顺序具体说明如下。

选择图框模式：为了制作地图和使用地图的方便，通常在地图上都绘有一种或两种坐标网，即经纬线网和方里网（公里线构成）。我国规定：1∶10000~1∶100000 地形图上必须绘出方里网。在 1∶5000~1∶250000 比例尺的地形图上，经纬线只以图廓线形式直接表现出来，并在图角处注出相应度数。为了在用图时加密成网，在内外图廓间还绘有加密经纬网的加密分划短线，必要时对应短线相连，就可构成加密的经纬线网。经纬网与方里网的结合使用，就构成了多种图框模式。

本系统的图框模式有 6 种，生成图框时究竟选择哪一种需视用户的实际情况而定，其区别具体说明如下。

- 地理坐标十字经纬网：在外图框用短线画地理坐标标记，用十字画经纬网，并标记分秒的值。
- 图幅外框写高斯坐标：在外图框写高斯坐标，用短线画地理坐标标记。
- 单线内框：只画内图框。
- 高斯坐标实线经纬网：外框写高斯坐标，用短线画地理坐标标记，图框内用实线画公里网。

- 地理坐标实线经纬网：在外图框用短线画地理坐标标记，用实线画经纬网并标记分秒的值。
- 输出图框控制点：输出控制点坐标到文件 F? COOR.DAT 中。

输入图框左下角经纬度和网间间距：选定图框模式后，网间间距的单位也就确定了。

若选择模式为经纬网，则网间间距的单位是 DMS。若选择模式为公里网，则网间间距的单位是公里（km）。一般情况下，网间间距不需修改，使用默认参数即可。只需输入图框左下角的经纬度，也可输入该标准图框内任意一点的经纬度。在此，输入左下角的纬度为 194000，经度为 1104845。

输入图框文件名：图框文件名可通过按“图框文件名”按钮输入，也可直接在其后的空白框内键入。此例中输入文件名 1.WL。

选择椭球参数：按“椭球参数”按钮选择椭球参数。此例中设置为“西安80”的椭球体。

③ 输入图框辅助选项及内容：输入完毕图 7-2 中的主要参数后，按“确定”按钮，系统会弹出如图 7-3 所示的辅助参数对话框。

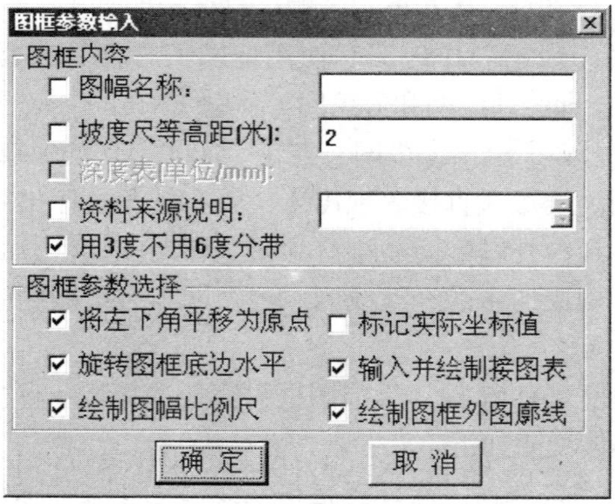

图 7-3　图框辅助选项参数输入框

对初学者而言，图框内容可不管，需要时可参照用户教程。其他各选项参数具体说明如下。

- 将左下角平移为原点：系统生成的标准图框是按高斯投影的大地坐标确定的，所生成的图框坐标是绝对坐标，所以坐标值较大。选择此项，系统会自动将图框变为非绝对坐标，把左下角坐标值平移为(0,0)，打“√”为选中。
- 旋转图框底边水平：按高斯投影的大地坐标系生成的标准图框，在中央经线两侧的图会是倾斜的，选择此项可将图框旋正，使图框底边两个角点的Y值相同。
- 绘制图幅比例尺：在绘制图形时，一般都要在图形下面绘制出本图的比例尺，该比例尺包括数字比例尺和直线比例尺。选择此项，会在图框的下面绘制该图框的比例尺。
- 标记实际坐标值：选择此项后，在生成的标准图框上，除了图框的四个角点标记的是经纬网或公里网之外，图框中其他位置上的标记则是该点图上坐标的横坐标或纵坐标，与状态栏中的坐标值保持一致。
- 输入并绘制接图表：选择该项后，系统在绘制图框时将自动绘制出接图表，以描述该图幅与其他相邻图幅之间的位置关系。其中，接图表中的内容可由用户自己修改。
- 绘制图框外图廓线：图框一般包括外图框和内图框。选择该选项后，生成图框时，系统会绘制出该图框的外图框。

注意：

在上面的6个选项中，若所绘图框仅仅是为了出图，则需参照上面的说明，根据实际情况选取有关选项。若所绘的图框是为了建立图库，完成多幅图的拼接，则6个选项都不需要选择，即去掉选项前面的“√”。

图框的辅助选项输入完毕后，按“确定”按钮，系统即自动绘制出所要求的标准图框。

（2）生成1：250000，1：500000，1：1000000等小比例尺的标准图框。

这几种比例尺的标准图框生成步骤与1：5000~1：200000标准图框的生成过程类似，只是投影方式有多种。一般情况下，生成图框时只需根据实际需要选择适当的投影方式即可。

（3）生成1：500、1：1000和1：2000等大比例尺标准图框。其具体步骤如下（以1：500的标准图框为例）。

① 选择图框比例尺：选择“系列标准图框”选单下的“生成1：500图框”，系统会弹出如图7-4所示对话框。

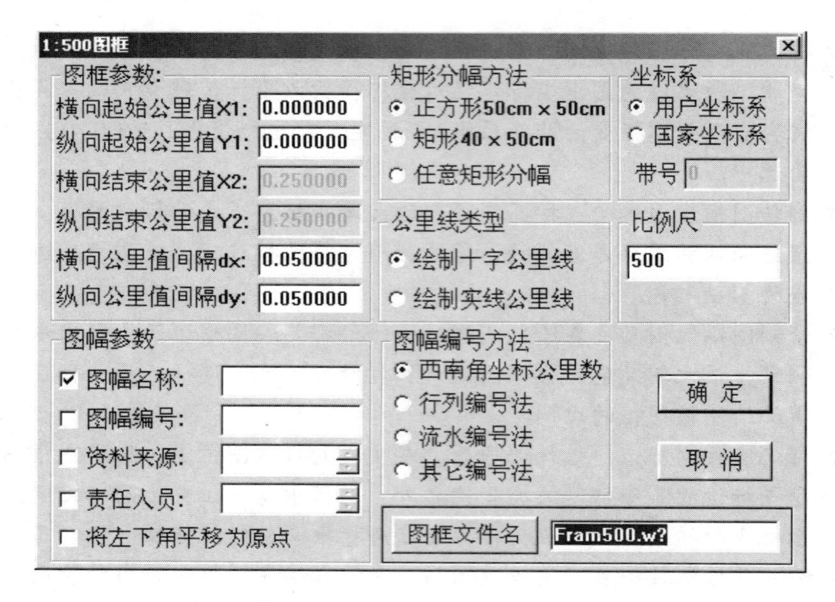

图 7-4　1∶500 矩形图框参数输入对话框

从图中可看出，对于大比例尺的矩形图框，其图框范围的输入参数与小比例尺不同，它输入的参数是公里值，而非经纬度值。

② 设置图框参数：1∶500 矩形图框的参数说明具体如下。

- 选择矩形分幅方法：这几种大比例尺的图框一般采用 40cm×50cm（横向 40cm，纵向 50cm）的矩形分幅或 50cm×50cm 的正方形分幅；此外，也可以根据实际需要使用任意矩形分幅。
- 输入图框参数：若分幅为标准的 40cm×50cm 或 50cm×50cm，则只需输入左下角起始公里值即可，公里线间隔一般用默认参数即可。若是任意矩形分幅，则需用户根据实际情况输入公里值的起始范围和结束范围及其间隔。
- 图幅参数：对于初学者，只需注意是否“将左下角平移为原点”。它与上面所讲的小比例尺图框的参数一样。选择“是”（打“√”为选中），则图形为非绝对坐标；选择“否”，图框为绝对坐标。其他图幅参数则可以不输入。
- 选择公里线类型：对于初学者，可不管。
- 选择图幅编号方法：对于初学者，可不管。

- 选择坐标系：坐标系包括用户坐标系和国家坐标系两种。一般情况下，选择的是用户坐标系。用户坐标系是用户根据自己的测区所建立的坐标系，而国家坐标系实际上是采用统一6度、3度或1.5度来分带所建立的坐标系。所以在采用国家统一坐标系时，图廓间的公里数根据需要加注带号和百公里数，例如：

$$X: {}^{43}27.8 \quad Y: {}^{374}57.0$$

其中百公里数可以根据输入的起始值确定，而带号需要用户输入。在国家坐标系选项下，有带号输入窗口用来输入坐标带号。若选择国家坐标系选项，即可激活该窗口。

- 输入文件名：直接输入生成图框的文件名或先通过按钮打开一个对话框，然后再输入文件名。各项参数都设置好后，按“确定”按钮，系统即可自动生成所需图框。

（4）生成矩形图框、高斯矩形图框及海底地形地貌图框。

① 生成矩形图框：该功能及操作都类似于生成1：500等矩形图框。只是增加了比例尺输入窗口，可以由用户指定输入任意比例尺。由于是矩形图框，所以图框范围输入的参数单位只允许是公里值，而不允许是经纬度值。

② 生成高斯矩形图框：该图框生成功能及操作与矩形图框类似。它可以生成任意比例尺的高斯自由矩形图框。需要注意的是：

- 图幅坐标值既可按经纬度输入，也可按高斯大地坐标输入，只要输入正确，系统就可自动识别；
- 生成该类型的图框时，不允许跨6度带制图。

③ 海底地形地貌图框：该功能及操作类似小比例尺图框。

7.1.2　非标准图框的生成

非标准图框的生成主要是针对1：5 000以下的小比例尺梯形图框而言（包括1：5000）。对于1：5000以上的大比例尺矩形图框的非标准图框，则可直接在其标准图框中选择“任意矩形分幅”的分幅方法即可。

小比例尺的非标准图框的生成主要是通过“投影转换”选单下的“绘制投影经纬网”功能生成。其生成步骤具体如下。

（1）选择绘制投影经纬网：选择“投影转换”选单下的“绘制投影经纬网”，系统会弹出图7-5所示的参数输入对话框。

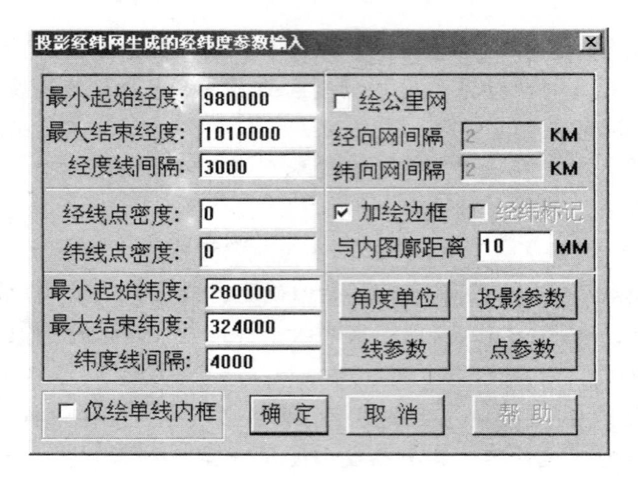

图 7-5　生成经纬网参数输入对话框

（2）设置经纬网参数：需要设置的主要图框参数如图 7-5 所示。以下按照设置参数的因果顺序，分别介绍各种参数的设置。

① 设置输入起始及结束经度（纬度）的角度单位：按对话框左下角的“角度单位”按钮，系统会弹出如图 7-6 所示的设置角度单位对话框。

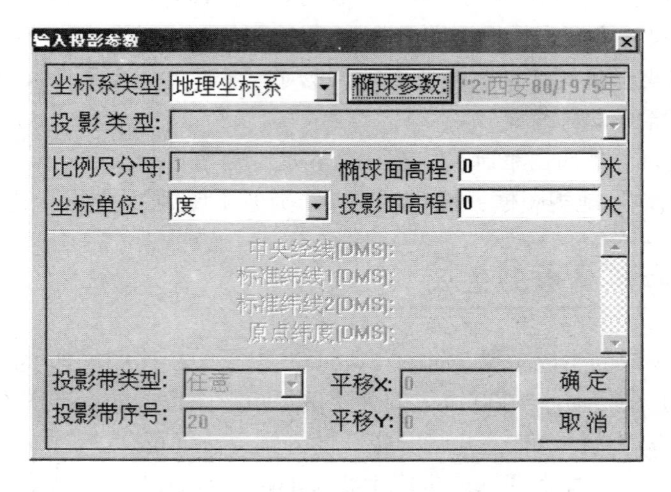

图 7-6　角度单位参数输入对话框

设置角度单位的参数时，椭球面和投影面高程有则输入，没有则不管。只需注意以下两点。

- 坐标系类型是“地理坐标系”时，坐标单位就不能选择长度单位，只能选择经纬度，并可根据需要设置为度、秒或度分秒。一般情况下，选择度分秒（DDDMMSS.SS）。
- 角度单位的设置决定了要输入的经纬度等参数的单位。

在此以最小起始经度为98°，最小起始纬度为28°的一组数据（98，28）为例进行详细说明。

选择坐标系类型为“地理坐标系”，如果选择的坐标单位是“度”，则输入值为（98，28）；若选择的单位为“秒”，则输入的值为（37800000，11520000），即将“度”换算为“秒”；若选择的单位为度分秒（DDDMMSS.SS），则输入的值为（980000，280000）。

② 设置投影参数：投影参数的设置决定了所绘制图框的坐标单位及图框的位置、大小及变形等。其参数对话框与角度单位的参数对话框完全相同，显著区别是：其坐标系类型除了可使用“地理坐标系外”，还可根据需要选用其他类型的坐标系。例如：投影平面直角坐标系等。

在设置投影参数时，应注意以下几点。

- 若选择“投影平面直角坐标系”，则坐标单位只能选择长度单位，而不能选择经纬度单位。
- 若选择“地理坐标系”，则坐标单位只能选择“度”或“秒”，而不能选择“DDDMMSS.SS”。

③ 设置线参数：线参数可根据用户的实际需要设置，一般情况下使用默认参数即可。

④ 设置点参数：设置点参数主要是设置点的宽度和高度，其他参数一般不需设置，只需使用默认参数即可。

⑤ 输入经纬度：输入起始经纬度的范围、经纬线间隔（即每隔多少画一条经线或纬线）、经线点密度（即每隔多少纬度在经线上画一个坐标点）、纬线点密度（每隔多少纬度在经线上画一个坐标点）。点密度越小绘制的点就越密，所绘出的经纬网就越光滑，同时绘制的速度也越慢。

在输入经纬度时，应注意以下几点：

- 经线（纬线）点密度大于等于经纬线间隔或密度设置为0时，点密度以经度线（纬度线）间隔值为准。
- 经纬度参数的单位要与①中所设置的角度单位保持一致。

⑥ 设置公里网：若选择“绘制经纬网”（打“√”为选中），则绘出来的图框是公里线构成的公里网图框，在该图框上，除了图框的四个角点标注的是经纬度外，其他标注则为公里值。

（3）设置经纬网的辅助参数：设置完上面所讲的经纬网主参数后，按“确定”按钮，系统就会弹出如图 7-7 所示的对话框。

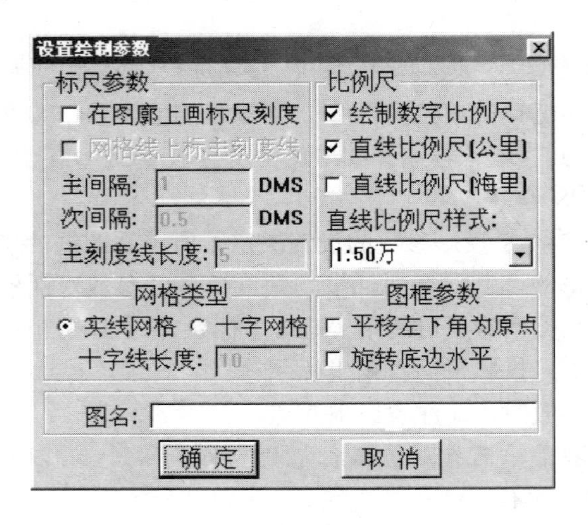

图 7-7　经纬网辅助参数对话框

在辅助参数对话框中，需要设置的几个重要参数说明如下。

- 直线比例尺样式：这是辅助对话框中最重要的一个参数，该参数设置的正确与否，将直接影响到图框的正确与否。
- 网络类型的设置：网络类型的设置与标准图框相同。
- 图框参数：非标准图框的图框参数与小比例尺标准图框的图框参数设置相同。

标尺参数、比例尺及图名则根据用户的需要取舍。对于初学者，可以不管。参数设置完毕后，按“确定”按钮，系统自动绘制图框。

注意：

绘制出的图框名为 NONAME.W*，该文件名是一个临时文件名，系统不会长久保存。如需保存结果，一定要到“文件”选单下选择“保存文件”或“另存文件”。

7.2 投影变换

投影变换是将当前地图投影坐标转换为另一种投影坐标。它包括坐标系的转换、不同投影系之间的变换，以及同一投影系下不同坐标的变换等多种变换。投影变换有 3 种重要功能：单个文件的投影变换、成批文件的投影变换，以及用户文件投影变换。本节的重点是讲述这三种变换。

7.2.1 单个文件的投影变换

单个文件的投影转换适用于变换的文件较少的情况。单个文件投影变换的具体步骤如下（以左下角经度为 110°48′45″，左下角纬度为 19°40′00″的坐标生成 1：10000 的标准图框 1.WL 为例进行讲解）。

（1）打开文件：在文件选单下，打开要进行投影变换的文件，例如：1.WL。

（2）选择投影变换文件：在“文件转换”选单下，选择“MAPGIS 文件投影”后面的“选择转换线文件”，系统会弹出如图 7-8 所示的文件选择对话框。

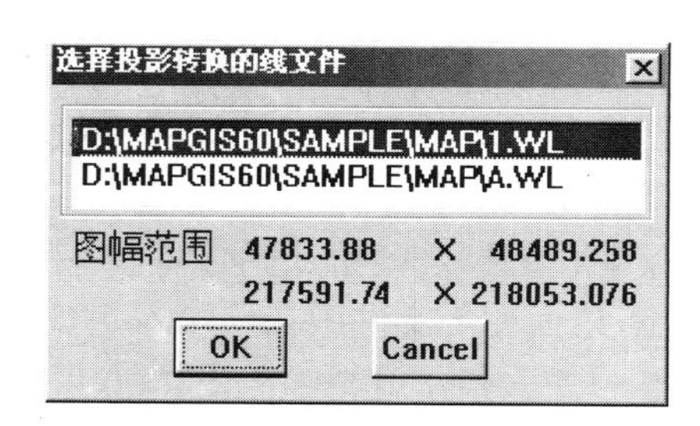

图 7-8 选择投影变换文件

从打开的多个文件中选择本次要转换的线文件：1.WL（用鼠标单击文件，底色变蓝为选中）。

（3）设置文件 TIC 点：TIC 点一般是图框的 4 个角点。对于标准图框，在生成时已经带有 TIC 点，可以省略这一步。对于矢量化的点线面图形文件，其 TIC 点的设置可通过两种方法实现：直接拷贝标准图框的 TIC 点或输入 TIC 点。下面将分别讲述这两种方法。

① 直接拷贝此标准图框的 TIC 点。

- 打开点线面图形文件和标准图框文件。
- 选择“投影变换”选单下的“文件间拷贝 TIC 点”，系统会弹出图 7-9 所示的对话框选择文件进行拷贝。

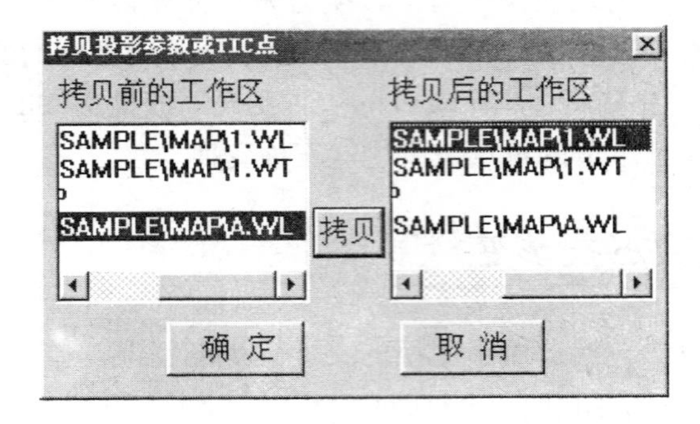

图 7-9　拷贝 TIC 点参数对话框

先在拷贝前工作区选择存在 TIC 点的标准图框，然后在拷贝后工作区选择要拷贝 TIC 点的图形文件，最后按“拷贝”按钮，即完成了拷贝 TIC 点。

注意：

拷贝完 TIC 点后，一定要利用“修改 TIC 点”检查一下 TIC 点有没有拷贝到图形文件中，并重点检查所拷贝的 TIC 点中，其理论值类型和理论值单位是否正确（一定要与标准图框中 TIC 点的类型和单位相同）。

② 输入 TIC 点：先选择“投影变换”选单下的“当前文件 TIC 点”后面的“输入 TIC 点”，然后在点线面图形文件中在要输入 TIC 点的位置（一般是图形的四个角点）用鼠标左键单击，系统就会弹出图 7-10 所示的对话框。

图 7-10　输入 TIC 点参数设置

用户坐标系中的实际值系统已自动测出，用户只需在设置理论值类型和理论值单位后，输入相应的理论值即可。使用时应注意以下两点。

- 若选择地理坐标系，则只能选择经纬度单位；若选择投影平面直角坐标，则只能选择长度单位。
- 若用户是第一次输入 TIC 点或 TIC 点已修改，则一定要保存该文件。

（4）设置投影变换参数：选择“投影转换”选单下“进行投影变换”，系统会弹出如图 7-11 所示的对话框，让用户选择投影转换参数。

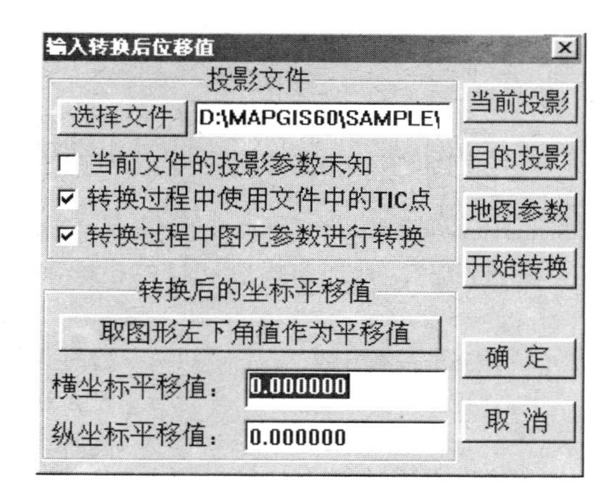

图 7-11　投影转换参数对话框

在该对话框中，需注意的一点是：若所转换文件的坐标系与其投影参数对应的坐标系相吻合，即 TIC 点的实际值和理论值一样，没必要进行 TIC 点转换，可取消“转换过程中使用文件中的 TIC 点”选择框。否则，必须设置该选项，要不然，转换的结果会有误。

此外，需要设置的两个重要参数是“当前投影”和“目的投影”，其他参数可根据用户的实际情况选择。

“当前投影”和“目的投影”两个参数的设置可以分为大比例尺（指 1∶5 000 以上，不包括 1∶5 000）和小比例尺（指 1∶5 000 以下，包括 1∶5 000）两种情况。

在此，以 1∶10 000 和 1∶500 两个标准图框为例，对“当前投影”和“目的投影”进行设置。系统所生成的标准图框都是以毫米为单位的图上坐标，转换目的是将标准图框的图上坐标转换为以米为单位的大地坐标。

对于 1：10000 的标准图框，在此取左下角经度为 110°48′45″，左下角纬度为 19°40′00″的坐标生成一个 6°分带的标准图框，其当前投影和目的投影参数分别如下。

	当前投影参数	**目的投影参数**
坐标系类型	投影平面直角	投影平面直角
投影类型	高斯–克吕格	高斯–克吕格
比例尺分母	10 000	1
坐标单位	毫米	米
投影中心点经度	1 110 000	1 110 000
投影区内任意点纬度	194 000	194 000

对于 1：500 的标准图框，取 50cm×50cm 的分幅方式，X1 为 240 千米，Y1 为 110 千米，生成一个标准图框，其当前投影和目的投影参数分别如下。

	当前投影参数	**目的投影参数**
坐标系类型	投影平面直角	投影平面直角
投影类型	高斯–克吕格	高斯–克吕格
比例尺分母	500	1
坐标单位	毫米	米
投影中心点经度	0	0
投影区内任意点纬度	0	0

对以上两种图框投影参数对比得知：对于小比例尺的标准图幅，当前投影参数中，要设置比例尺分母，中心点经度一定要输对（即中央经度）；对于大比例尺的标准图幅，当前投影参数和目的投影参数中，比例尺分母都为 1，而且不考虑中心点经度（即为 0）。

（5）进行投影转换：投影参数设置完毕后，按“开始转换”按钮，系统会出现一个转动的小钟，当该小钟消失后，该文件转换完毕，按“确定”按钮关闭该参数设置对话框。

（6）查看转换后的结果文件：转换后的结果文件名为：NEW*.*。通过 1：1 复位窗口，可显示出转换后的结果文件。若看不见该文件，可先将该文件换名另存后再查看。

7.2.2 成批文件的投影变换

当大批量的文件需要进行投影变换时，单个文件的投影转换就显得比较麻烦，成批文件投影变换就是为解决这个问题而设计的，它一次可以转换多个文件。成批文件的投影转换与单个文件的投影转换类似，但要注意以下问题。

（1）若多个文件的投影参数不完全相同，则在转换前，用户需先打开文件，设置好各自的投影参数。若部分文件的投影参数相同，可利用“文件间拷贝投影参数”直接拷贝。参数设置完毕并保存后，应先关闭所有文件，然后再打开“成批文件投影”开始转换。

（2）因成批投影是直接覆盖投影，故投影前一定要先将数据备份好。成批文件投影转换的具体步骤如下。

不需要打开需转换的文件，而是直接选择“投影转换”选单下的“成批文件投影转换”，系统会弹出如图 7-12 所示的投影参数设置对话框。

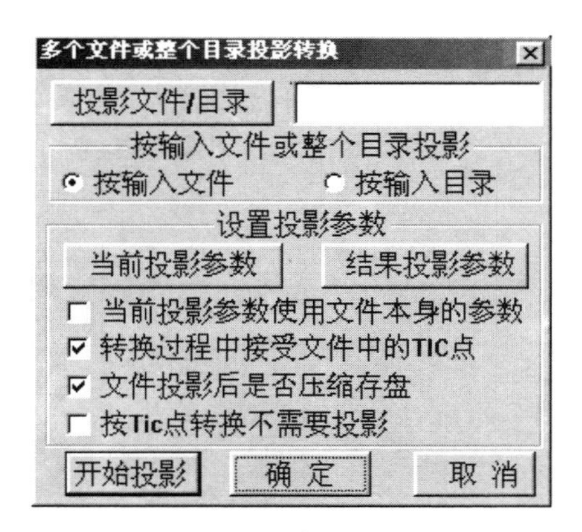

图 7-12 成批文件的投影转换对话框

在该对话框中，参数设置的顺序如下。

① 设置输入文件的方式：文件输入方式有两种，即按输入文件和按输入目录。用户可根据自己的实际情况选择。

② 选择投影文件/目录：用鼠标按“选择投影文件/目录”即可选择文件或文件目录。若选择“按输入目录”的方式，则该路径输入窗支持通用匹配符；选择目录后，再指定通用匹配符（例如：A*.W*）。

③ 设置投影参数：包括设置当前投影参数和目的投影参数。与单个文件的投影参数设置相同，具体参见单个文件的投影变换。

④ 设置投影选项：投影选项说明具体如下。

- 当前投影参数使用文件本身的投影参数：若所选文件的当前投影参数不同，则不能使用通过“当前投影参数”设置的统一参数，此时该选项必须选中。当选择该选项时，需转换的多个文件必须有自己的投影参数。
- 转换过程中接受文件中的 TIC 点：同单个文件的投影转换。
- 按 TIC 点转换不需要投影：若文件不需要投影，仅需要根据文件中的 TIC 点进行位置变换，则选择该项，否则必须取消该选项。

7.2.3 用户文件投影变换

前面介绍的单个文件和成批文件投影转换都是针对 MAPGIS 的图形文件而言。经常出现这样的情况：用户有已测出坐标值的成批文本数据，并需要直接将这些数据添加到已绘制好的 MAPGIS 图形中，或将这些坐标点直接绘制成图。“用户文件投影转换”就是为实现这些功能而设计的。

在“投影转换”选单下选择“用户文件投影转换”，系统就会弹出如图 7-13 所示用户文件投影窗口。

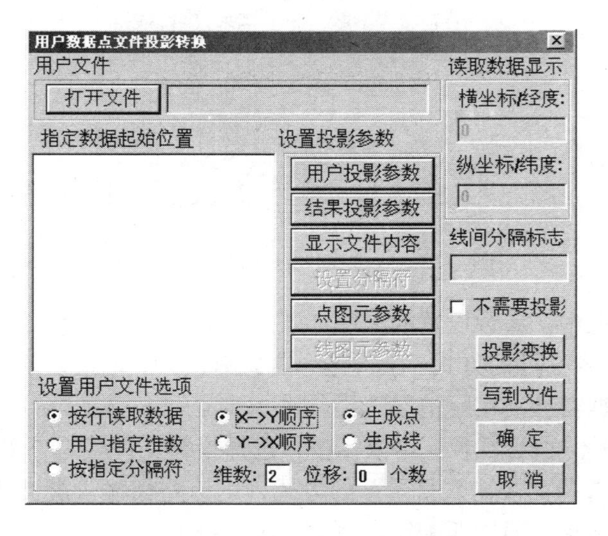

图 7-13 用户文件投影转换窗口

用户文件转换的具体操作步骤如下。

（1）打开用户文本文件：通过“打开文件”按钮打开要转换成图形的文本文件。该功能只能对纯文本文件进行转换。

在此，以起点经度为 98°，起点纬度为 28°；结束经度为 101°，结束纬度为 32°；经线间隔为 1°，纬线间隔为 2°的文本数据绘制一个 1∶500 000 非标准图框的经纬网交点。其文本数据（用 DDDMMSS.SS 的单位表示）如图 7-14 所示。

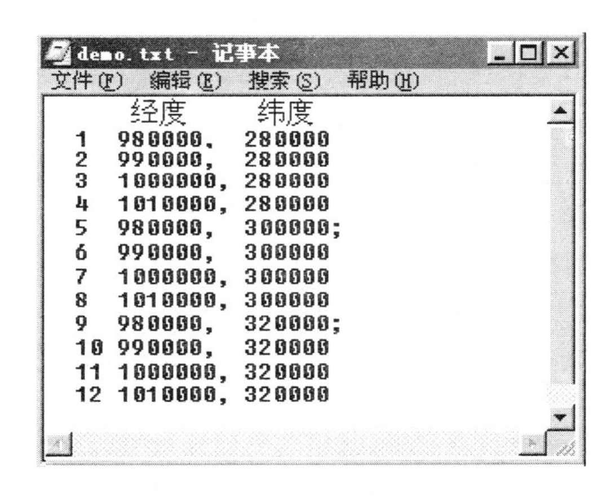

图 7-14 需要转换到图上的坐标点

该文本数据是以行进行排列。如果需对该文本数据进行修改，则可通过“显示文件内容”的功能直接打开该文件进行修改。数据修改完毕后应该注意：

- 保存修改后的数据；
- 重新通过“打开文件”打开修改后的文本文件。

（2）指定数据起始位置：有时用户的文本文件中可能有文件头，记录着一些不需转换的文字信息（例如本例中的“经度、纬度”就属这一类），这时就需要指定数据的起始位置。指定位置时，只需用鼠标左键单击参加转换的第一行数据，该行数据变为蓝色，说明已被指定。

（3）设置读数方式和读数的顺序，具体介绍如下。

① 按行读取数据。若文本文件中的每一组坐标数据（X，Y）都是存放在同一行（本例就是放在同一行），就可选择“按行读取数据”。选择该方式时，其数据设置具体如下。

选择读取方式：选择读数方式为“按行读取”。

选择读取顺序：可选择的读数顺序有 $X \rightarrow Y$ 和 $Y \rightarrow X$，在本例中，选择 $X \rightarrow Y$ 的顺序。

选择图形类型：生成图形类型有两种，生成点和生成线。

- 选择“生成点”，可通过“点图元参数”按钮设置默认的点图元参数。
- 若选择“生成线”，则不仅应在文本数据中设置两条不同线之间的分隔标志符号，而且还应将该线间分隔标志符号输入到用户文件投影窗口中，以便于系统识别。

注意：

在设置线间分隔标志符号时，分隔标志符号应放在下一条的第一组坐标值的后面，具体可参见图 7-14。在此例中，分隔标志符号设置为“;”。

设置维数和位移：维数基本上不影响图形文件的生成。位移主要是针对三维和三维以上的文本数据而言。一个文本文件的数据，不管它有多少维数，只要构成图形平面位置的坐标数据是放在第一维和第二维，那么位移值都是 0；否则就需要输入位移值。所输入的位移值是根据图形坐标数据的位置而确定，坐标数据的前面有几维，那么位移值就是多少。例如：图 7-14 中的文本数据是三维数据，其中，第一维是坐标点的序号，第二维和第三维才是构成图形的坐标数据，故位移值设为 1，参见图 7-15。

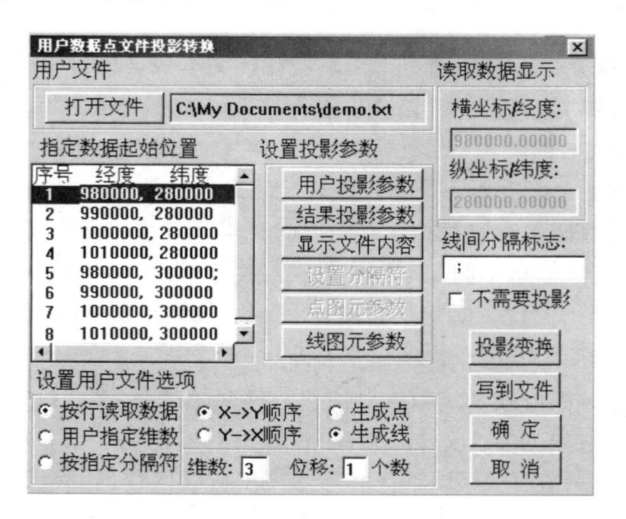

图 7-15 已输入参数的用户文件投影窗口

设置投影参数：投影参数包括“用户投影参数”（与“当前投影参数”等同）

和结果投影参数（与“目的投影参数”等同）。若将文本数据转为图形的同时，要对图形的坐标或投影系进行转换，需进行投影转换。转换投影参数的设置与单个文件的投影转换相同，参数设置好后，先按“投影变换”按钮，然后按“确定”按钮退出参数设置窗口。通过“复位窗口”可看见生成的文件为 NOMAME*.W*。若不需进行投影转换，就需要选择“不进行投影转换”（在其前面打“√”），这时“投影转换”按钮就被“数据生成”按钮取代。

按前面所述的步骤设置好参数后，就得到了如图 7-15 所示的用户文件投影窗口。

② 用户指定维数。该功能实际上已包含在“按行读取数据”和“按指定分隔符”中。

③ 按指定分隔符。前面两种方法只能生成图形文件，文本数据与所生成图形的属性没有任何关系。如果要将文本数据中的某一列或多列数据同时赋为所生成图形的属性，就必须使用“按指定分隔符”方式生成图形。其使用步骤具体如下。

选择读取方式：选择读取方式为“按指定分隔符”。若用户是第一次选择该方式，则系统会立即提示用户“先设置分隔符”。

设置分隔符：用鼠标按“设置分隔符”按钮，系统会弹出如图 7-16 所示对话框让用户设置分隔符及即将生成的图形的属性结构。

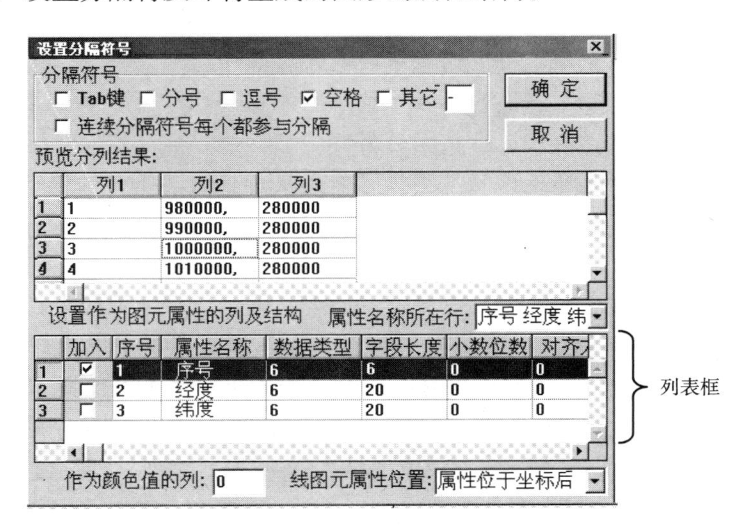

图 7-16　分隔符设置对话框

分隔符对话框的设置具体如下。

设置分隔符号：分隔符号有多种，在选择“其他”分隔符时，应先输入用户指定的分隔符号（如“=”），再选择其他选项，才能生效。

在本例中选择“空格”分隔符号。分隔符号选定后，系统自动根据用户所设置的分隔符将文本数据分隔成不同的列。在本例中，分隔为 3 列。

设置属性结构及属性：分隔符号设置完毕之后，就可根据所划分的列设置即将生成图形的属性结构，以及其每个属性字段的属性内容。分隔符对话框中最下面的列表框就是为设置属性结构和属性内容的。具体操作如下。

设置属性名称所在行：若图形的属性字段较多，并且都已输入到形成图形的文本文件中，这时可在文本文件的文件头中加一行属性名称。在设置图形的属性时，直接选择该行，系统会自动在列表框中显示属性结构名称。在本例中，选择“序号　经度　纬度”行为属性所在行。

设置图形的属性结构和属性内容。

分隔符对话框的最下面是用来设置图元属性结构和属性内容的列表框。通过该列表框，可指定将文本数据中的哪一列或哪几列作为所生成图形的属性，以及其属性结构。在该列表框中需要注意以下内容。

- 最左边的编号标注的是文本数据的列号。
- 第二列“加入”下面的复选框用于确定是否将文本数据的当前列作为图形的属性，若选择，打“√”。在本例中，选择第一列作为点文件的属性。
- 第三列的编号表示图形属性字段的先后顺序。
- 第四列用于输入图形的属性结构。如果前面已设置了属性名称所在行，在此就不需再输入属性结构的名称。
- 第五列用于选择属性的类型，只需用鼠标单击其下面的选项，就可弹出一个下拉式列表供用户选择类型，而不需要用户自己输入。
- 后面字段长度列中的字段长度可任意修改。

设置完毕分隔符对话框中的参数后，按“确定”按钮就可退出该对话框，并返回“用户文件投影”窗口。返回该窗口后继续进行如下设置。

选择图形类型：选择是生成点还是生成线。在本例中，选择“生成点”。

设置 X 和 Y 的位置：设置构成图形坐标的两列数据分别位于哪一列。在本例中，选择 X 位于第二列，经度为横坐标；Y 位于第三列，即纬度为纵坐标。

设置投影参数：同“按行读取方式”。在此，选择“不进行投影”。

按此步骤设置好参数后就得到了图 7-17 所示对话框。

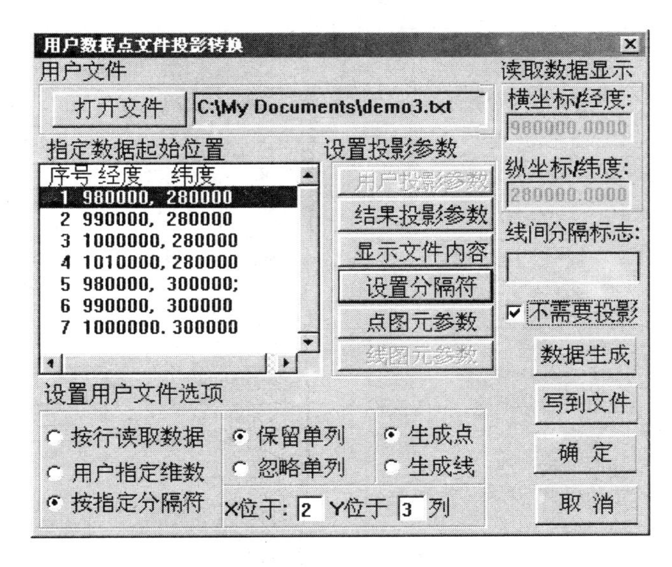

图 7-17　按指定分隔符方式设置好的参数

（4）进行投影变换或数据生成：同“按行读取”方式。

7.2.4　坐标系变换

如图 7-18 所示，西安 80 坐标系与北京 54 坐标系其实是一种椭球参数的转换，作为这种在同一个椭球里的转换都是严密的，而在不同的椭球之间的转换不严密，因此不存在一套转换参数可以全国通用，在每个地方会不一样，因为它们是两个不同的椭球基准。

那么，两个椭球间的坐标转换，一般而言比较严密的是用七参数布尔莎模型，即 *X* 平移、*Y* 平移、*Z* 平移、*X* 旋转（WX）、*Y* 旋转（WY）、*Z* 旋转（WZ）、尺度变化（DM）。要求得七参数就需要在一个地区提供 3 个以上的已知点。

如果区域范围不大，最远点间的距离不大于 30km（经验值），这可以用三参数，即 *X* 平移，*Y* 平移，*Z* 平移，而将 *X* 旋转，*Y* 旋转，*Z* 旋转，尺度变化面 DM 视为 0。

操作步骤如下。

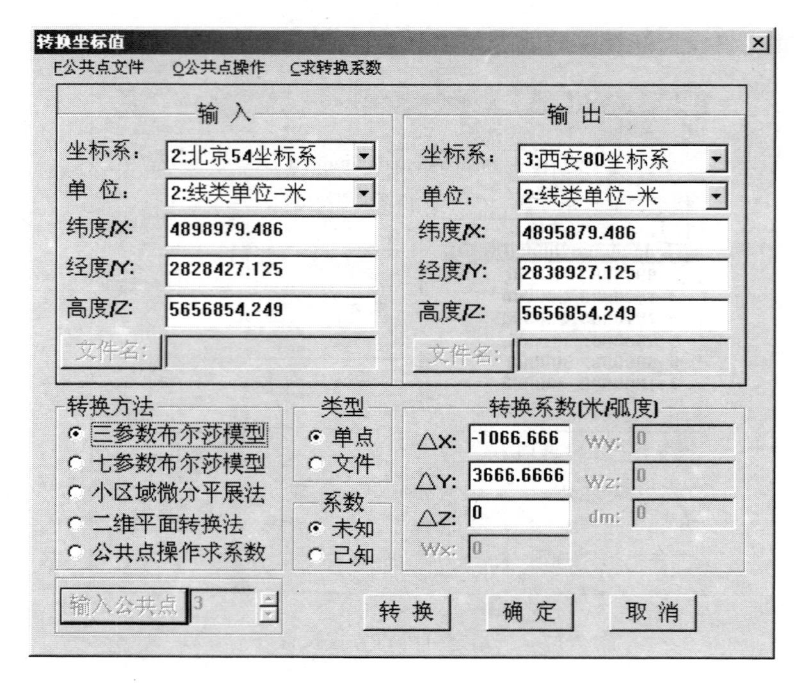

图 7-18　转换坐标值对话框

第一步：向地方测绘局（或其他地方）找本区域 3 个公共点坐标对（即 54 坐标 x, y, z 和 80 坐标 x, y, z）。

第二步：公共点求操作系数（选单：投影转换/坐标系转换，位置在左下角）。依次输入坐标对，每输入一对，就单击“输入公共点”按钮，接着输入下一对公共点。输入的公共点可以保存、修改、浏览等。单击“求转换系数”选单下的求转换系数，求出转换系数后，记录下来。

第三步：编辑坐标转换系数（选单：投影转换/编辑坐标转换系数）。选择源坐标系、目的坐标系、转换方法、坐标单位，然后输入上述记录的参数，单击“添加”按钮，然后“确定”。

第四步：进行投影变换，“当前投影”输入西安 80 椭球参数（或者北京 54 椭球参数），“目的投影”输入北京 54 参数（或者西安 80 椭球参数）。进行转换时系统会自动调用曾编辑过的坐标转换系数，完成数据投影转换。

🕮 问题

1．系统生成的标准图框，其默认的坐标单位是什么？

2．标准图框在哪生成？生成过程中，如何设置角度单位及投影参数？

3．GPS 定位仪或用户测量的坐标数据能转换为图形吗？如何转换？

第8章 图形裁剪

本章要点：

图形录入完毕之后，在不同的应用场合，经常只需要利用整个图形中的某一块或某一部分，这就要求系统能根据不同需要将图形裁剪为需要的形状。图形裁剪就是为完成该功能而设置的，它包括内裁和外裁两种方式。

本章的主要内容有：

- ✧ 图形裁剪的流程及步骤。

8.1 图形裁剪

图形裁剪的具体操作步骤如下。

1. 装入裁剪文件

在文件选单下，选择“装入点（线或面）文件”装入需要裁剪的点线面文件。

2. 装入裁剪框

在裁剪之前，必须先定义图形的裁剪范围，即裁剪框。装入裁剪框实际上包括下面两步。

（1）编辑裁剪框：在装入裁剪框之前，一定要编辑好裁剪框，裁剪框必须是一条封闭的线。裁剪框的编辑是在图形编辑子系统中进行并保存。

（2）装入裁剪框：在图形裁剪系统中，选择编辑裁剪框选单下的“装入裁剪框”，就可装入图形编辑中已编辑好的裁剪框线文件。

若没有编辑裁剪框而想直接在图形裁剪中编辑裁剪框，则可用下列两种方法定义裁剪框。

（1）造点编辑裁剪框：在编辑裁剪框选单下选择“造点”；鼠标变为十字光标，对照已装入的被裁剪文件移动鼠标到适当位置后，按一下鼠标左键，可造一个点。按鼠标右键可结束造点。

如果输入点的位置有误，可通过“改点”、“删点”功能进行修改。

注意：

当裁剪框点数少于 3 点时，删点功能被禁止。

（2）键盘输入裁剪框：键盘输入裁剪框有两个作用，输入裁剪框坐标和修改裁剪框坐标。在裁剪框编辑选单下，选择“键盘输入裁剪框”，会弹出如图 8-1 所示的坐标输入对话框。

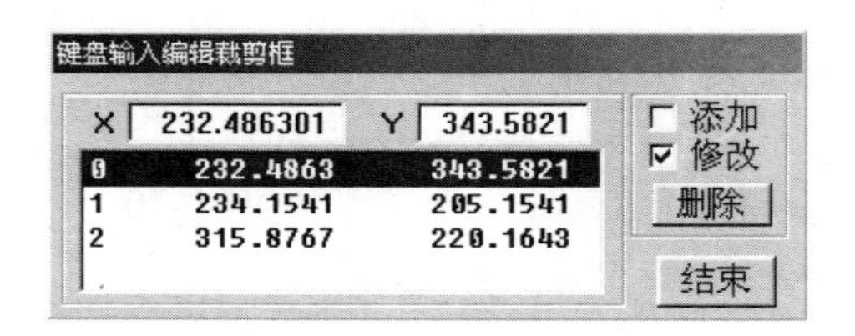

图 8-1　键盘输入裁剪框

向该对话框中输入 X 坐标值和 Y 坐标值后，按回车键“Enter”。

- 当系统中已存在裁剪框并处于修改状态时，则系统会用刚输入的 X 和 Y 坐标值替换当前点的坐标值。
- 系统中不存在裁剪框并处于“添加”状态时，则系统会将刚输入的一对 X 和 Y 坐标值添加到坐标值列表的最后一行。在添加之前，系统会先检查要添加的点是否与列表中的最后一个坐标点重叠，若重叠则拒绝添加。

3. 新建裁剪工程

装入裁剪框后，就确定了裁剪的范围。那么裁剪的结果究竟是保留裁剪框内的图形还是保留裁剪框外的图形？裁剪的结果文件名及其路径又如何设置？这些就需要在裁剪工程中确定。

在裁剪工程选单下，选择“新建”，系统会弹出如图 8-2 所示的裁剪工程编辑框。

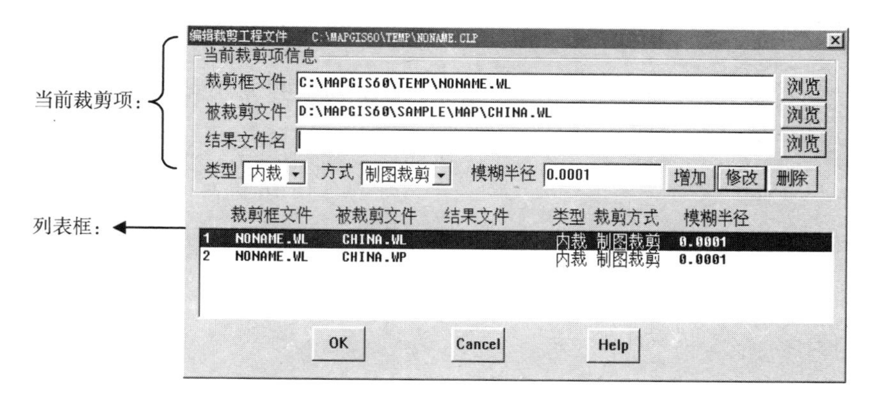

图 8-2 裁剪工程编辑框

在裁剪工程编辑框中，被裁剪的文件及裁剪框文件都显示在裁剪工程编辑框最下面的列表框中，当前裁剪项中的裁剪框文件和被裁剪文件可直接在列表框中单击鼠标左键选择。其他选项具体说明如下。

- 结果文件名：裁剪结果文件名可以直接输入，也可对应“浏览”按钮选择路径后再输入。
- 类型：裁剪类型包括内裁和外裁两种类型。内裁是指结果文件的全部内容在裁剪框内部；外裁时，结果文件的内容则全在裁剪框的外部。

- 方式：裁剪方式有制图裁剪和拓扑裁剪两种方式。它们的主要区别在于对区文件的裁剪。使用制图裁剪方式裁剪两个相邻的区时，系统会将它们共同的弧段一分为二，使两个区相互独立，拓扑关系发生变化，而拓扑裁剪的方式将它们共同的弧段保持原来的拓扑关系。
- 增加、修改、删除：在这 3 个选项中，只需用修改就行了。当前裁剪项设置好后，按一下“修改”按钮，结果文件名就会显示到列表框中。

注意：结果文件名一定要显示到列表框中，否则裁剪不执行。

4．裁剪

新建好裁剪工程后，选择“裁剪工程”选单下的“裁剪”，系统即开始裁剪。裁剪完毕后，可通过打开文件的功能将结果文件打开，然后复位显示查看裁剪效果。

问题

1．新建裁剪工程时，若结果文件名不显示到裁剪工程编辑框的列表框中，能不能进行裁剪？

第9章 报表定义

本章要点：

MAPGIS 报表定义系统是一个表格处理系统。该系统除了可方便地构造各种类型的表格及报表外，更重要的是可以直接接受 MAPGIS 图形的属性数据，并将这些数据以规定的报表格式打印出来。

本章的主要内容有：

- ✧ 构造表格；
- ✧ 建索引输入表格中的文字。

9.1 报表的编辑

从 MAPGIS 主界面上用鼠标单击报表定义的图标，就可启动报表定义子系统。报表定义子系统的主界面如图 9-1 所示。

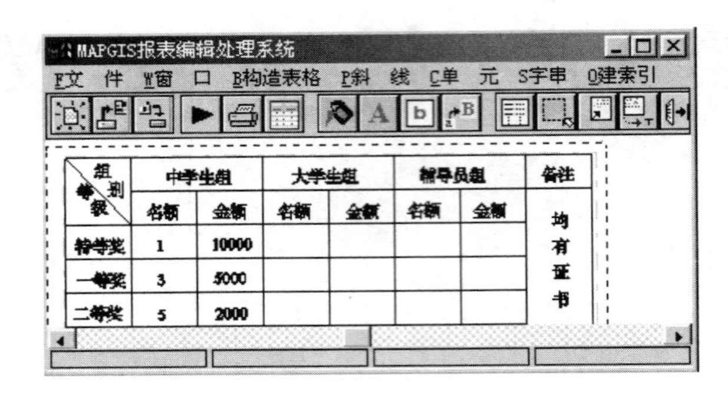

图 9-1 报表编辑主界面

在本节，将结合主界面中绘制的表格讲解报表编辑的步骤，并以 MAPGIS 的演示数据为实例建一张报表。报表的具体操作步骤如下。

1. 新建报表文件

在文件选单下选择“新建报表文件”建一个报表。

2. 页面设置

通过文件下的“页面设置”功能设置报表的大小及其版面，如图 9-2 所示。

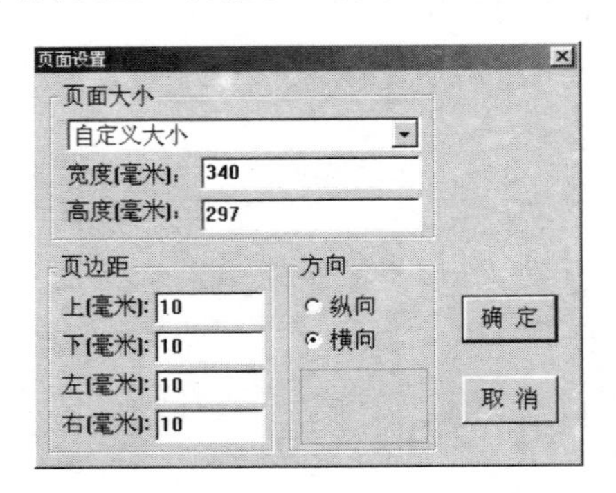

图 9-2 页面设置

3. 查看页面设置

默认状态下，页面是看不见的。必须在如图 9-3 所示的窗口选单下，选择“更新窗口”选项，才能显示设置好的页面。

其页面显示为两个虚框。其中外虚框表示页面大小；内虚框表示去除页边距后的正文版面。该页面可通过窗口下的“窗口参数”功能来打开或关闭。若在打开状态下，将表格输出为 MAPGIS 图形数据时，该页面的外框和表格都被转成图形。在关闭状态下，只输出表格，不输出页面外框。

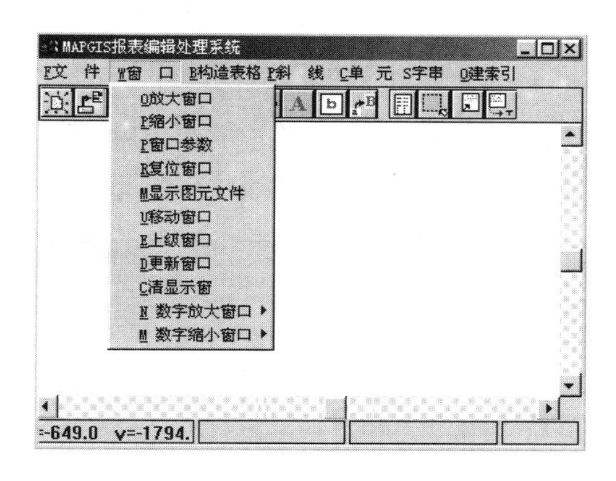

图 9-3 窗口选单

一般该页面框在用户构造表格时起参考作用。如果用户是以 MAPGIS 图形作为参照背景，则可关闭页面。

4. 设置表格初始表宽

在“构造表格”选单下，选择“初始表宽”选项，然后会弹出如图 9-4 所示的对话框。

设置好表格的长度单位及表格的长和宽后，按 OK 按钮即确认。

5. 构造表格

构造表格具体操作可分以下三步。

① 选择构造表格选单下的“构造固定式表”。

② 移动鼠标到窗口中按一下鼠标左键，拖动鼠标，随着鼠标的移动，欲建立的基本表格随即画了出来。

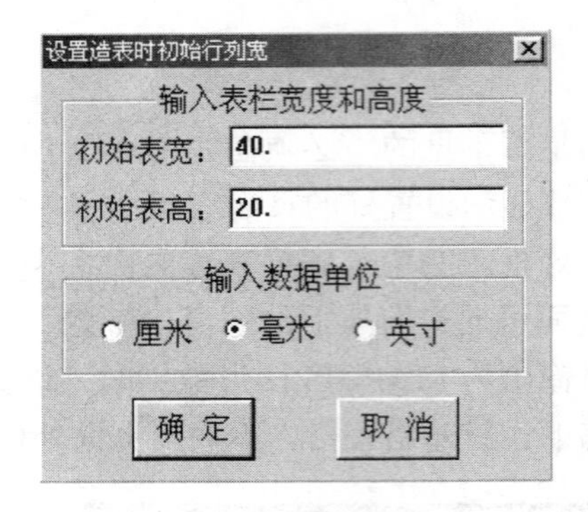

图 9-4　设置初始表宽

③ 当所显示的基本表格行列数达到用户的要求后，按鼠标左键确认，则得到所需表格，如图 9-5 所示。按鼠标右键则取消返回。

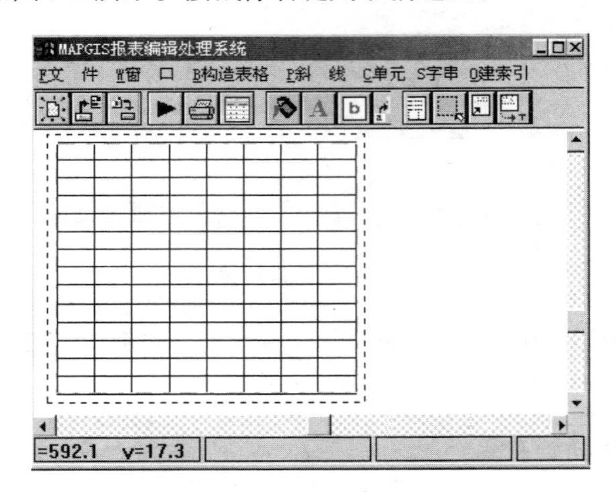

图 9-5　构造表格

移动表格、加宽表格的具体操作请参见使用手册。

6．造斜线

在斜线选单下，选择“造斜线”后，即可开始构造斜线。具体操作如下。

① 选择“造斜线”。

② 移动鼠标到要造斜线的域，单击鼠标左键并拖动鼠标，此时会出现一条橡皮线随着光标的移动而移动。

③ 当鼠标移动到斜线另一端所在的小格之后，单击鼠标左键，系统即根据当前斜线的倾角及所跨的小格而添加一条斜线，如图 9-6 所示。

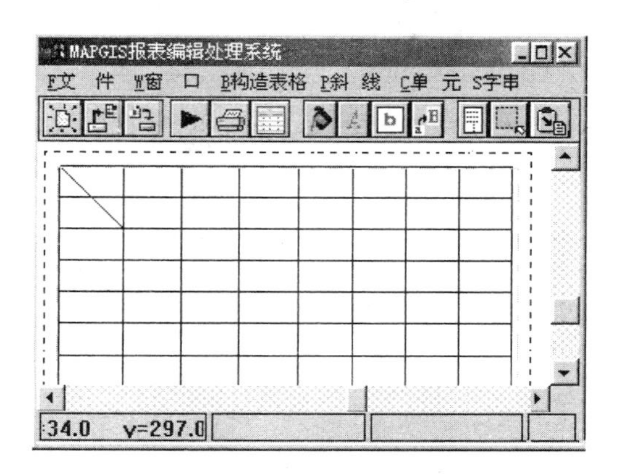

图 9-6　构造了斜线的表格

默认情况下，所造斜线是表内一个或多个小格的对角线，可通过“移动斜线”来修改斜线的角度。具体操作如下。

选择“移动斜线”，单击鼠标左键选择要修改角度的斜线，被选中的斜线将变为黄色。

将鼠标移到斜线需要改变位置的那个端点，在该端点按下鼠标左键并沿着小格的边框线拖动鼠标，则该端点将随着鼠标的移动而移动，但不会超出该端点所在的小格。

7. 编辑域

域是表格中文字显示的矩形区域，超出域的文字将被截取。默认情况下，表格中的每一小格对应一个域，如果需要两个或两个以上的多个小格构成一个域（如图 9-1 中的表格，就是多个小格构成一个域），需要进行编辑域了。编辑域的具体操作如下。

① 在单元选单下，选择“编辑域”，如图 9-7 所示。

② 选定小格：移动鼠标光标到要构成域的多个小格中最左上角的一个小格；按下鼠标左键，此时该小格所拥有的域即以黄线框的形式显示出来。

③ 编辑域的范围：移动鼠标到黄线框的右下角，按下鼠标左键不放；拖动鼠标，则黄线框所表示的域范围将随着鼠标的移动而改变。

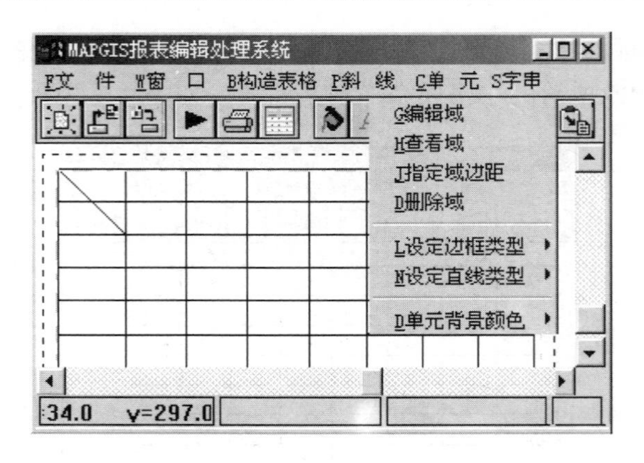

图 9-7　域编辑主选单

④ 确定域范围：当所选的域满足您的需要时，按一下鼠标的左键，即确定了域的范围，如图 9-8 和图 9-9 所示。

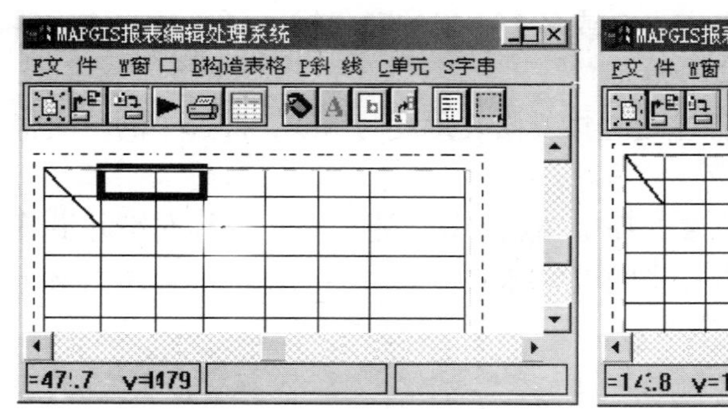

图 9-8　多个横向小格构成一个域

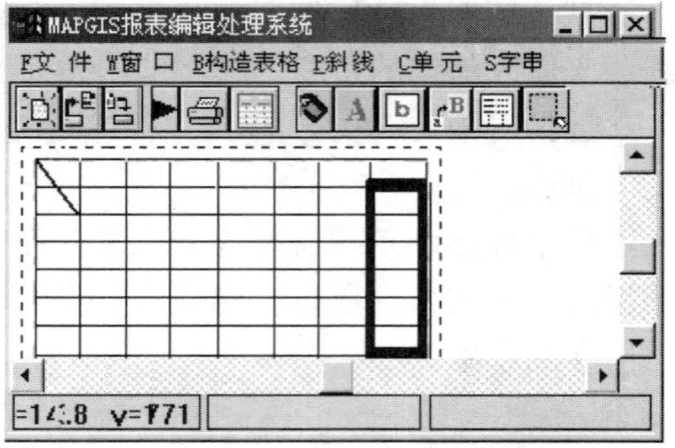

图 9-9　多个纵向小格构成一个域

在 MAPGIS 报表系统中，域是跟着表格变化的，所以在域边距为 0 的情况下，域的端点是与所在表格的端点对应的。若要使其不对应，通过指定域边距来修改。

⑤ 编辑完毕，按一下鼠标右键，则域的黄线框消失，并退出当前域的编辑，可继续编辑另一个新的域。

8．设置域边框类型

域编辑完毕后，如何去除域中多个小格的边框线？在单元选单下，选择设

定边框类型下面的设定域内格线，会弹出如图 9-10 所示的对话框。

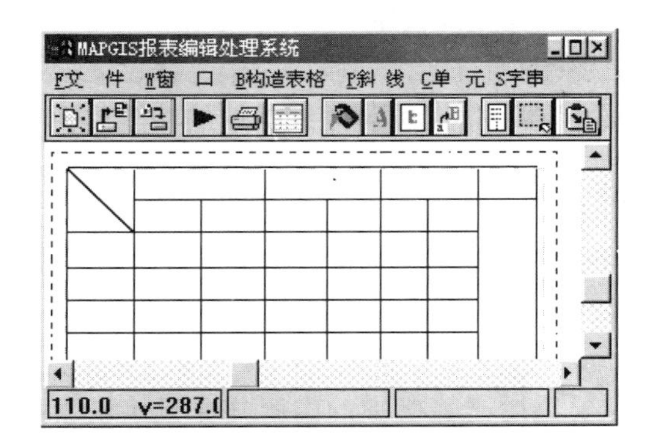

图 9-10　设定域内格线

在该对话框中，选择边框线型为无，按确认按钮，域内的表格线就会消失。如图 9-11 所示。

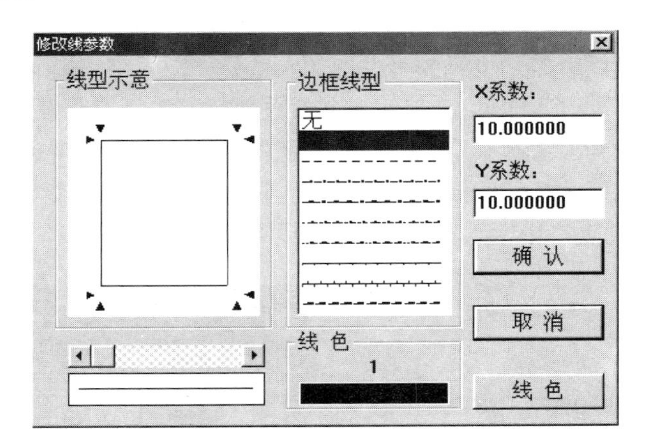

图 9-11　去除内格线的表格

编辑完域后，可查看一下需要输入字符的域是否正确。若域不正确，则输入的字符就会发生与指定位置偏移的现象。一般情况下，只要不删除域，就不必查看域。

查看域的操作如下。

① 移动鼠标光标到欲查看的域。

② 按下鼠标左键，若该域存在，此时该表格单元所拥有的域随即以蓝色区域显示出来；若不存在，将没有域显示。

③ 按一下鼠标的左键或右键，域显示完毕，蓝色区域消失。

④ 若域不对或不存在，这时可利用编辑域的功能重新编辑一个域。

9. 在表格中输入文字

根据制表的实际情况，在表格中输入文字可分两种方法：手工输入文字和建索引输入文字。两种方法适用的对象各不相同，具体说明如下。

（1）手工输入文字

手工输入文字主要适用于表格中的内容并非直接来自 MAPGIS 图形的属性数据。因为 MAPGIS 中输入文字涉及定位问题，故手工输入文字时又可分两种情况输入，具体如下。

① 设置字串的默认版式：对于表格中排列规则的文字，可通过默认版式设定文字在表格中的位置。那么，如何设定默认版式呢？您只需在字串选单下，选择“缺省字串版式”，就会弹出图 9-12 所示的对话框。

在该对话框中，需要设置的最关键的参数是“输入字符串时使用否”。该参数必须选中（打“√”即可），其他几个参数则根据实际情况设定。一般情况下设置为：行数设为“单行”；左右约定设为“居中”；上下约定设为“居中”。

设置好默认版式后，选择“字串”选单下的“输入字串/输入表格串”，然后在图 9-11 所示的表格中输入文字，即得到了图 9-13 的表格。

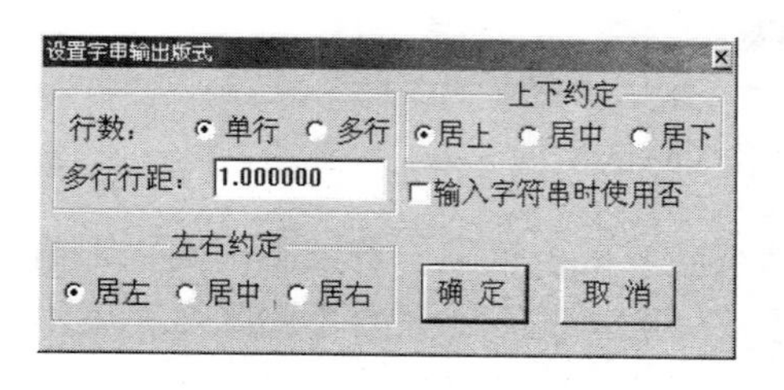

图 9-12 “缺省字串版式”参数对话框

图 9-13 输入排列规则文字后的表格

在输入文字时，位于表格内的文字使用“输入表格串”；位于表格上面的文

字使用“输入标题串”；位于表格下面的文字则使用“输入页尾串”。

② 对于表格内排列不规则的文字，则先将默认字串版式参数中的“输入字符串时使用否”不选中（去掉该选项前的“√”），然后在用鼠标给文字定位输入文字，即得到了如图 9-14 所示的完整的表格。

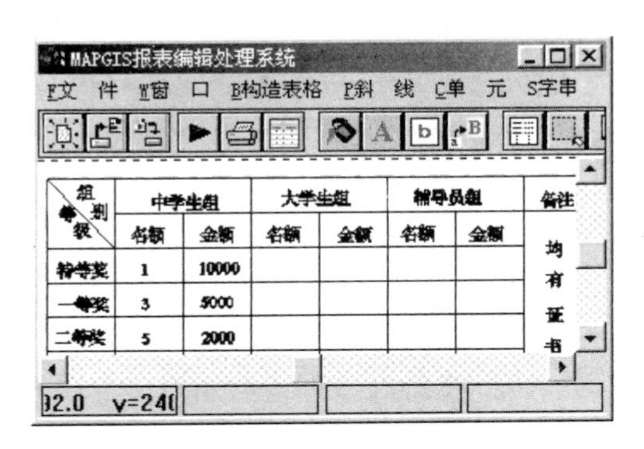

图 9-14 输入文字后的完整表格

（2）建索引输入文字。该方法主要适用于输出 MAPGIS 图形的属性数据。利用该方法可直接接收 MAPGIS 图形的属性数据，避免缓慢的手工输入。具体操作如下。

① 设置字串的默认版式：同手工输入文字。

② 浏览文件属性：在建索引选单下选择“浏览属性”，如图 9-15 所示。

如果已经确定了要输出属性的文件，可以跳过这一步，继续下面的第二步。

③ 设置块参数：选择“设置块参数”，系统会弹出如图 9-16 所示的对话框。

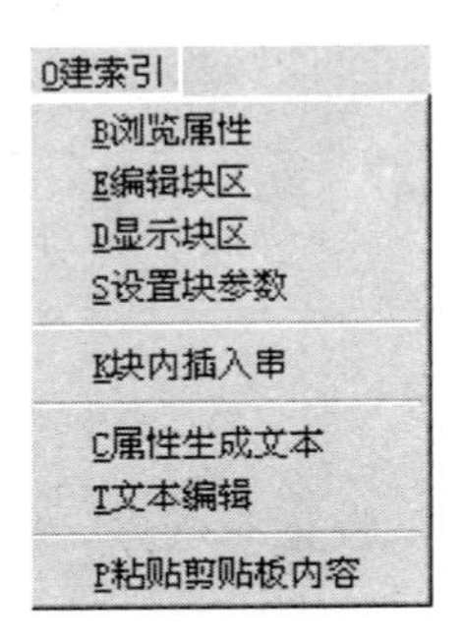

图 9-15 建索引选单

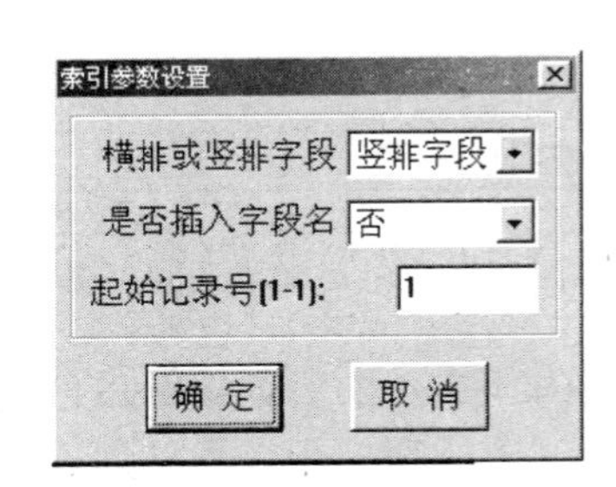

图 9-16 设置块参数

其中，"横排或竖排"是指属性数据中某字段的多条记录是横向排列还是竖向排列。

"是否插入字段名"是指表格中是否输入图形的属性字段名，在此选择"是"。

④ 编辑块区：编辑块区功能用来在表格中指定要插入属性数据的位置。具体操作如下。

- 选择建索引选单下的"编辑块区"。
- 在已制作好的表格按下鼠标左键，并拖动鼠标拉一个方框，则落在方框内的区域即为要插入属性数据的块区。设置不正确可重新设置。设置完毕后，系统将会立即在块区显示记录插入位置及字段排列情况，如图 9-17 所示。

只有编辑好了块区，才能将属性数据或剪贴板文本插入到表格的块区中。

⑤ 块区内插入串：编辑完块区后，就可以开始插入数据了。选择建索引选单下的"块内插入串"，系统会弹出一个打开文件对话框，让用户输入属性数据所对应的文件；再此以 China.wp 为例。打开 China.wp 后，系统会弹出如图 9-18 所示的字段选择对话框。

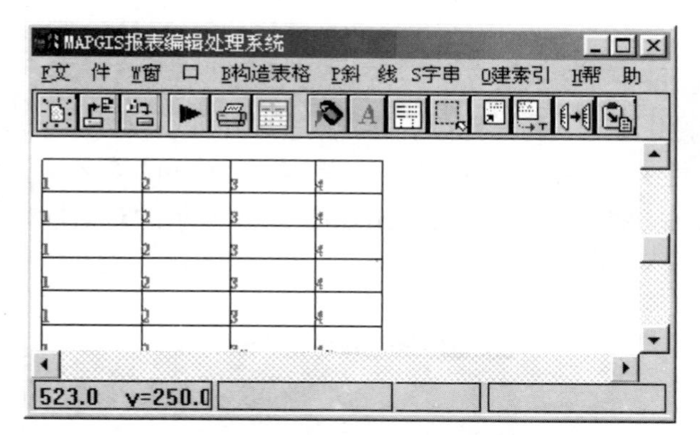

图 9-17　已编辑块区的表格

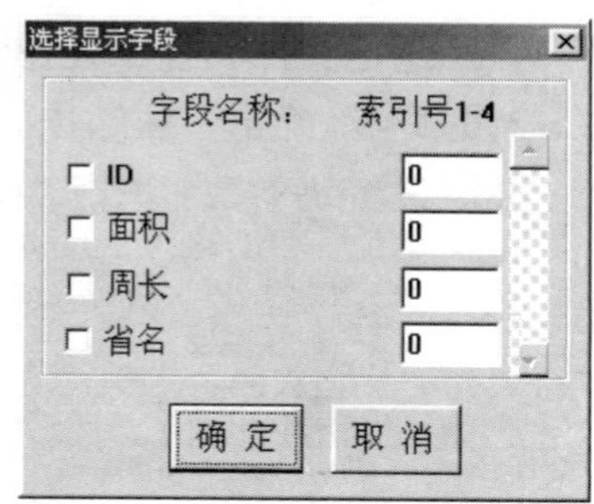

图 9-18　选择要插入块区的字段

索引号为 1-4 说明当前块区可插入 4 个字段的属性记录内容，每个字段具体显示在块区内的哪一行或哪一列，由用户自己指定。在此，具体设置如图 9-19 所示。

设置完毕选择"确定"后，系统自动将所选文件的属性插入到表格对应的

块区中，如图 9-20 所示。

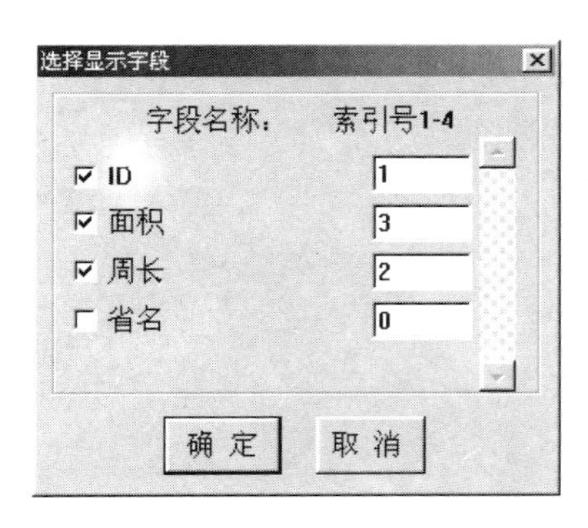

图 9-19 插入块区的字段位置设置

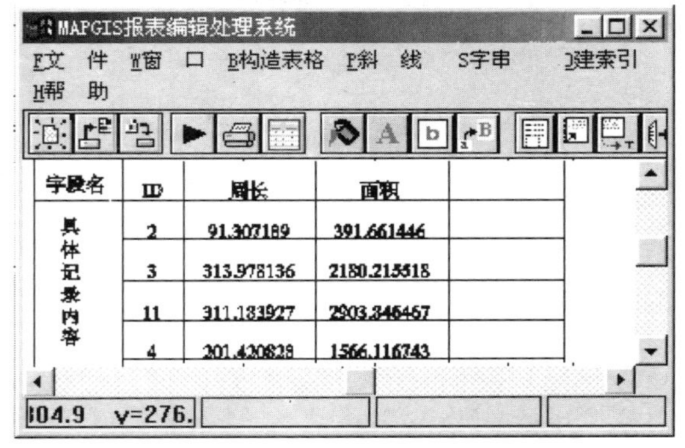

图 9-20 插入属性后的表格

10. 保存表格

可通过如下两种方法保存表格：

- 直接在文件选单下保存成报表文件。
- 在文件选单下先将表格生成 MAPGIS 数据，然后将生成的 MAPGIS 数据保存成 MAPGIS 图元文件。

问题

1. 如何将 MAPGIS 图形文件的属性直接输出到表格中？

第10章 图形输出

本章要点：

MAPGIS 输出系统是 MAPGIS 系统的重要输出手段，它将数据进行版面编辑处理、排版，进行图形的整饰，并驱动各种输出设备，完成 MAPGIS 的输出工作。

MAPGIS 的输出方式：

- Windows 输出；
- 光栅形式输出；
- PostScript 格式输出。

本章的主要内容有：

- ✧ 实现网络打印；
- ✧ 进行工程输出编辑；
- ✧ 多图幅同一版面输出。

10.1 输出系统主选单

MAPGIS 输出系统是 MAPGIS 系统的主要输出手段，它读取 MAPGIS 的各种输出数据，进行版面编辑处理、排版，进行图形的整饰，最终形成各种格式的图形文件，并驱动各种输出设备，完成 MAPGIS 的输出工作。

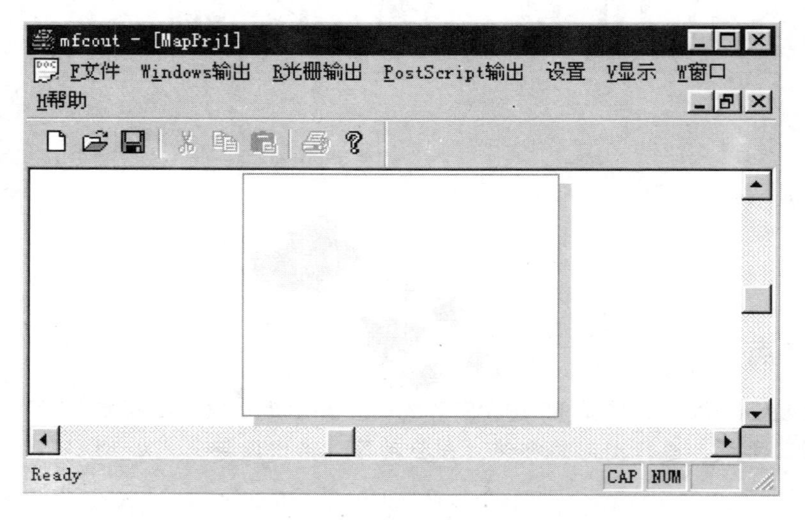

图 10-1 输出系统主选单

10.2 图形输出的步骤

10.2.1 如何实现网络打印

在实际工作中，一个单位可能有多个终端进行数字制图，但只有一台打印机，并且只连接在一台计算机上。这样，当没有连接计算机的工作人员打印图件时，就显得比较麻烦。他可能将数据拷贝到连接打印机的计算机上，进行处理后，再去打印。这样，就出现了两个问题：一是在数据传输的过程中如果没

有网络环境，将非常困难；二是使用连接打印机的计算机工作人员将有可能停止工作。因此，实现网络打印是非常必要的。那么，如何实现网络打印呢？

（1）建立网络环境。将各台计算机通过 D_LINK 连接，使之相互通信。

（2）连接打印机，并在连接打印机的计算机上安装打印机的驱动程序。

（3）在连接打印机的计算机控制面板中选择打印机图标，系统进入以下画面，如图 10-2 所示。

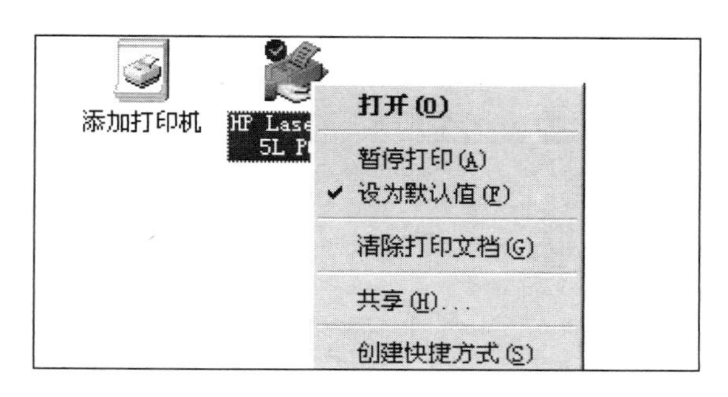

图 10-2　打印机窗口

将光标放到刚刚安装的打印机图标上，按右键，同时在弹出的选单中选择共享选单项，系统又弹出如图 10-3 所示对话框。

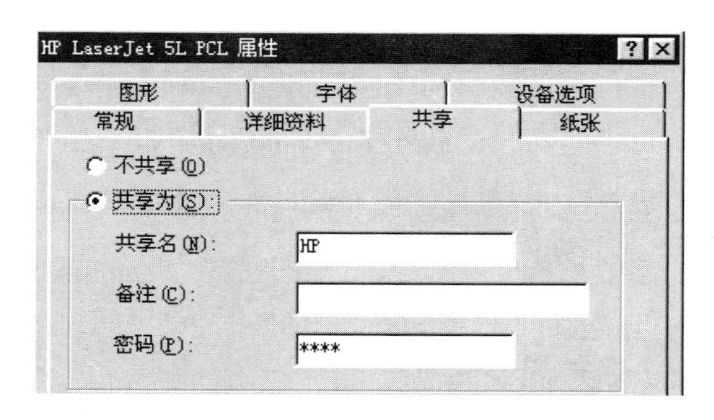

图 10-3　打印机属性页

（4）在图 10-3 的共享属性页中，选择共享单选框，同时还可以修改共享名及密码。注意：一旦有了密码，其他计算机只有凭借密码才能访问本计算机。

（5）在其他计算机上，同样，在控制面板中选择打印机图标。在系统进入的打印机窗口中，双击添加打印机图标，系统马上将进入安装打印机向导。

（6）在安装向导中的第一个对话框中，选择下一步按钮，系统弹出如图 10-4 所示对话框。

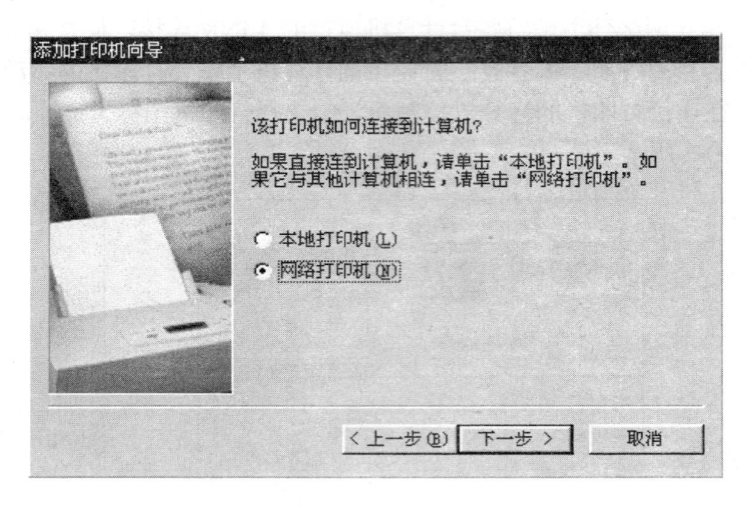

图 10-4　安装打印机向导一

（7）在图 10-4 对话框选择网络打印机单选框，同时还选择“下一步”按钮，系统进入下一个对话框，如图 10-5 所示。

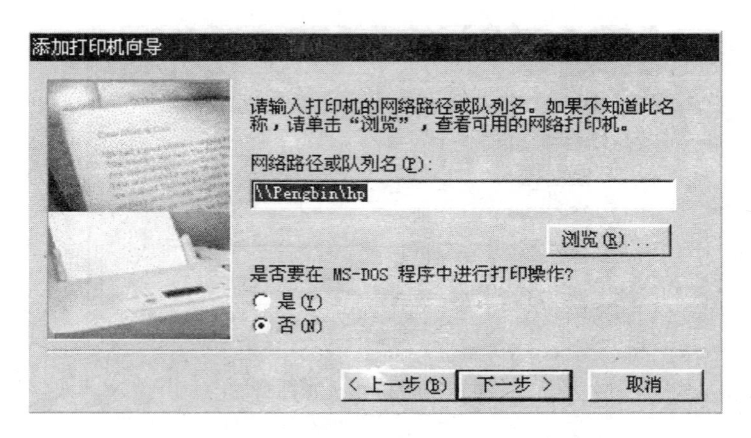

图 10-5　安装打印机向导二

选择浏览按钮，进入以下对话框，如图 10-6 所示。在图 10-6 的对话框中，选择要添加的网络打印机，并按确定按钮。系统又返回到图 10-5 对话框，同时，

在网络路径或队列名的编辑框中添加网络打印机的路径。

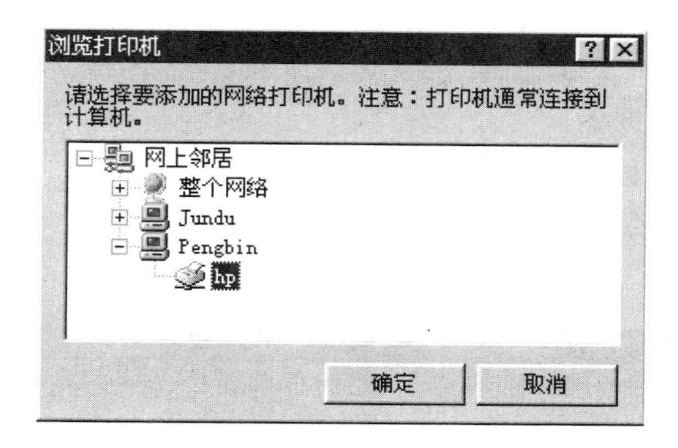

图 10-6　安装打印机向导三

（8）在图 10-5 中，按确定按钮，系统要求在弹出的对话框中输入打印机的名称，当然可以不修改，同时可以设置为操作系统默认的打印机，然后进入“下一步”。在下一步中可以决定是否打印测试页。然后按完成按钮，系统将开始安装打印机，如图 10-7 所示。

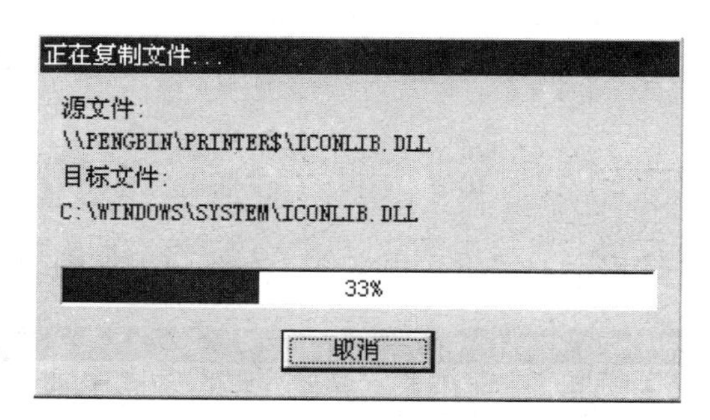

图 10-7　安装打印机向导四

10.2.2　如何进行单工程输出编辑

在日常工作中，有时把单幅图在一个版面上输出，这样的输出称为“单工程输出”；有时为了节约纸张等原因，把多幅图拼在同一版面上输出，称之为多工程输出。

对于多工程输出需要新建一个拼版文件（*.MPB），一个拼版文件可以同时管理多个工程（幅图），因此多工程输出的基础是编辑单工程文件。

这样在进行多工程输出时，首先要新建单工程，当然这里用到的工程文件，也可以在编辑系统产生。

如何进行单工程输出编辑呢？

（1）选择新建工程文件功能后，系统就改变了系统的主框架，如图 10-8 所示。

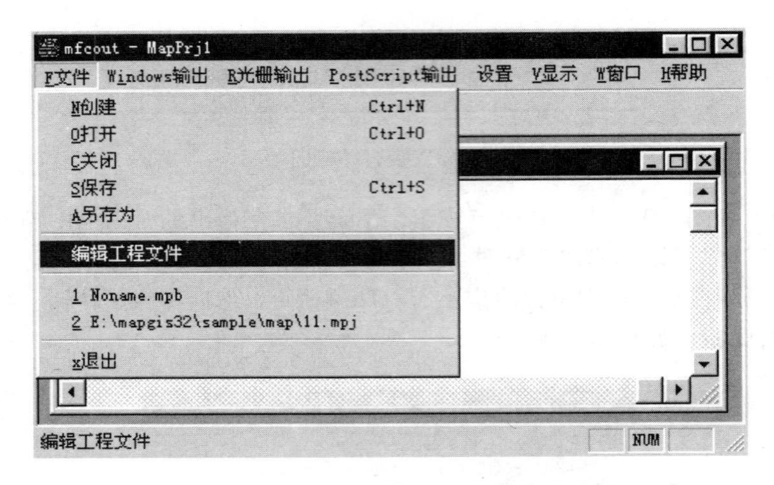

图 10-8　工程文件主框架

（2）选择文件选单下的编辑工程文件，系统弹出如图 10-9 所示对话框。

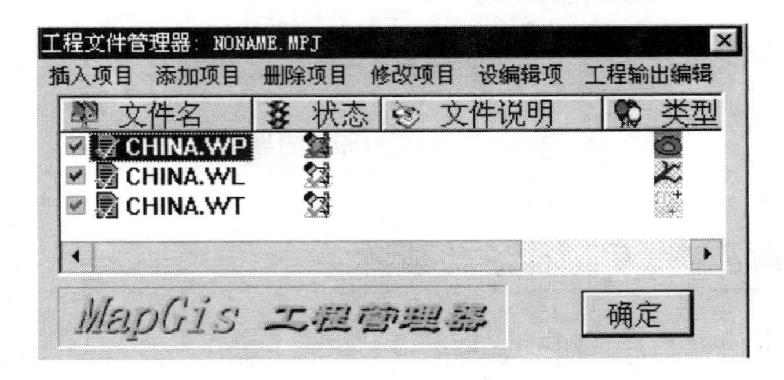

图 10-9　工程文件管理器

（3）至于图 10-9 中的插入项目、编辑项目、删除项目、修改项目和设编

辑项功能，在编辑系统中已介绍过，在此重点介绍图 10-9 中的工程输出编辑。如图 10-10 所示。

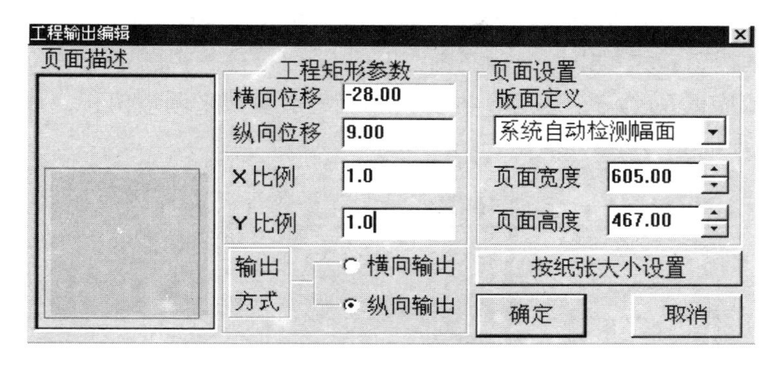

图 10-10　工程输出编辑

工程输出编辑的操作顺序如下。

第一步：设置工程矩形参数。图幅输出范围是从原点开始的第一象限的范围，如图 10-11 所示。

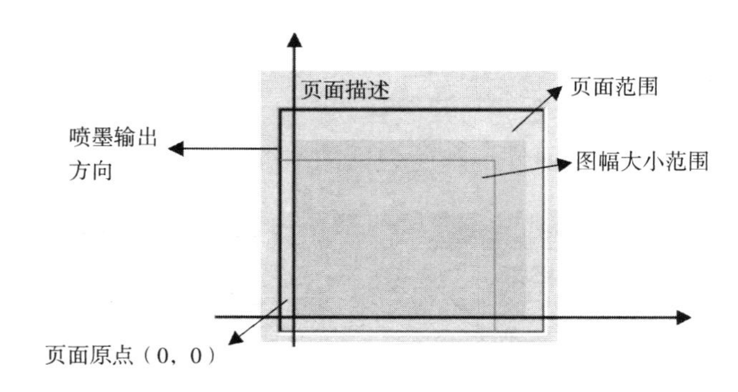

图 10-11　页面示意图

如果图不在第一象限范围内，注意修改位移参数，使其移动到第一象限的范围内。或者，把光标放到红色的边框中，拖动红框到合适的位置，此时位移参数也随之改变。

第二步：进行页面设置。在版面定义的选择栏中选择系统自动检测，由系统自动检测图幅的大小来设定页面大小，同时将红框完全包含在蓝色页面之中。

如果纸张小于图幅的大小，但还要完全输出，那么请选择按纸张大小设置

按钮，此时 X, Y 比例发生改变。

第三步：设置 X, Y 比例。等大输出为 1∶1。

第四步：设置输出方式。当由横向与纵向相互变换时，图形可能不在第一象限的范围内，首先可以用光标在图 10-11 页面描述的视图中拖动，使图形大致在第一象限的范围内，然后，再设置工程矩形参数来调整位移，如图 10-12 所示。

图 10-12　页面示意图

第五步：设置完毕，按确定按钮即可完成。

10.2.3　如何进行多工程输出编辑

它主要是对拼版文件的版面外形和所包括的内容定制，如图 10-13 所示。

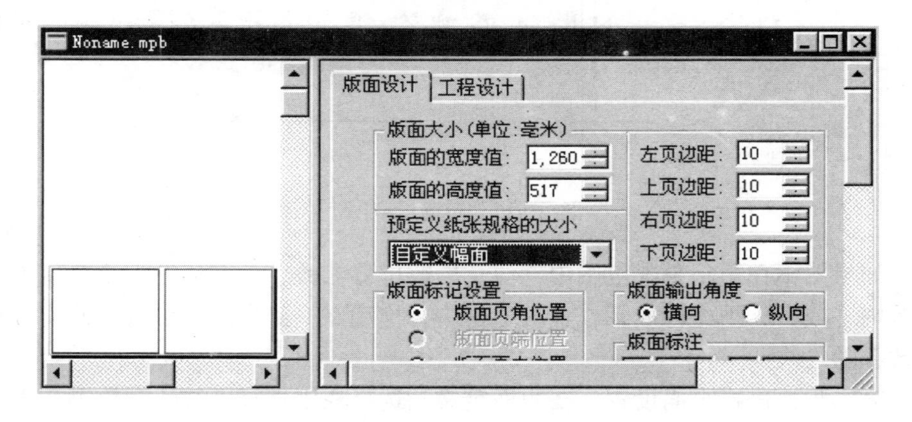

图 10-13　版面设计窗口

第一步：选择新建拼版文件按钮。

第二步：选择添加工程到版面按钮，此时弹出一个对话框，请选择要添加的文件。此时添加的两个文件将重叠在一起。

第三步：选择版面布局按钮，此时弹出如图 10-14 所示对话框。

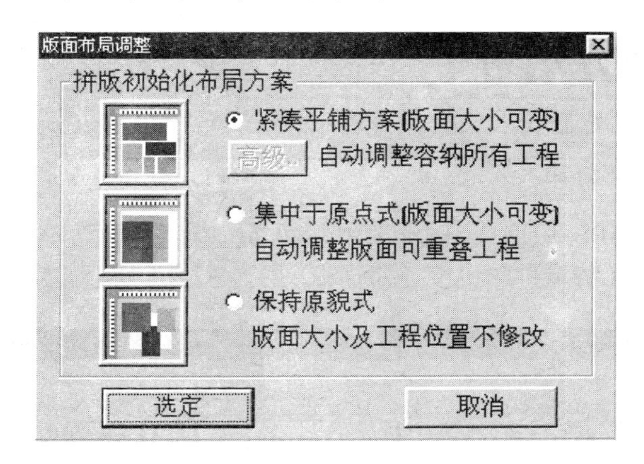

图 10-14　版面布局对话框

选择紧凑平铺方式，系统根据各工程间的距离和版面大小调整各工程的布局，按选定按钮后完成操作。请参见图 10-13 的左视图。

第四步：设置版面大小。建议选择系统自测幅面的大小。

第五步：设置版面标记。首先确定标志在版面的位置，然后选择标志的种类，最后按“选中”即可。同时还可选“废除”来删除版面上相应位置的标记。版面标注示意图如图 10-15 所示。

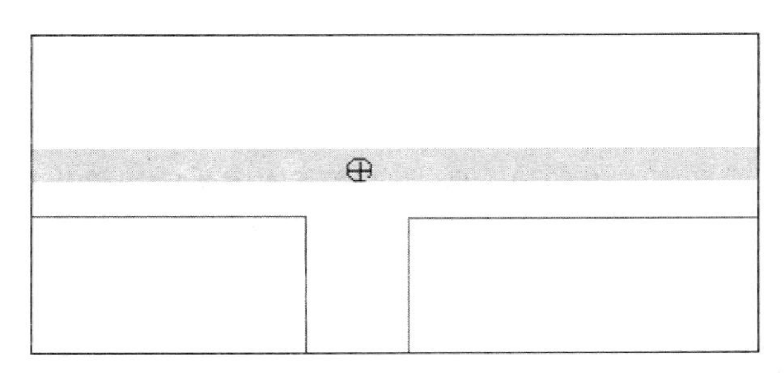

图 10-15　版面标注示意图

第六步：设计版面标注。输入的 X, Y 参数和编辑框的内容，是来设置版面中标注的位置和内容，还可以选“高级”来定制标注的参数。

第七步：设置版面输出角度。对于版面的输出方向有横向和纵向两种方式。

第八步：保存拼版文件，关闭设计窗口。

10.2.4 如何打印输出

1. Windows 打印

打开一个*.MPB 版面或一个*.MPJ 工程后，直接选择打印输出选单项，系统弹出如图 10-16 所示打印机设置对话框。

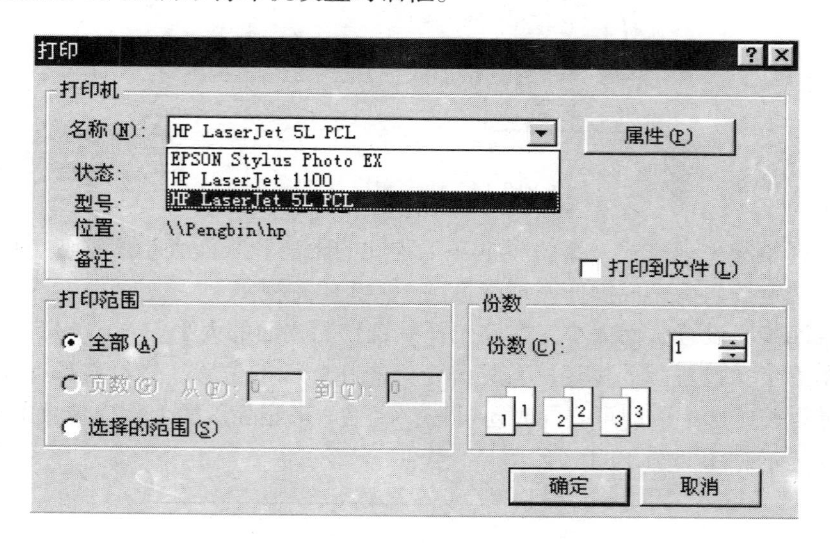

图 10-16　设置打印机

在打印前，选择网络打印机，同时您可以使用打印机设置功能对打印机的参数、打印方式等进行设置，设置方法请参考打印机的使用手册。

按确定后，系统便开始打印。

2. 光栅输出

第一步：设置光栅化参数。光栅化时，一般采用系统提供的缺省参数。按 OK 按钮结束，见图 10-17。

第二步：进行光栅化处理。处理后，系统生成以 NV 为后缀的光栅文件。

第三步：打印光栅文件。选择了刚刚生成的*.Nv1 光栅文件，系统将输出设备设置对话框，见图 10-18。

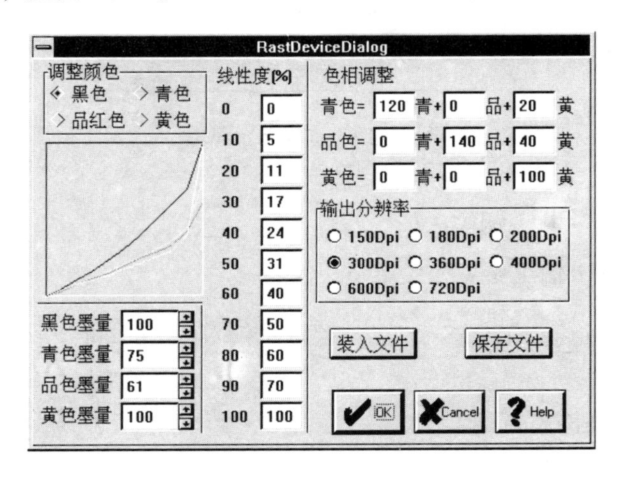

图 10-17　光栅参数

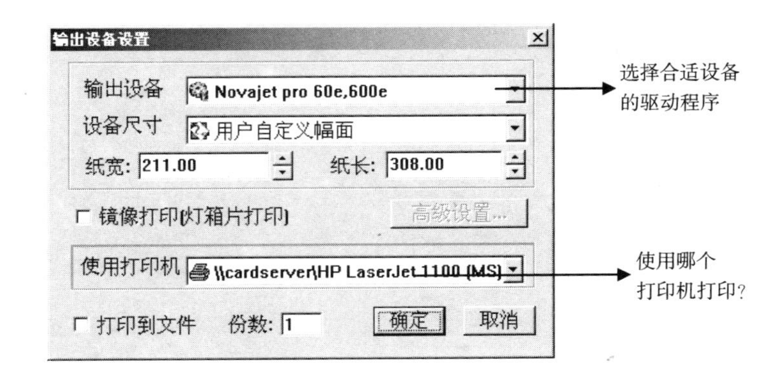

图 10-18　输出设备设置

这里的设备尺寸可以重新设置。纸宽、纸长应该适当大于所设置的页面大小。按 OK 按钮后，出现如图 10-19 所示进度条，结束后，便开始打印。

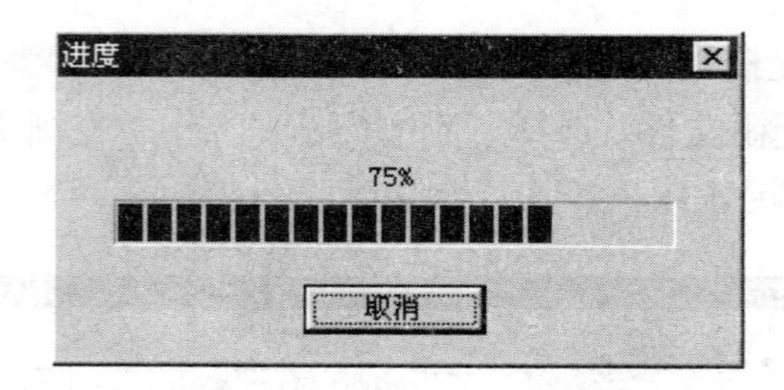

图 10-19　进度条示意图

3. POSTSCRIPT 输出

POSTSCRIPT 输出参见相关章节。

问题

1. 如何实现网络打印?
2. 如何将多幅地图在同一个版面上输出?

第 11 章　属性库管理

本章要点：

属性管理子系统，实现对属性数据管理，提供属性结构与属性数据相关操作的功能，是 GIS 的重要组成部分。

本章的主要内容有：

- ✧ 阐明属性结构、属性数据的基本概念；
- ✧ 介绍属性分类，然后介绍建立属性结构、修改属性结构、删除属性结构、录入属性数据、修改属性数据、删除属性数据等功能；
- ✧ 介绍外挂数据库、图形联动等功能，使用本系统更加灵活、实用，完成属性数据与空间数据相结合的功能。

11.1 基本概念

属性，指的是实体特性，它由属性结构及属性数据两部分内容构成。在 MAPGIS 中，属性结构为数据结构，它描述实体的特性分类，与 dBASE、FoxBase 等数据库的表结构相当，具有字段名、数据类型、长度（或小数位数）等特性。与 MAPGIS 的实体相对应，MAPGIS 属性结构也可分为：点属性结构、线属性结构、区属性结构、弧段属性结构、结点属性结构、网属性结构、表格等。除表格外，它们都具有默认的属性结构，如表 11-1 所示。

表 11-1 默认属性结构

实体类型	字段名	数据类型	长度	小数位数
点	ID	长整型	8	
线	ID	长整型	8	
	长度	双精度型	15	6
区	ID	长整型	8	
	面积	双精度型	15	6
	周长	双精度型	15	6
弧段	ID	长整型	8	
	长度	双精度型	15	6
结点	ID	长整型	8	
网	ID	长整型	8	

这些属性结构是默认的，不能被修改和删除。

属性数据，指实体特性具体描述，它与 dBASE、FoxBase 等数据库表中的记录数据相当。在 MAPGIS 系统中，它支持十多种数据类型，如图 11-1 所示。

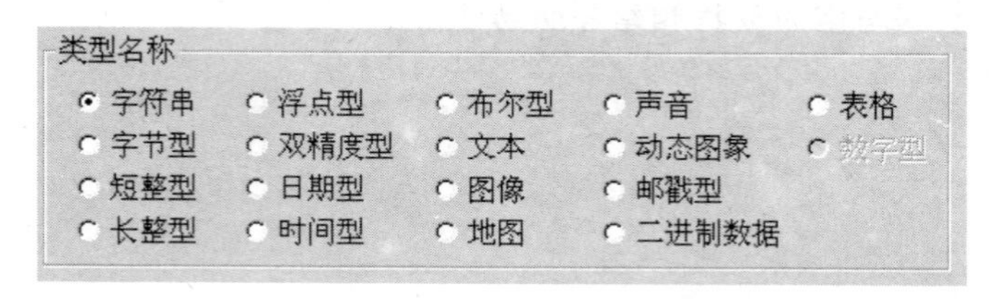

图 11-1 数据类型

MAPGIS 系统的属性管理主要实现 GIS 中属性的管理，包括属性结构及属

性数据管理与其他应用。在“MAPGIS61”启动条下，启动“属性管理”程序便可进行属性管理模块，它的主界面如图 11-2 所示。

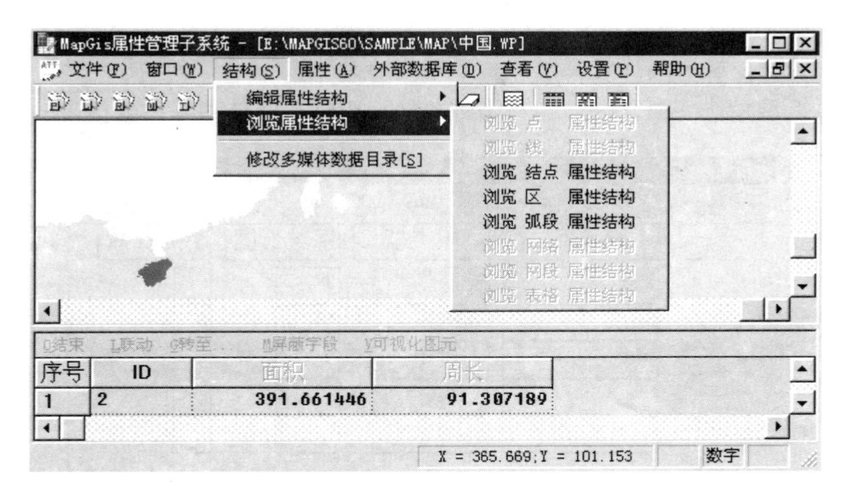

图 11-2　属性管理

11.2　属性结构

文件操作及窗口操作分别见图形编辑概述部分，本小节介绍属性结构的浏览、编辑，其中“浏览属性结构”只是浏览、检查属性结构，不能修改和编辑，操作过程和“编辑属性结构”相同，它的选单如图 11-3 所示。

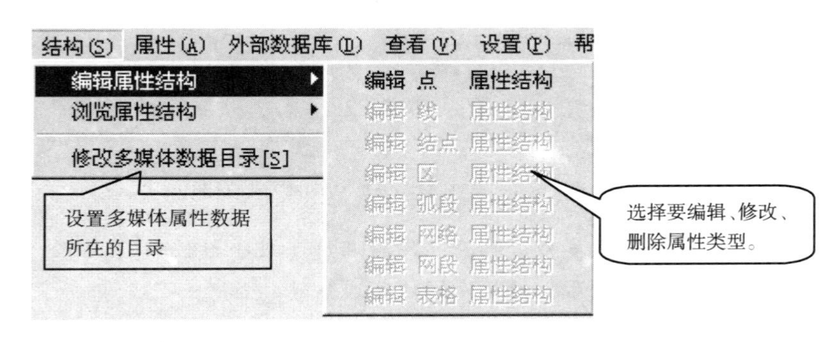

图 11-3　属性结构

11.2.1 编辑属性结构

编辑属性结构具体步骤如下：

- 首先，装入或选定要修改属性结构的文件；
- 根据文件类型，执行相应编辑功能，编辑属性结构界面如图 11-4 所示；

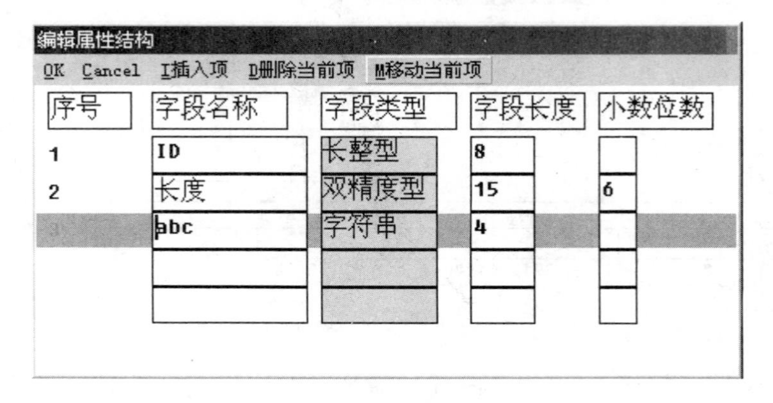

图 11-4 编辑属性结构界面

- 输入字段名称，按“Enter”键，选择字段类型，字段类型界面如图 11-5 所示；

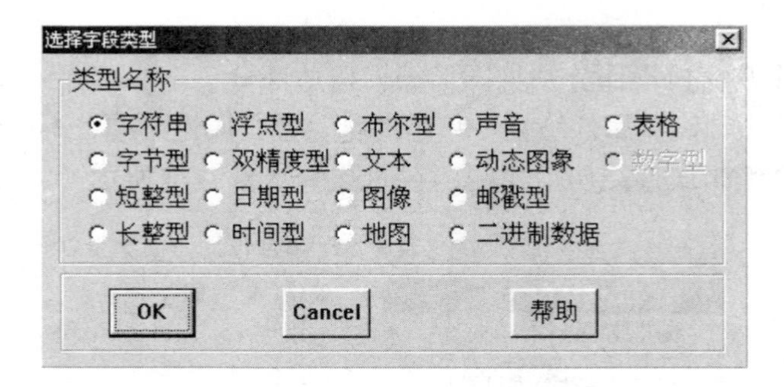

图 11-5 字段类型界面

- 选择字段类型，再输入字段长度（或小数位数）；
- 全部结束后，按 OK 键便完成。

11.2.2　浏览属性结构

只能查看文件属性结构，不能修改属性结构，操作与编辑属性结构类似。

11.2.3　修改多媒体数据目录

该功能用来设置多媒体属性数据所在的目录。选中该功能后，系统首先弹出窗口，要求用户选择当前工作区中带有多媒体属性字段，并且欲设置多媒体属性数据的文件，移动光条到所选文件按 OK，则系统接下来弹出目录设置窗口，等待用户选择相应的目录。

11.3　属性数据

属性数据（属性），提供增加、修改、删除属性数据功能，它的选单如图 11-6 所示。

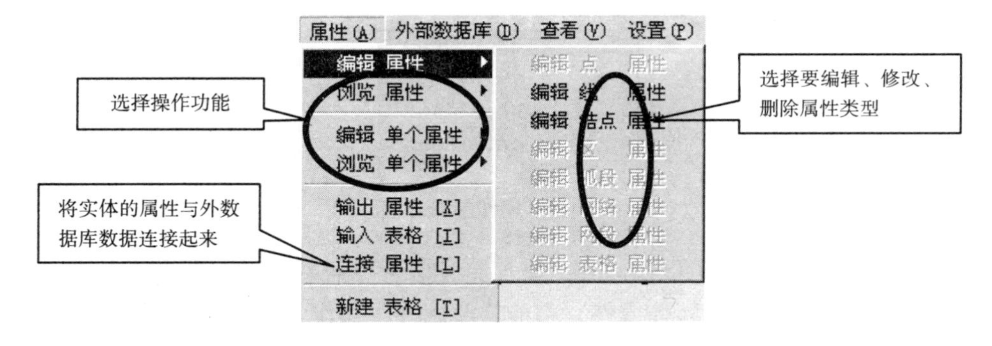

图 11-6　属性选单

11.3.1　编辑和浏览属性

编辑属性具体步骤如下。

（1）首先，装入或选定要修改属性的文件。

（2）根据文件类型，执行相应功能编辑功能，编辑属性界面如图 11-7 所示。

- 联动：提供属性与图形实体同步功能。当该选单项处于打开状态时，属性窗口中改变记录，图形窗口中的对应图元闪烁。同时在图形窗口中，双击所选的图元，则属性窗口随即跳到该图元所对应的属性记录。
- 转至：提供条件跳转功能。
- 屏蔽字段：将指定的字段不显示。
- 可视化图元：将当前属性记录对应的图元显示在图形窗口中间。
- 外挂数据库：选择正在编辑的当前 MAPGIS 文件外挂的数据库文件，并指定各数据库文件连接的关键字段。所有要被外挂连接的数据库都将通过该功能记录在工作区中，形成一个数据库信息表，供[设置外挂数据库]功能选择数据库时使用。MAPGIS61 能够连接的数据库文件有 dBASE, FoxBase, FoxPro, Paradox 等数据库软件生成的文件，此外，该系统还具备与其他大型商用数据库（如 SyBase,Informix,Oracle 等）连接的能力，但用户需装入相应的数据库驱动程序。

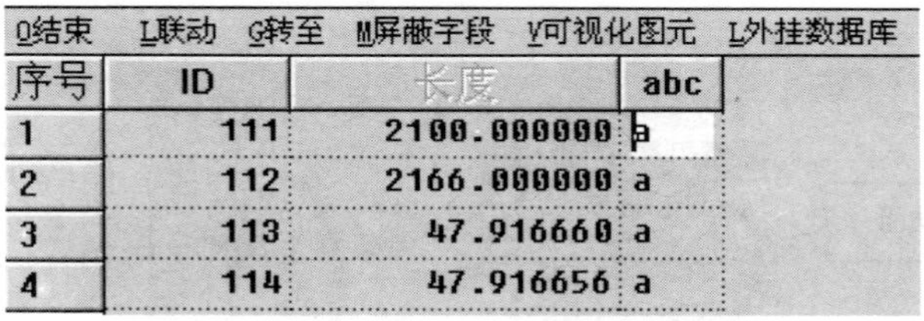

Q结束　L联动　G转至　M屏蔽字段　V可视化图元　L外挂数据库

序号	ID	长度	abc
1	111	2100.000000	a
2	112	2166.000000	a
3	113	47.916660	a
4	114	47.916656	a

图 11-7　属性编辑界面

（3）在相应的字段里作修改，全部完成后，按结束完成编辑。

浏览属性只能查看实体属性，不能修改属性，操作与编辑属性类似。

11.3.2　编辑和浏览单个属性

编辑单个属性具体步骤如下。

- 先激活编辑单个属性选单项。
- 选定要编辑属性的具体实体，系统弹出界面如图 11-8 所示。

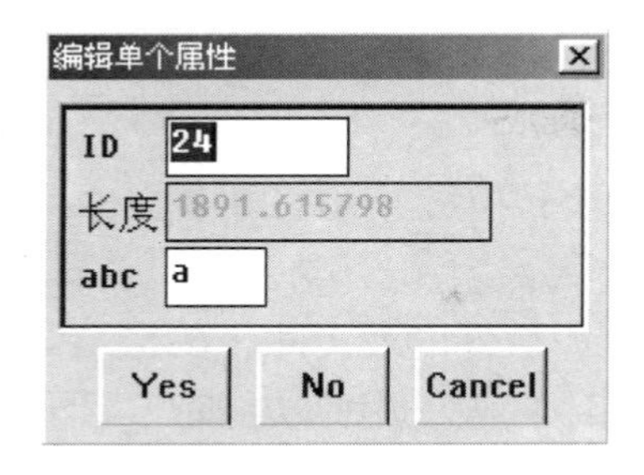

图 11-8　编辑单个属性

- 修改具体的值，按“Yes”结束。

浏览单个属性只能查看具体实体属性，不能修改属性，操作与编辑单个属性类似。

11.3.3　输出属性

输出属性功能将已装入的 MAPGIS 图形文件中的属性写到外部属性数据库表或 MAPGIS 表文件中，这里所指的外部数据库是 dBASE, FoxBase, FoxPro, Visual FoxPro, Access, Excel, Paradox, SQL Server, Oracle, Sybase 等数据库软件的表文件，MAPGIS 表文件指*.WB 文件。在 MAPGIS 中，用此功能时，系统将弹出一对话框允许用户选择或指定已装入的文件中哪些文件、哪些属性和字段输出到数据库表或 MAPGIS 表文件中，如图 11-9 所示。

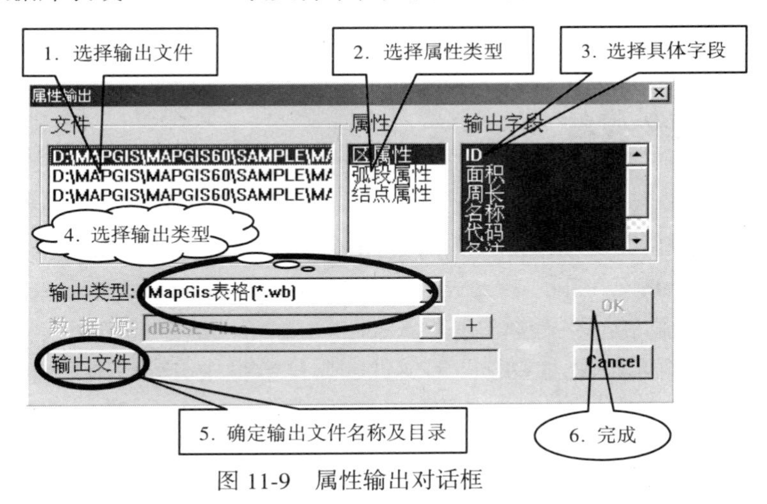

图 11-9　属性输出对话框

11.3.4 输入表格

将指定的外部数据库表转换成 MAPGIS 表文件，这里所指的外部数据库是 dBASE, FoxBase, FoxPro, Visual FoxPro, Access, Excel, Paradox, SQL Server, Oracle, Sybase 等商用数据库软件的表文件。在 MAPGIS 中，可以通过此功能，将数据库表转换成 MAPGIS 的表。用此功能时，系统将弹出一对话框允许用户选择那些字段写到 MAPGIS 表文件中，如图 11-10 所示。

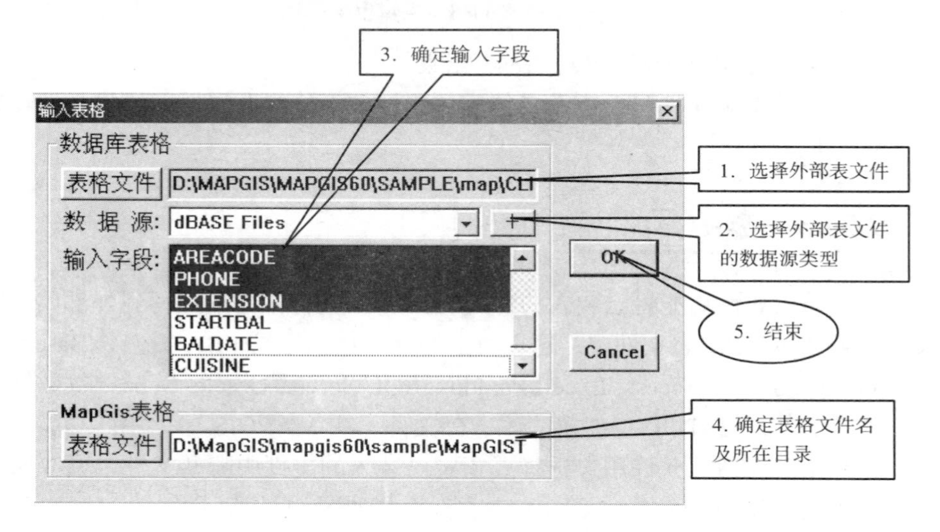

图 11-10　输入表格对话框

11.3.5 连接属性

将外部数据库中数据与 MAPGIS 中实体相关联，并将满足条件部分数据写进 MAPGIS 图形数据属性中。这里所选的连接数据库文件是用 dBASE、FoxBase、FoxPro、Visual FoxPro、Access、Excel、Paradox、SQL Server、Oracle、Sybase 等数据库的表文件。在 MAPGIS 中，可以通过此功能，将外部数据库的属性数据输入到 MAPGIS 图形文件的属性数据中。连接属性界面，如图 11-11 所示。

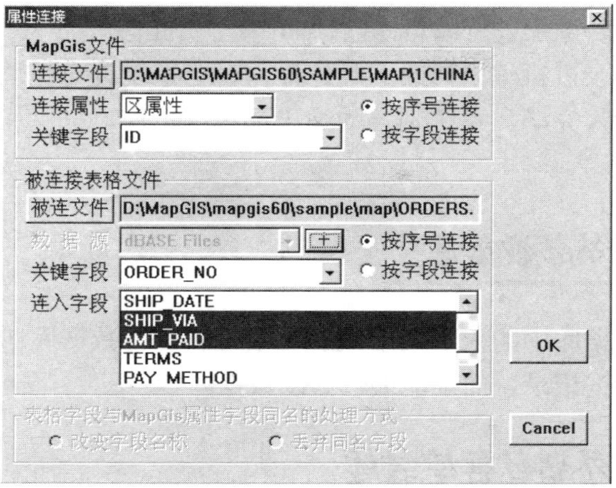

图 11-11　属性连接对话框

11.3.6　新建表格

表格是 MAPGIS 的内部一个数据组织形式，用来存储管理属性数据。新建一个表格文件具体过程：先建立一个新的表格结构，然后输入新的表格记录。

11.4　外部数据库

外部数据库提供对外部数据库查看、编辑功能，它的选单如图 11-12 所示。

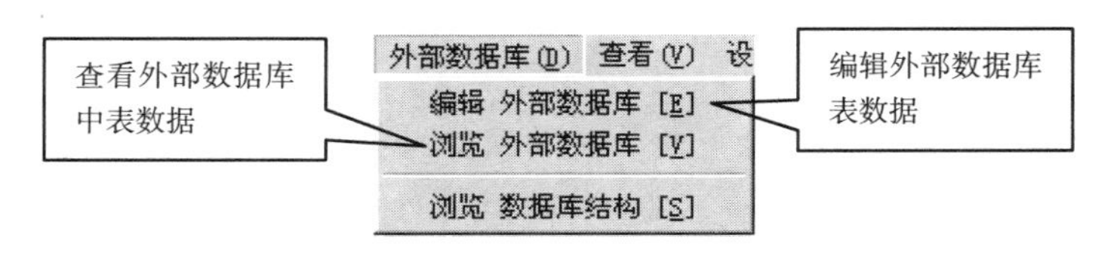

图 11-12　外挂数据库

11.4.1　编辑外部数据库

编辑、修改外部数据库的记录，类似于[编辑属性]功能。所不同的只是它对

外部数据库文件的记录进行编辑修改，而[编辑属性]功能是对 MAPGIS 文件所带的内部属性记录进行编辑修改。具体操作时，系统首先提请用户输入外部数据库文件名，输入完毕，系统则自动弹出记录编辑窗口，供用户编辑修改该文件中的记录数据。

11.4.2 浏览外部数据库

浏览外部数据库中的记录数据，操作同[编辑外部数据库]功能相似，只是该功能只能浏览数据记录，而不能编辑修改数据。

11.4.3 浏览外部数据库结构

浏览外部数据库中的数据库结构，即浏览该数据库有哪些字段，以及字段的名称、类型、长度等。

问题

1．MAPGIS 支持哪些数据类型？
2．如何修改属性结构？
3．如何修改属性？
4．如何将 dBASE 数据与 MAPGIS 实体相连？
5．MAPGIS 能否修改 FoxBase 数据？若能，如何修改？

第12章 图库管理

本章要点：

图库管理子系统，主要支持对地图库分层、分幅管理，提供不同图幅之间接边处理，以及查询图库信息、实体信息等功能，属于通用地图数据库管理系统。

本章的主要内容有：

- ✧ 如何建立一个地区的地图数据库；
- ✧ 图幅之间接边；
- ✧ 图幅检索；
- ✧ 图元信息查询。

12.1 概述

一个区域的基础数据可能由若干幅相同比例尺、标准图幅的地形图组成，那么如何管理成百上千幅复杂的地形图呢？MAPGIS 提供了方便的工具，即地图库管理子系统来进行有效的管理，同时还提供了图幅查询检索、图幅接边等工具。

为了有效管理地图，本系统采用了分层、分幅的设计思想。一般是大比例尺地图采用矩形分幅，中小比例尺（如 1：10000，1：50000）地图采用梯形分幅（特别要注意：跨带时，必须用等经纬的梯形分幅）；将不同类型（或特性）的实体分在不同层（要素层）里，如将河流、湖泊放在水系统层里，铁路、公路放在道路层里。一个地图库是由若干个图幅、若干个要素层及影像库层组成。如图 12-1 所示的图库是由 9 个图幅组成，具有 3 个层类和一个影像层。

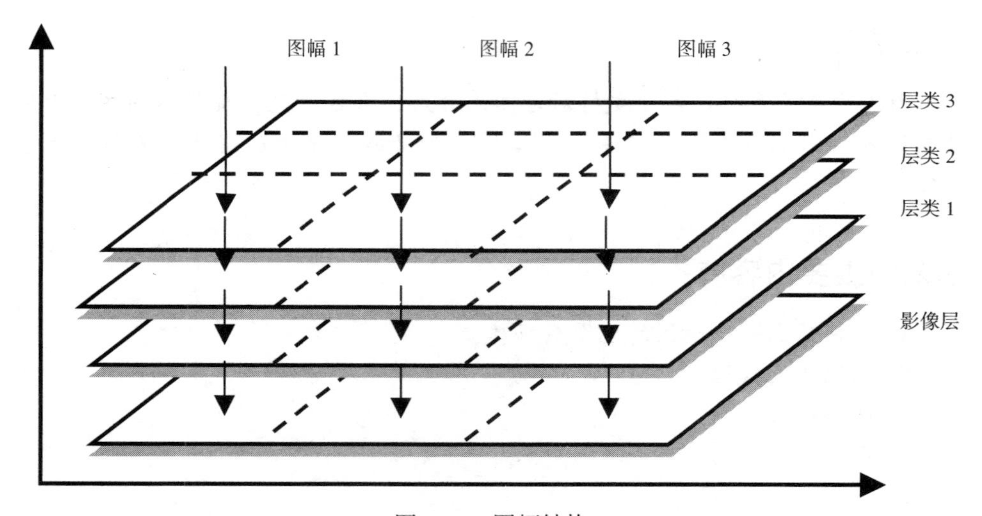

图 12-1 图幅结构

在图库中，以图幅为单位构成平面，一个图幅中又由若干层（文件）重叠而成，一层对应一个文件（点、线或面）。属于同一图幅的多个文件具有不同或相同的属性结构，这些文件属于不同的层类，每个层类具有类名。

一般来说，通常图库至少由 3 个层类组成，分别对应各图幅的面、线和点数据。在此建议用户使用面、线、点为顺序提取层类，因为如果用户的库中含

有如线、点、面这样的层类顺序的数据，并且显示开关都设置为打开的话，系统将按照线、点、面来显示，这时用户会发现线和点都被面给覆盖了，所以建议用户按照面线点的顺序来排列。

在“启动条”程序组中“MAPGIS61”下启动“地图库管理”，便可进入“地图库管理”子系统，它的主界面如图 12-2 所示。

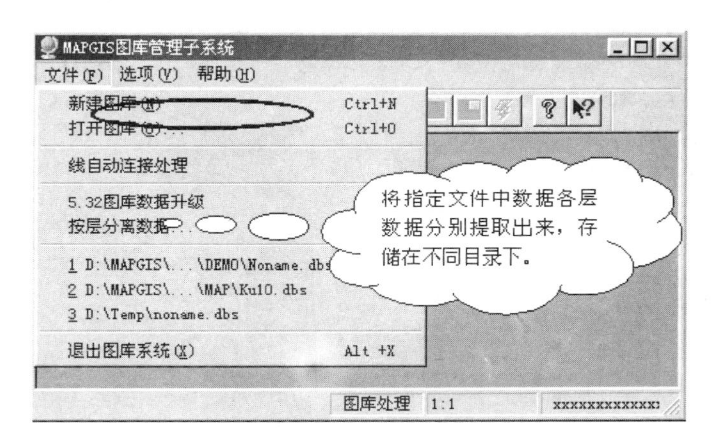

图 12-2　图库管理子系统对话框

下面介绍图库建立过程。建立图库步骤如下。

（1）从“文件”选单下选择“新建图库”，系统弹出选择分幅方式界面，如图 12-3 所示。

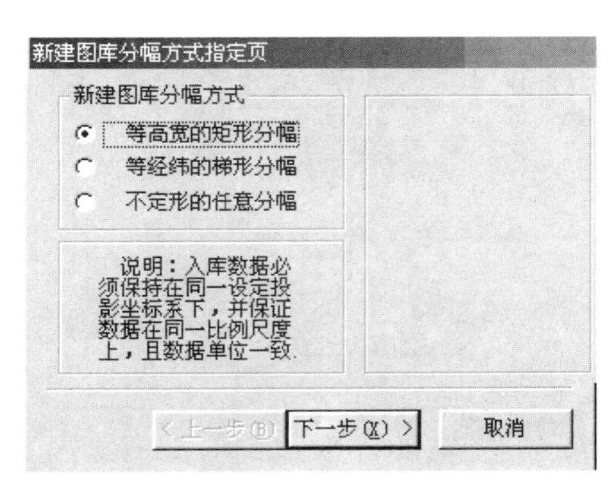

图 12-3　新建图库分幅方式指定页对话框

- 高宽的矩形分幅：一般用于大比例尺的分幅方式。
- 等经纬的梯形分幅：一般用于小比例尺的分幅方式。
- 不定形的任意分幅：一般用于特殊要求的分幅方式。

（2）根据比例尺大小，选择分幅方式，按“下一步”，系统出现输入参数界面如图 12-4、图 12-5、图 12-6 所示。

等高宽矩形分幅图库索引生成参数设置页
图库数据投影参数
图库数据投影参数设置...
*注：分幅输入参数与库数据应在同一坐标系下并且数据单位必须一致！
矩形分幅参数
起点坐标
图幅高宽
图幅数
X _经向
0
500
毫米
1
Y _纬向
0
500
毫米
1
底图库路径 D:\MAPGIS\MAPGIS60\SAMPLE
< 上一步(B)
完成
取消

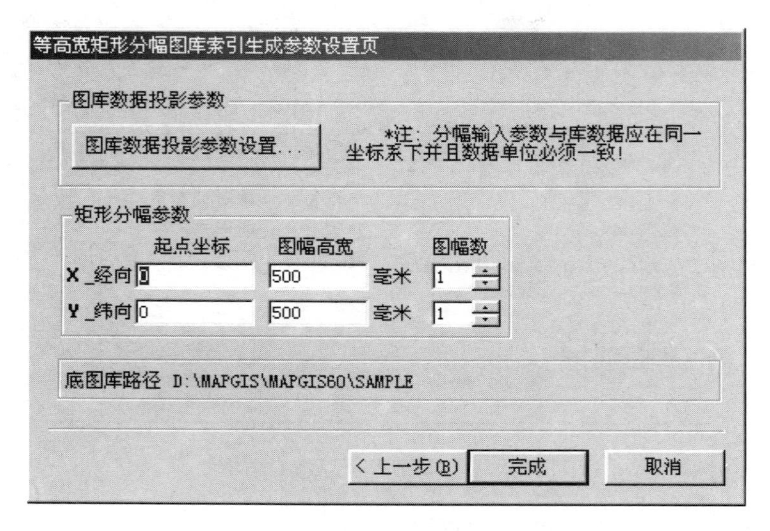

图 12-4　矩形分幅参数设置

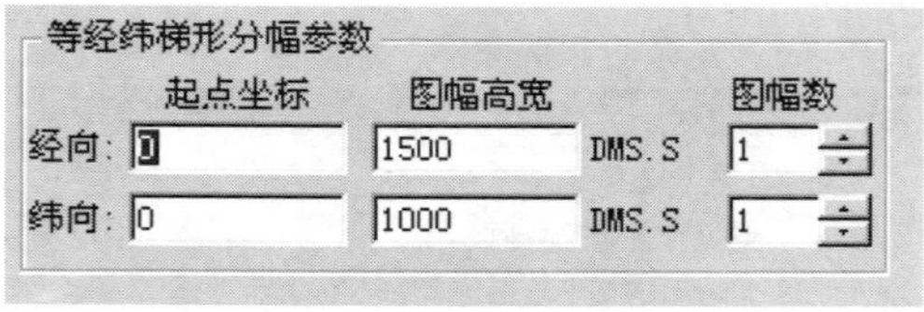

等经纬梯形分幅参数
起点坐标
图幅高宽
图幅数
经向：
0
1500
DMS.S
1
纬向：
0
1000
DMS.S
1

图 12-5　梯形分幅参数设置

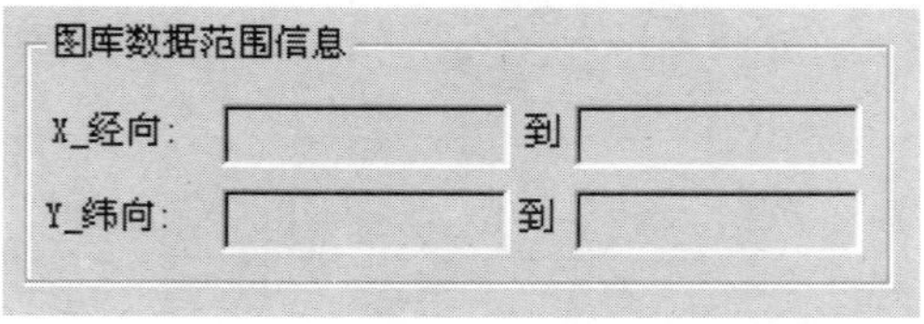

图库数据范围信息
X_经向：
到
Y_纬向：
到

图 12-6　任意分幅参数设置

（3）根据实际情况，填写参数。按“完成”键，新图库已经建立，这时图库是空的。

（4）在“图幅管理”选单下，选择“图库层类管理器”，建立要素层。

（5）在“图幅管理”选单下，选择“图幅批量入库”，输入具体图幅图形，完成图库建立。

这里还要介绍“按层分离数据”功能。它将同一文件中不同层数据存储在不同目录下同一文件名的文件中，为实现图库管理提供手段，它在图层管理中充分发挥了作用。选中“按层分离数据”选单后，系统弹出如图 12-7 所示界面。

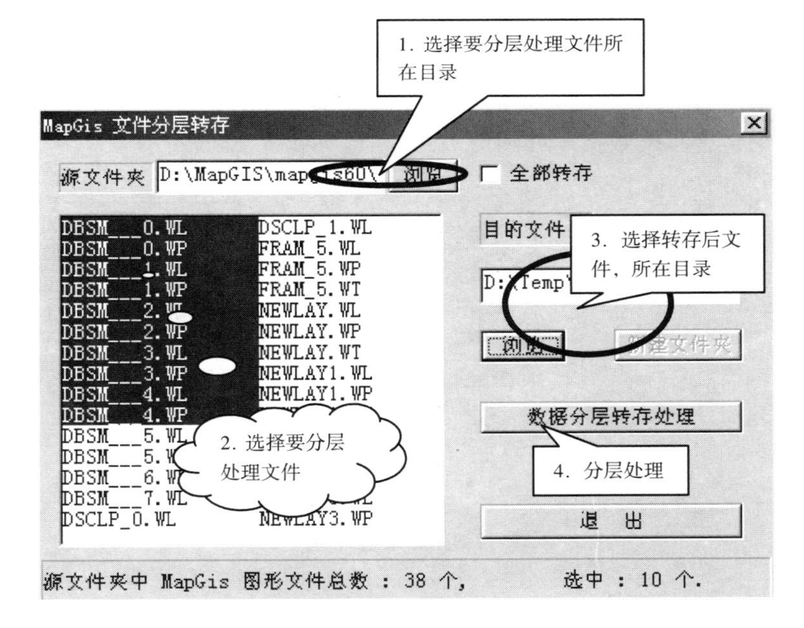

图 12-7　按层分离数据

具体步骤如下。

- 选择要转换文件所在目录。
- 选择所要转换文件。
- 输入要转存目录。
- 按“数据分层转存处理”，系统自动将数据转存。

举例说明，数据转存组织情况：若有两个文件 A.W?，B.W?，文件 A 数据有水系层、自由层、道路层三层数据；文件 B 数据有水系层、植被层、自由层三层数据。数据转存后，系统将在指定的转存目录下，建立水系层、自由层、道路层、植被层四个目录，水系层目录下存储着文件 A、B 水系层数据，文件名与原文件名相同；自由层目录存储着文件 A、B 自由层数据，文件名与原文件相同；植被层目录下存储着文件 B 植被层数据，文件名与文件 B 相同；道路层目录下存储着文件 A 道路层数据，文件名与文件 A 相同。这种分层处理便于日后的图库维护。

12.2 图幅管理

它实现了对要素层、具体图幅的管理，规定了图库包含的层类（或要素层），以及图库中包含具体数据（或图形）。它的选单如图 12-8 所示。

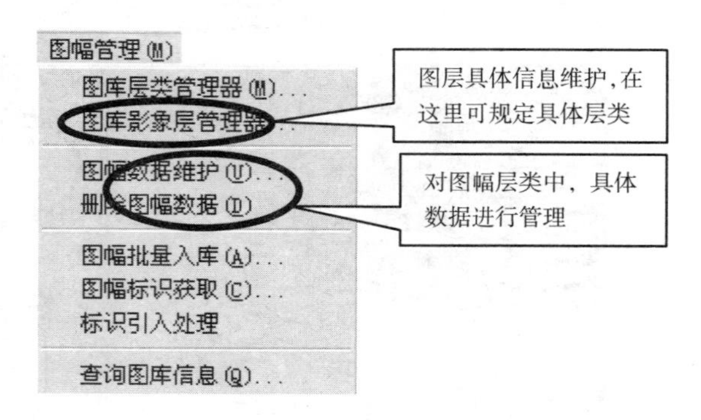

图 12-8　图幅管理选单

12.2.1　图库层类管理器

实现对图幅（或称图库）中具体的层类（或称要素层）进行管理，包括层类新加、删除、层类顺序的改变等，它的界面如图 12-9 所示。

在这里具体介绍“新建”功能。按“新建”按钮后，系统弹出如图 12-10 所示的界面。

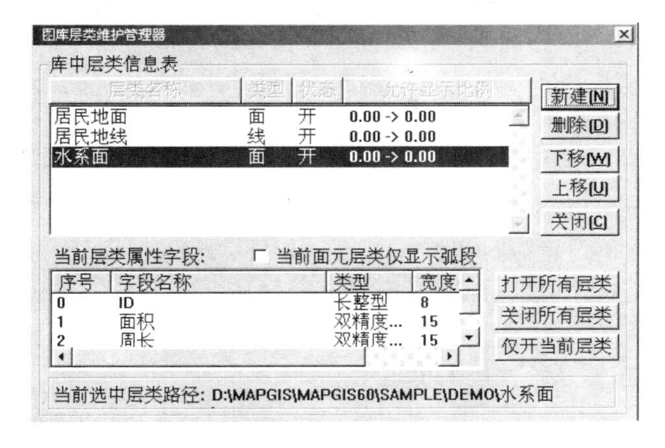

图 12-9　图库层类维护管理器

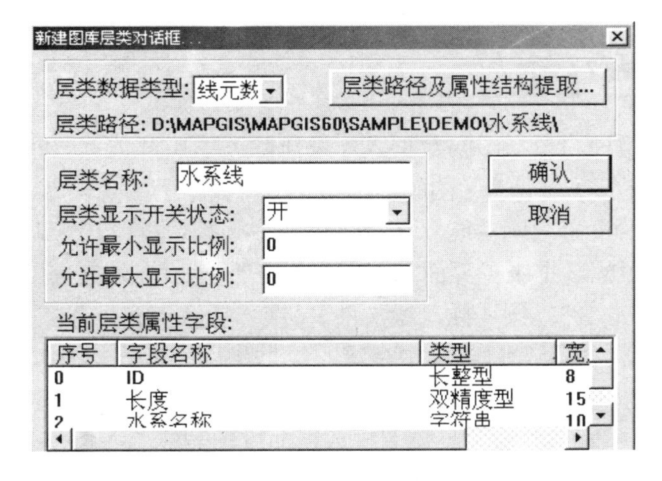

图 12-10　新建图库层类对话框

在此界面里，按如下步骤进行操作：

● 选择新建层类数据类型；
● 选择层类路径及提取属性结构；
● 标识层类名称；
● 选择层类显示开关，填写显示比例；
● 按“确定”完成，系统建立了新的层类。

“删除”：即将某个具体层类删除。

“上移”、“下移”：将某一层类显示在前面或后面。

“打开所有层类”、“关闭所有层类”、“仅开当前层类”：决定层类的开关是否打开，以决定图库相应层类图形是否显示。

这些参数中，每一个层类的最大显示比例和最小显示比例可以设置为不同值。这样，系统可以实现图库的变焦显示。比如，把点元的层类的最大显示比例和最小显示比例设置为 5 和 10。那么，在显示比例小于 5 时用户将看不见，只有大于 5 时用户才可以看见点。到了系统的显示比例大于 10 时，点元的显示比例保持为 10。在本系统中每一个层类的最大显示比例和最小显示比例默认为 0，也就是说，按照系统比例大小显示。

至于层类显示开关在本子系统中它表示两种含义：① 表示该层是否显示；② 在区域查询提取等许多功能中它不参加处理。所以，提醒用户要设置层类显示开关。

12.2.2 图幅数据维护

图幅数据维护，包括图幅数据入库及删除、图层开关等。在本系统中，图幅入库有两种手段，一种为“图幅数据维护”中数据手工式入库，另一种为“图幅批量入库”的批量入库功能。在选单激活“图幅数据维护”后，再双击分幅框，系统出现图幅数据维护界面，如图 12-11 所示。在“图幅层类数据文件”框中，指定某一文件，按“插入线文件”（或“插入点文件”、“插入面文件”）按钮，系统弹出“层类管理器”中指定的层类路径目录下文件，选择具体文件。重复上一步骤，直到所有文件插入为此。输入图幅标识、录入、编辑、校订、图幅说明，按“确定”，一幅具体图幅数据便维护完成。

“删除图幅数据”，删除指定的图幅数据。先激活“删除图幅数据”选单，再双击要删除的图幅即可。

“图幅批量入库”，根据层类指定的参数，将层类所指定的层类结构目录的数据文件自动入库。

12.2.3 查询图幅信息

可对图库中投影参数据、层类、接边参数据、图库范围等参数据进行查询，提供输出库文档、接图表预览功能。它的界面如图 12-12 所示。其中，“接图表

预览”可用于接图制图输出，其他参数据这里不作解释，请参考其他文档。

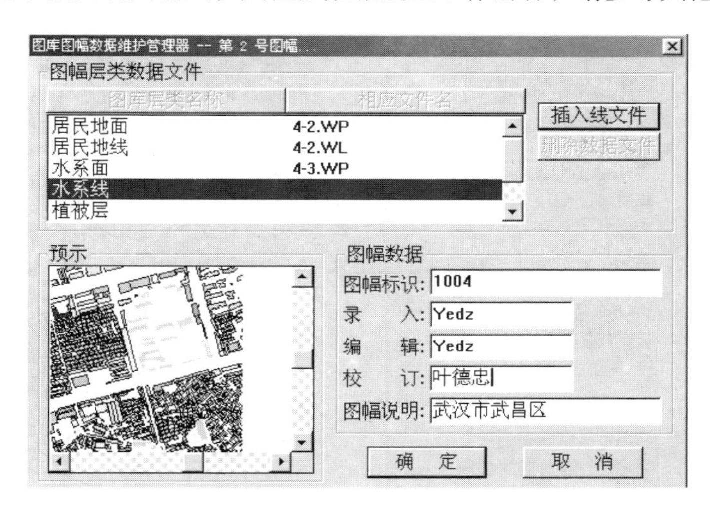

图 12-11 图幅数据维护界面

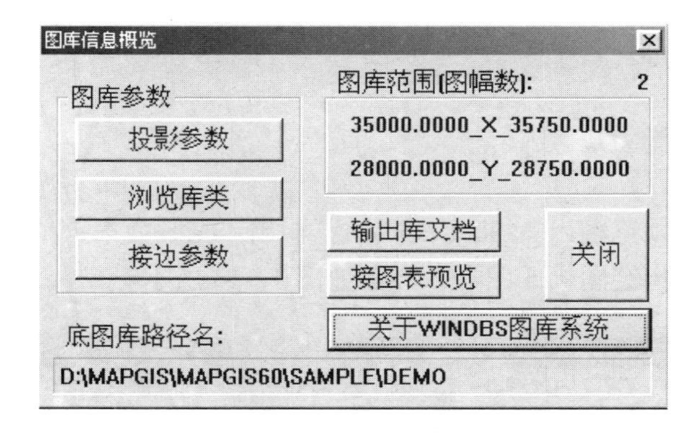

图 12-12 图库信息

12.3 图库检索

“图库检索”提供多种查询手段，实现对图库中图元参数、图元属性、图形的查询和输出，同时，还支持距离量测、面积量测，它的选单如图 12-13 所

示。用户可以利用这些功能将所需要的图形及属性数据从图库中提取出来。

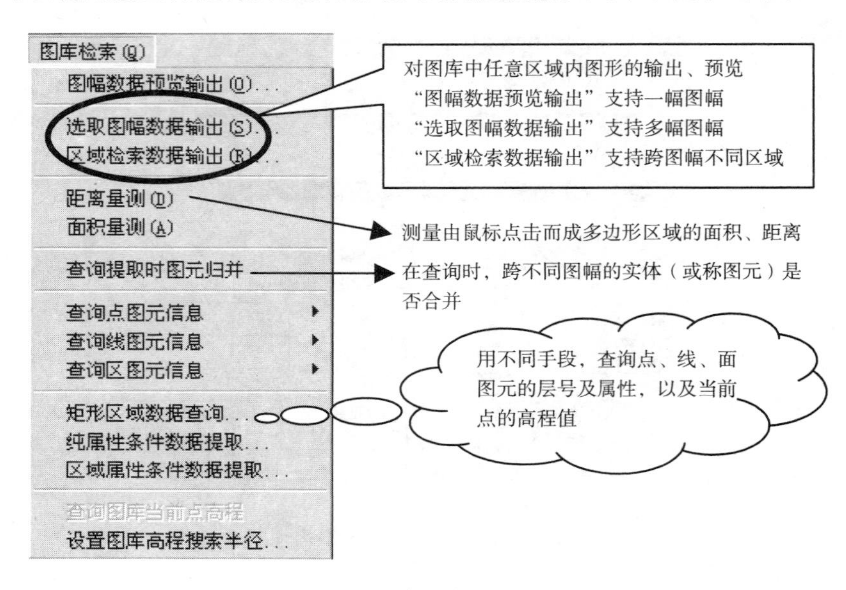

图 12-13　图库检索

12.3.1　图幅输出

“图幅数据预览输出”：指定图幅预览输出。先激活本选单，再双击指定图幅，系统弹出所指定图幅的图形，界面如图 12-14 所示。

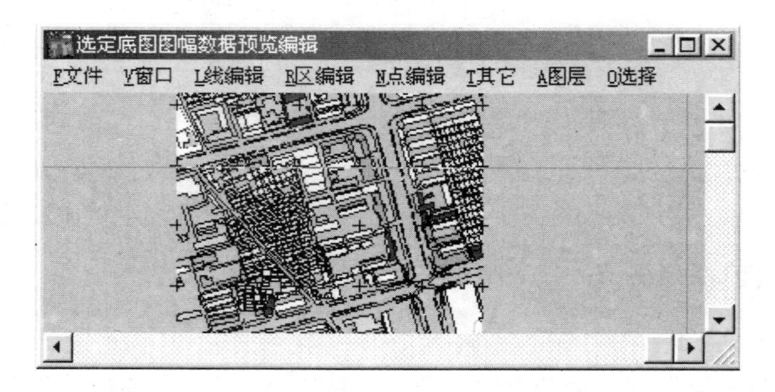

图 12-14　图幅数据预览输出

在这里，还可以修改具体图形，具体操作见“图形编辑部分”。

“选取图幅数据输出”：选取若干个图幅输出。激活“选取图幅数据输出”时，系统出现如图 12-15 所示界面。

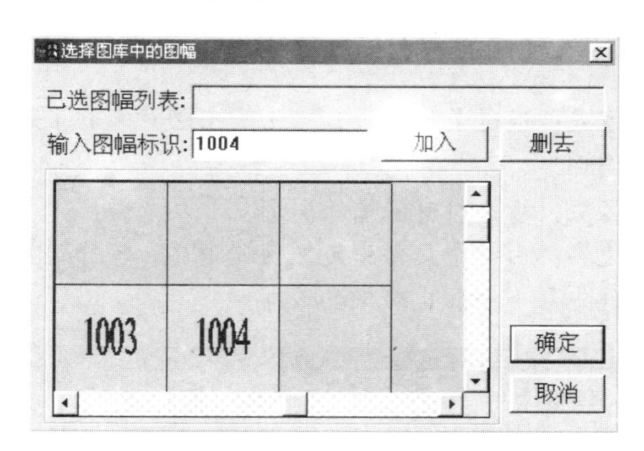

图 12-15　选取图幅数据

在这界面加入“1003”，“1004”图幅标识，按“确定”键，系统便自动对所选图幅进行处理，按提示输入工程文件名后，便可出现预览界面，如图 12-16 所示。

图 12-16　选取图幅数据预览

“区域检索数据输出”：支持多种手段、多种形状的区域输出。选择“区域检索数据输出”后，系统出现如图 12-17 所示框图。多种区域设置如下。

● 鼠标开窗方式：输出按下鼠标左键、移动鼠标、放开左键所围成区域部

分图形。

- 两点输入方式：通过定义矩形对角顶点坐标定义一个矩形，输出矩形所围成区域的图形。
- 圆心半径方式：通过定义圆心、半径定义一个圆，输出这个圆围成区域图形。
- 任意区域方式：通过鼠标方式，定义一个任意形状多边形，输出多边形区域中的图形。
- 全部图库区域：输出所有图幅的图形。
- 读入区域边界：由一个文件中定义区域边界，输出边界里的图形。这里只利用文件中第一个区中定义的边界。

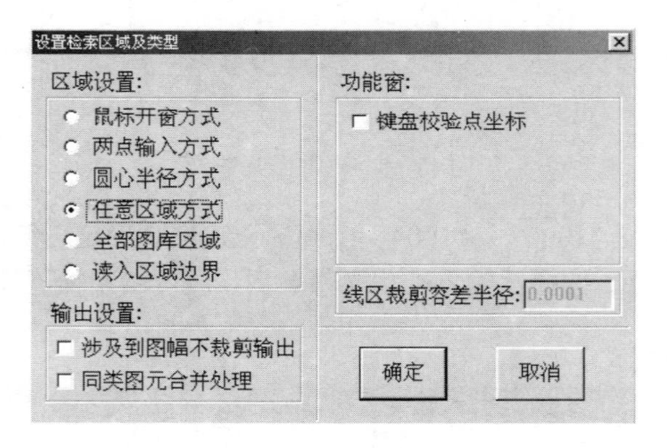

图 12-17　区域检索数据输出

选择一种区域方式，按“确定”，再选择输出区域，系统便自动处理所输出图形。其中，如果没有选择“涉及的图幅不裁剪输出”，那么检索后裁剪的图形中只含有在区域内的层类数据，而没有它们所在图幅的其他数据。反之，有它们所在图幅的其他数据。如果选择了“同类图元合并处理”，那么检索后裁剪的图形中本来在库中被两个图幅中分割的两个图元自动变成一个图元。反之，还继续保留为原来的两个图元。这么多的输出方式，大大方便了用户提取部分图形操作。这里以“任意区域方式”为例，按“确定”键后，系统返回主界面，在主界面确定输出区域边界，如图 12-18 所示。

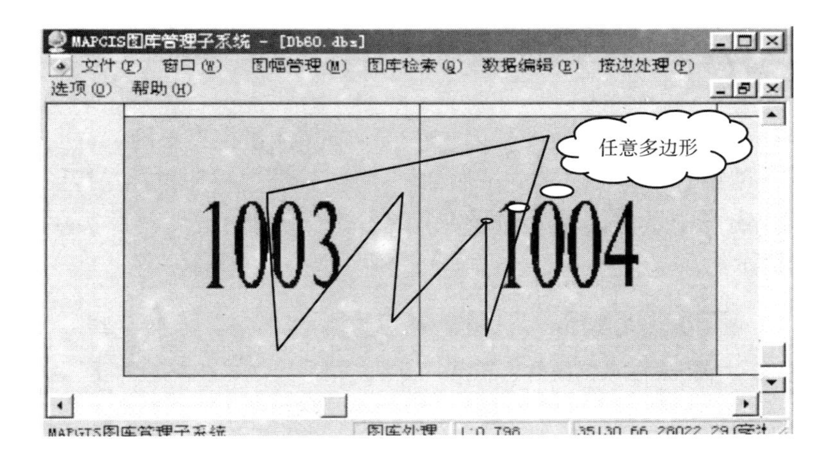

图 12-18　任意区域方式——多边形

按鼠标右键后，系统便自动处理。按提示输入工程文件名后，系统出现如图 12-19 所示界面。

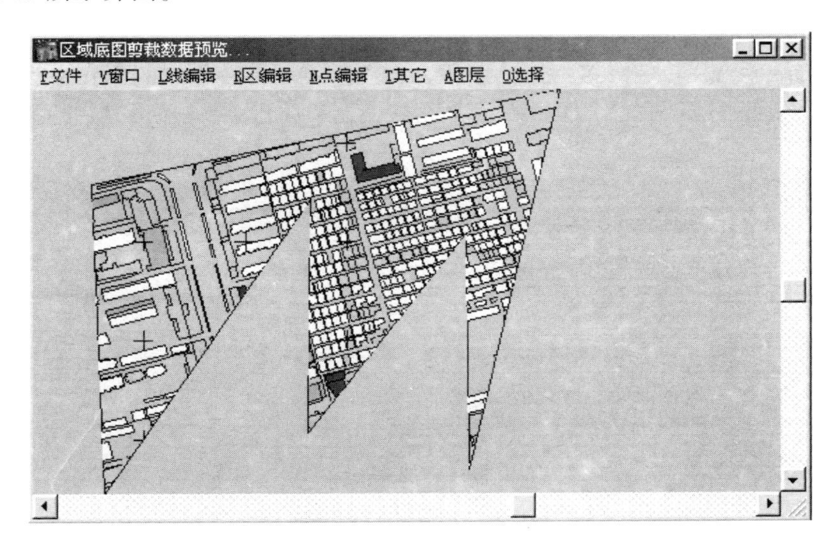

图 12-19　任意区域输出预览

在这里，还可以修改具体图形，具体操作见“图形编辑部分”。

12.3.2 量测

“距离量测”：测量折线的长度，它广泛应用测量街道长度、宽度、铁路的总长度等。使用它很方便，首先，激活“距离量测”，再用鼠标左键点击目标，所有目标点击完毕后，按鼠标右键结束，系统便自动计算距离及实际距离，如图 12-20 所示。

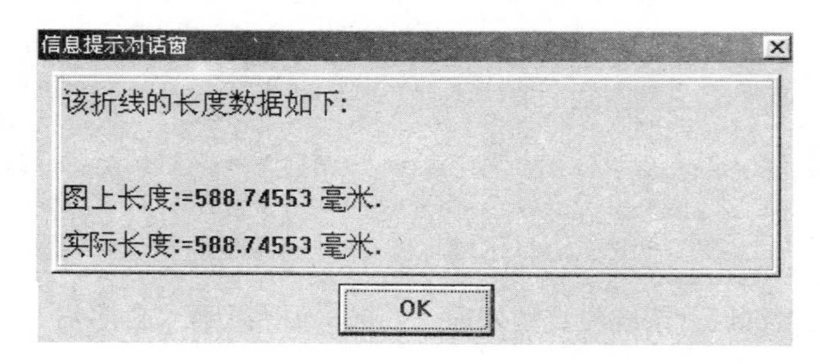

图 12-20　距离量测结果

“面积量测”：测量多边形的面积，它广泛应用各种领域的面积量算，如建筑面积、绿化面积、污染面积等。它的步骤与“距离量测”相似，界面如图 12-21 所示。

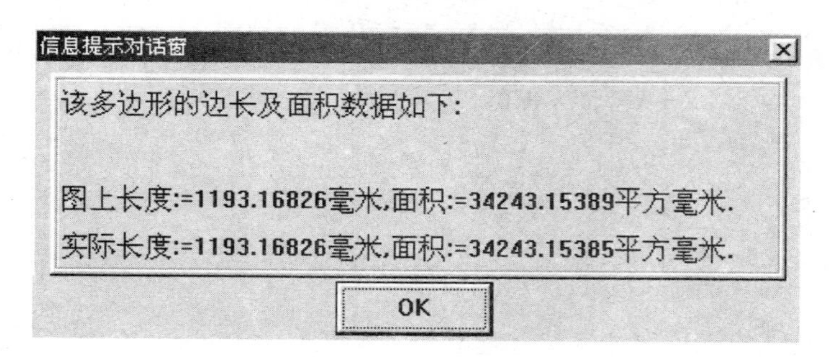

图 12-21　面积量测结果

12.3.3 查询图元信息

“查询点图元信息”、“查询线图元信息”、“查询面图元信息”：查询点图

元、线图元、面图元的层号及属性。这里以“查询线图元信息”为例，首先，激活“查询线图元信息”、“底图线元层号”，再用鼠标左键点击所要查询线，系统弹出图层信息如图 12-22 所示。或者激活“查询线图元信息”、“底图线元属性”，再用鼠标左键点击所要查询线，系统弹出图层信息如图 12-23 所示。

第1图幅第1层类第1078号图元层类信息
所属层类: 居民地线
图元层名: VB　关闭

图 12-22　底图线元层号

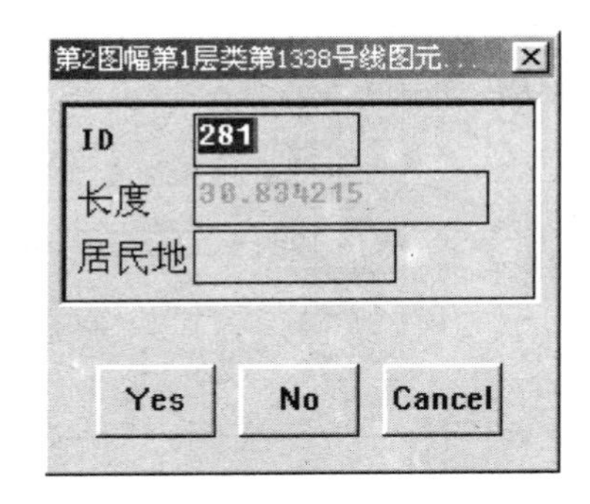

图 12-23　底图线元属性

“矩形区域数据查询”：查询矩形内某一层类实体的属性。激活“矩形区域数据查询”时，系统出现如图 12-24 所示界面。

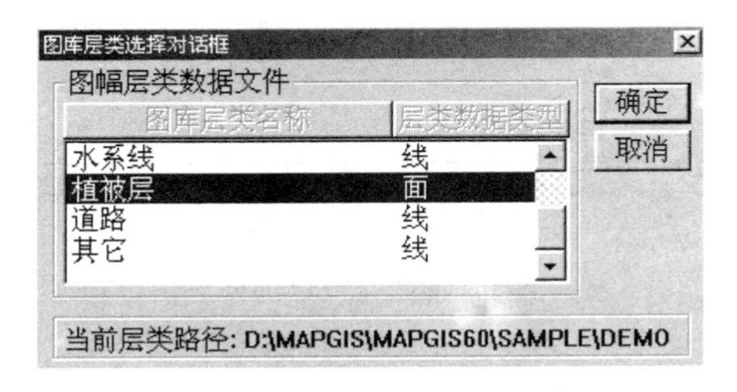

图 12-24　图库层类选择

在界面上，选择具体一个层类，按“确定”键返回后，在主界面选择要查询的区域，系统出现区域内具体层类实体的属性界面，如图 12-25 所示。在这里便可以查看实体的属性了。

“纯属性条件数据提取”：根据属性条件，查询满足条件的实体图形及相对应的属性。激活“纯属性条件数据提取”，根据提示选择图层，系统要求输入条件表达式。条件表达式界面如图 12-26 所示。

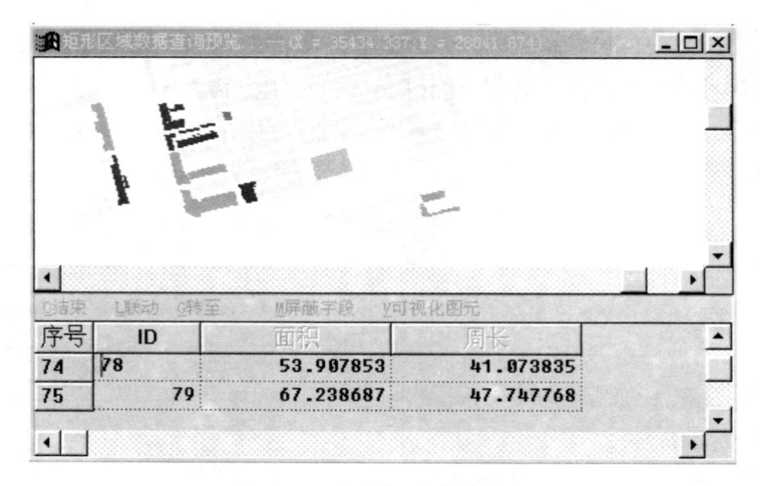

图 12-25　区域查询数据预览

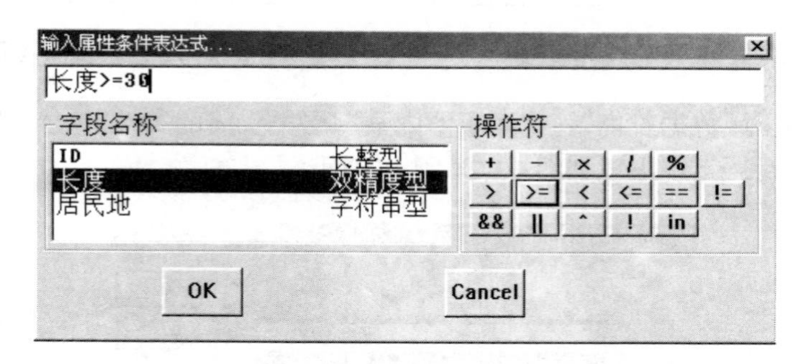

图 12-26　属性条件表达式

输入条件（表达式格式见图形编辑部分），按 OK 键后，系统出现满足条件的图形属性界面。

"区域属性条件数据提取"：区域内，符合属性条件的图形数据提取。

"查询图库当前点高程"、"设置图库高程点搜索半径"：根据设置半径，搜索图库中靠近鼠标左击处有高程值的点的高程值。

12.4　接边处理

在实际应用中，由于分幅结果，相邻图幅之间存在接合误差，实际应用要

求消除这些误差。“接边处理”正是适应这种要求产生的，它提供了图幅与图幅之间的接边功能，以消除相邻图幅间的接合误差。当这些图幅拼接为一完整地图时，不至于让人感到整幅图是分块的结果。“接边处理”的选单如图 12-27 所示。

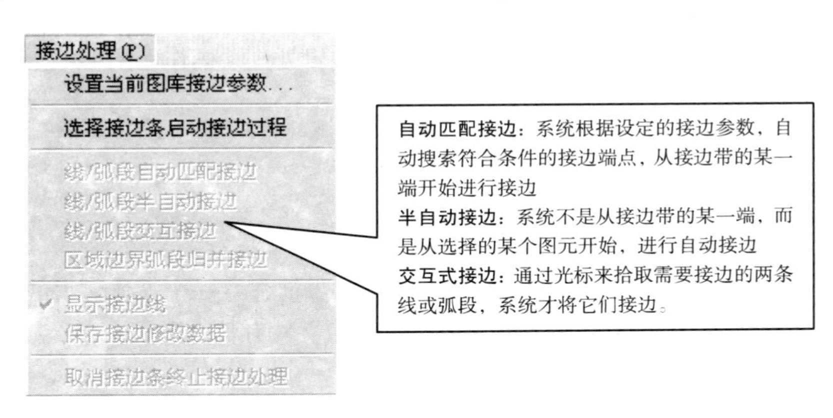

图 12-27　接边处理

具体步骤如下。

① 设置当前图库接边参数，接边参数设置框如图 12-28 所示。

- **接边带宽度**：设置接边带的宽度，它的单位与入库参数一致，数值要根据实际情况而定。
- **接边带容忍度**：设置接边时系统所允许的两接边端点间的最大误差范围。只有小于接边容忍度的图元才能够接边，它的单位与入库参数一致，数值要根据实际情况而定。

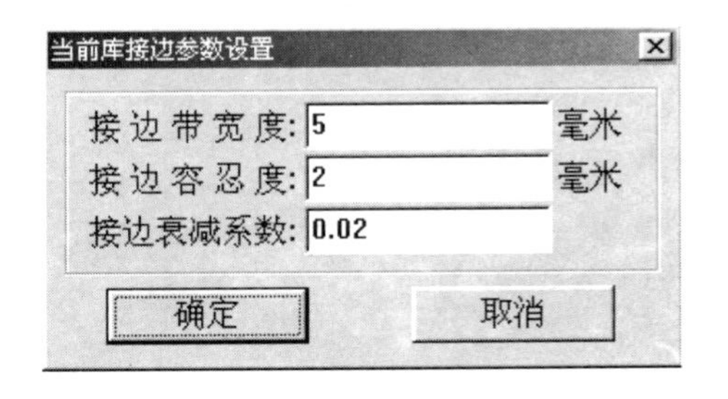

图 12-28　接边参数设置

- **接边带衰减系数**：设置接边时相连接的两图边，为了消除误差的距离递减系数。

② 选择接边条启动接边过程。

③ 选择合适的接边方式。

- **自动匹配接边**：系统根据设定的接边参数，自动搜索符合条件的接边端

点，从接边带的某一端开始进行接边。

- **半自动接边**：系统不是从接边带的某一端，而是从选择的某个图元开始进行接边。
- **交互式接边**：通过光标来拾取需要接边的两条线或弧段，系统才将它们接边。

④ 利用“数据编辑”选单下的功能进行编辑处理（操作见图形编辑部分）。

⑤ 保存接边后的图库数据，完成接边。

📖 问题

1. MAPGIS 是如何进行图库管理的？
2. 在建立图库之前，应做哪些数据准备？如何建立一个大比例尺的图库？
3. MAPGIS 提供了几种入库手段？对入库文件有什么要求？怎么做？
4. MAPGIS 如何消除不同图幅间的误差？

第 13 章　影像库管理

本章要点：

影像库管理子系统，提供对影像数据综合管理功能，同时提供对影像数据的分析功能。

本章的主要内容有：

- ✧ 影像数据入库前的准备工作；
- ✧ 建立影像数据库的步骤；
- ✧ 图像分析功能。

13.1 影像库主界面

在程序组中的“Mapgis65”下启动“影像库管理”程序，便进入影像库管理子系统，它的主界面如图 13-1 所示，它提供对影像文件综合管理功能。

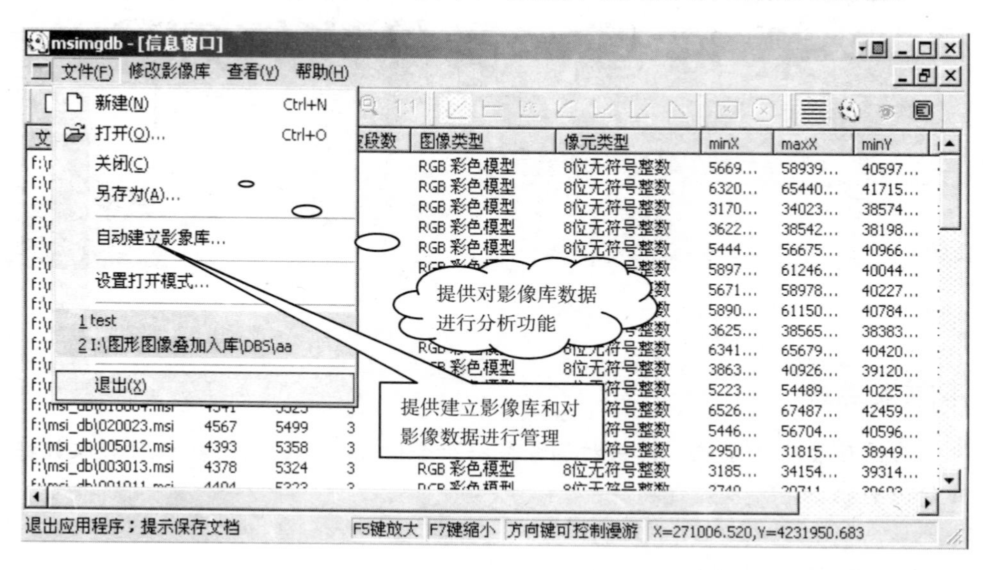

图 13-1 影像库管理

在使用本系统前，必须先对影像数据进行预处理。图像处理过程如下：

- 进行镶嵌配准，将所需管理的图像配准到正确位置；
- 进行图像编辑，将有误的图像进行修改；
- 进行图像分析，观察图像信息；
- 进行影像库管理，将图像管理起来。

使用本系统具体步骤：

- 新建影像库文件；
- 添加影像文件，将影像文件加入影像库文件；
- 查询影像信息及进行影像分析。

13.2　信息窗口

信息窗口对影像库所含信息进行说明、显示，包括文件名、行数、列数、波段数、图像类型、像元类型、minX、minY、maxX、maxY、Online 等，如图 13-2 所示。

msimgdb - [信息窗口]

文件(F)　修改影像库　查看(V)　帮助(H)

文件名	行数	列数	波段数	图像类型	像元类型	minX	maxX	minY
f:\msi_db\020024.msi	4582	5512	3	RGB 彩色模型	8位无符号整数	5669...	58939...	40597...
f:\msi_db\014003.msi	4530	5364	3	RGB 彩色模型	8位无符号整数	6320...	65440...	41715...
f:\msi_db\007013.msi	4378	5367	3	RGB 彩色模型	8位无符号整数	3170...	34023...	38574...
f:\msi_db\009015.msi	4354	5370	3	RGB 彩色模型	8位无符号整数	3622...	38542...	38198...
f:\msi_db\018023.msi	4566	5475	3	RGB 彩色模型	8位无符号整数	5444...	56675...	40966...
f:\msi_db\023001.msi	4257	5149	3	RGB 彩色模型	8位无符号整数	5897...	61246...	40044...
f:\msi_db\022024.msi	4582	5535	3	RGB 彩色模型	8位无符号整数	5671...	58978...	40227...
f:\msi_db\019001.msi	4255	5103	3	RGB 彩色模型	8位无符号整数	5890...	61150...	40784...
f:\msi_db\008015.msi	4352	5357	3	RGB 彩色模型	8位无符号整数	3625...	38565...	38383...
f:\msi_db\021003.msi	4532	5448	3	RGB 彩色模型	8位无符号整数	6341...	65679...	40420...
f:\msi_db\004016.msi	4339	5303	3	RGB 彩色模型	8位无符号整数	3863...	40926...	39120...
f:\msi_db\022022.msi	4551	5510	3	RGB 彩色模型	8位无符号整数	5223...	54489...	40225...
f:\msi_db\010004.msi	4541	5323	3	RGB 彩色模型	8位无符号整数	6526...	67487...	42459...
f:\msi_db\020023.msi	4567	5499	3	RGB 彩色模型	8位无符号整数	5446...	56704...	40596...
f:\msi_db\005012.msi	4393	5358	3	RGB 彩色模型	8位无符号整数	2950...	31815...	38949...
f:\msi_db\003013.msi	4378	5324	3	RGB 彩色模型	8位无符号整数	3185...	34154...	39314...

就绪　F5键放大　F7键缩小　方向键可控制漫游　X=271006.520,Y=4231950.683

图 13-2　信息窗口

下面对各个信息说明如下。

- 文件名：加在影像库中的影像文件的文件名。
- 行数：对应的影像文件的行数。
- 列数：对应的影像文件的列数。
- 波段数：对应的影像文件的波段数。
- 图像类型：对应的影像文件的图像类型。
- 像元类型：对应的影像文件的像元类型。
- minX：对应的影像文件的 X 方向的最小值。
- maxX：对应的影像文件的 X 方向的最大值。
- minY：对应的影像文件的 Y 方向的最小值。
- maxY：对应的影像文件的 Y 方向的最大值。

● OnLine：对应的影像文件的连接标志（OffLine 表文件未连接，OnLine 表文件已连接）。

13.3 图像窗口

图像窗口，实现了对影像库中的图像文件进行显示，提供对影像库中图像进行分析的功能，界面如图 13-3 所示。

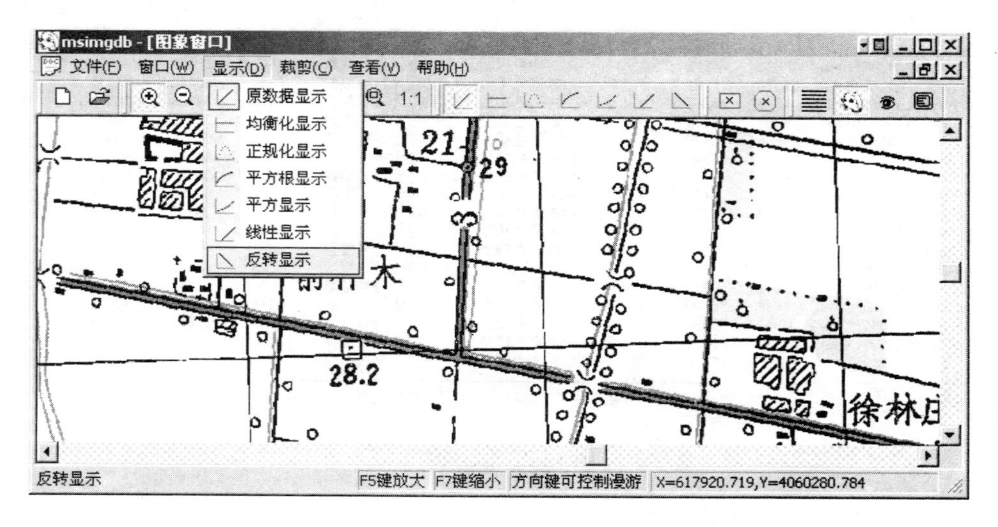

图 13-3　图像窗口

下面对影像库进行分析，介绍如下，具体操作见图像分析章节。

● 原始显示图像：用原始数据显示当前活动窗口中的图像。
● 均衡化显示图像：用均衡化变换来显示当前活动窗口中的图像。
● 正规化显示图像：用正规化变换（对 0.5%~99.5%的直方图的数值范围）来显示当前活动窗口中的图像。
● 平方根显示图像：用平方根变换（对 0.5%~99.5%的直方图的数值范围）来显示当前活动窗口中的图像。
● 平方显示图像：用平方变换（对 0.5%~99.5%的直方图的数值范围）来显示当前活动窗口中的图像。

- 线形显示图像：用线形变换（对 0.5%~99.5%的直方图的数值范围）来显示当前活动窗口中的图像。
- 反转显示图像：用反转变换（对 0.5%~99.5%的直方图的数值范围）来显示当前活动窗口中的图像。

问题

1. 在建立影像库之前，需做哪些数据准备？
2. 在本系统中，是如何对影像文件进行管理的？提供了哪些分析？

第 14 章 空 间 分 析

本章要点：

空间分析是 GIS 系统的重要模块，它包括对矢量数据的分析和对光栅数据的分析。在本章中，主要是从操作的角度讲述空间分析。

本章的主要内容有：

- ✧ 矢量数据空间分析的方法；
- ✧ 属性分析的方法；
- ✧ 光栅数据绘制三维立体图的方法和步骤。

14.1　矢量数据的空间分析

矢量数据的空间分析包括：空间分析、属性分析和数据检索。数据检索操作比较简单，在此重点讲述空间分析和属性分析的使用方法。

14.1.1　空间分析

空间分析主要针对矢量数据而言，包括以下两种类型的分析。

- 空间叠加分析：包括区对区叠加分析、线对区叠加分析、点对区叠加分析。
- 缓冲区分析：包括点缓冲区分析、线缓冲区分析和区缓冲区分析。

下面将分别予以讲述。

1．空间叠加分析

空间叠加分析细分包括许多种，但在分析时它们都遵循如下的规律。

文件 A（包括图形和属性）+文件 B（包括图形和属性）=文件 C（包括图形和属性）

其中，文件 C 的图形类型与文件 A 的图形相同，文件 C 的属性则是文件 A 与文件 B 属性的综合。

例如：若文件 A 是点文件，则文件 C 的类型也是点文件；若文件 A 是线文件，则文件 C 也是线文件。依此类推，若文件 A 是面文件，则文件 C 就是面文件。

下面以两个区文件的合并分析为例进行讲解，其操作步骤如下。

（1）数据准备：在图形编辑中准备两个简单的区文件进行分析。首先，输入几个圆形区，如图 14-1、图 14-2 所示，并给该区文件的区赋上 Cu 含量的属性（属性字段为字符型，其中，A1 的铜含量为 10%，A2 的铜含量为 20%，A3 的铜含量为 30%，将该区文件存为 A.WP。然后以文件 A 为参照，编辑文件 B.WP，并将 B 中的区赋上 Fe 的含量，B1 的含铁量为 40%，B2 含铁量为 50%，B3 的含铁量为 60%，B4 的含铁量为 80%。

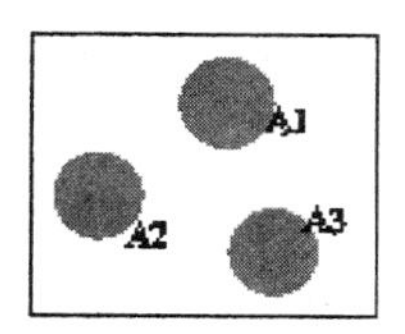

图 14-1　文件 A

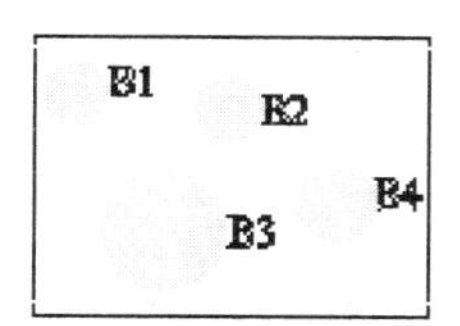

图 14-2　文件 B

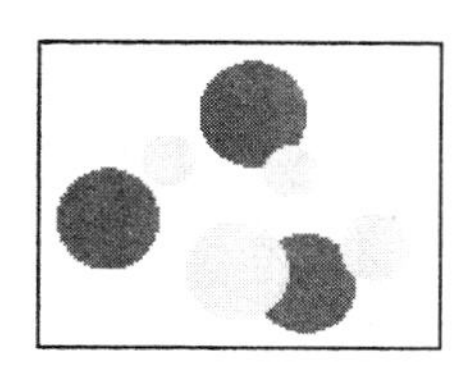

图 14-3　A、B 叠加显示

图 14-4　相交分析结果文件 AB

（2）装入文件：在空间分析中，装入要进行空间分析的文件 A 和文件 B。在空间分析的文件窗口中，每次只显示当前装入的一个文件。如需显示其他文件，则可在窗口菜单（或右键菜单）中点取“选择显示文件”，选择要显示的文件。

（3）浏览文件属性：在“属性分析”菜单下选择“浏览属性”，我们可以分别浏览到文件 A 和文件 B 的属性，如图 14-5、图 14-6 所示。

浏览 2.WP 文件的区属性

Q结束　L联动　G转至...　M屏蔽字段　V可视化图元

序号	ID	面积	周长	Fe
1	1	2135.868028	163.832033	40.0%
2	2	2258.661258	168.475522	50.0%
3	3	7592.194523	308.880486	60.0%
4	4	3508.395167	209.972903	70.0%

图 14-5　文件 A 的属性

浏览 1.WP 文件的区属性

Q结束　L联动　G转至.　M屏蔽字段　V可视化图元

序号	ID	面积	周长	CU
1	3	7517.700012	307.361398	30.0%
2	1	8409.912562	325.089066	10.0%
3	2	7668.496405	310.428724	20.0%

图 14-6　文件 B 的属性

（4）进行区对区相交分析：选择“空间分析”菜单下的“区空间分析”中的“区对区相交分析”，系统会自动将 A 和 B 进行叠加分析，并生成一个新的综合文件，并且该文件的类型与 A 文件相同，是区文件。而且区是既属于 A 又属于 B 的那一部分区，如图 14-3、图 14-4 所示，在此，将该文件存为 AB.WP。浏览该文件的属性，可看出，其属性是 A 与 B 的综合如图 14-7 所示。

浏览 AB.WP 文件的区属性

O结束　L联动　G转至...　M屏蔽字段　V可视化图元

序号	ID	面积	周长	CU	RegNo	Fe
1	4	1592.409190	162.647130	30.0%	4	60.0%
2	8	152.435460	66.967510	30.0%	5	70.0%
3	12	265.363296	77.874766	10.0%	3	50.0%

图 14-7　相交分析的结果文件 AB 的属性

其他区空间分析、线空间分析及点空间分析的方法与区对区的相交分析是相同的。

2. 缓冲区分析

缓冲区分析步骤如下。

（1）输入缓冲区半径：在“空间分析”选单下，选择“缓冲区分析”中的“输入缓冲区半径”，系统将会弹出一个对话框，让用户输入缓冲区的半径。

（2）选择缓冲区类型：用户可根据自己的实际情况选择缓冲区的类型，例如：选择“求一个区缓冲区”。

（3）选择要进行缓冲区分析的图元：缓冲区类型选择后，将鼠标移动到要进行缓冲区分析的图元上，并按下鼠标左键，系统会自动进行计算，并显示出该图元的缓冲区。

14.1.2　属性分析

属性分析包括单属性分析和双属性分析，它们分析的对象可以是属性，也可以是表格。但不管是单属性分析还是双属性分析，它们分析的属性字段都是数值型的属性字段。所以，在此将 B.WP 文件的 Fe 含量属性字段改为浮点型，区 B2 的含铁量由原来的 50 改为 41，其他区的属性内容不变，仍以 B.WP 文件

为例进行属性分析。

（1）装入文件：装入区文件 B.WP。

（2）单属性统计：单属性统计是对所选文件属性（或表格）的某个数值型字段进行统计。包括该字段总和、最大值、最小值、平均值，以及所统计图元（或表格行）数。并将统计结果保存在表格数据缓冲区中，然后显示统计结果，用户可将该结果存盘或打印。最后关闭表格显示窗口。

（3）单属性累计统计：以“横向直方图”为例。选择“单属性累计统计”菜单后的“横向直方图”，系统会弹出如图 14-8 所示的对话框。

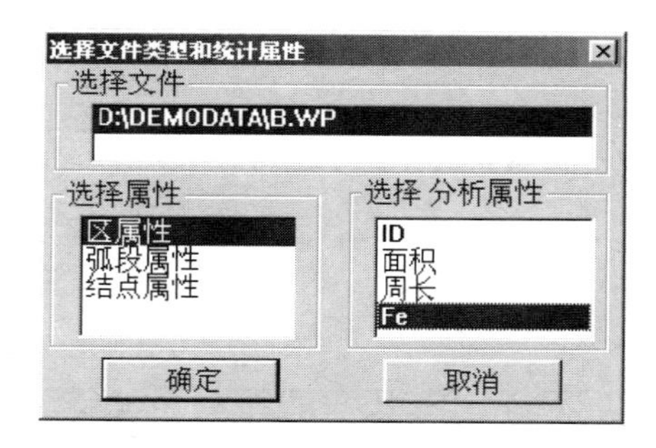

图 14-8　选择分析的文件及分析的属性

选择 Fe 为分析属性，选择完毕并按“确定”按钮，系统会自动将该字段范围划分成几个等分，并根据该范围绘制出图 14-9 所示的单属性统计横向直方图。

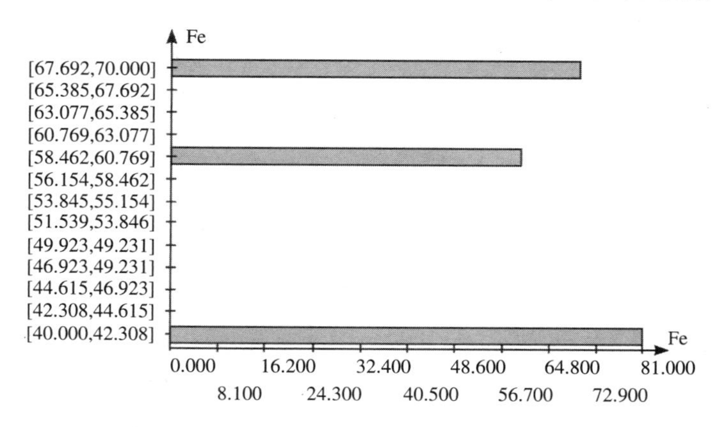

图 14-9　铁（Fe）的单属性统计横向直方图

从图 14-9 中可以看出：横向坐标表示的是含 Fe 的统计总和，纵坐标表示的是含 Fe 的范围，B1 区的含铁量是 40，B2 区的含铁量是 41，则在 40~42.308 的范围内，Fe 含量总和为 81。

（4）单属性累计频率统计：该统计与单属性累计统计类似，只是更进一步地计算出在某范围内所含的铁占所有铁总量的多少。如本例中，含铁总量是 211（40+41+60+70），则在 40~42.308 的范围内含铁量占总数的 0.38389，即（40+41）/211，占总数的 38.389%。故得到的统计图如图 14-10 所示。

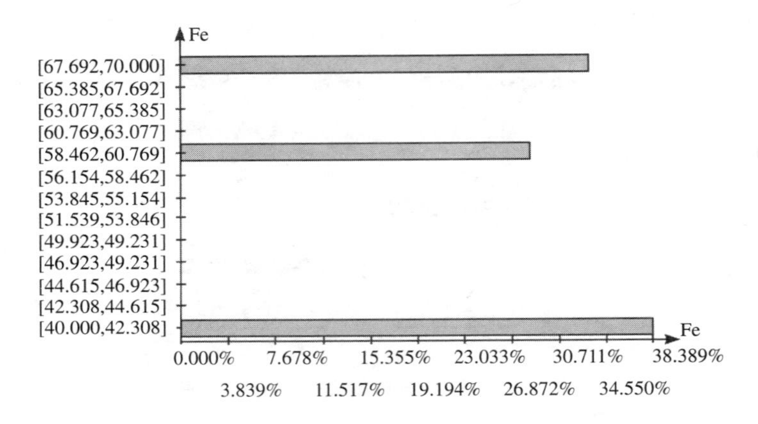

图 14-10　铁（Fe）单属性累计频率统计横向直方图

（5）单属性分类统计：该功能和单属性累计统计功能相似。在用户选定要进行分析的属性字段后，该属性字段的范围可以由用户自己指定，如图 14-11 所示。

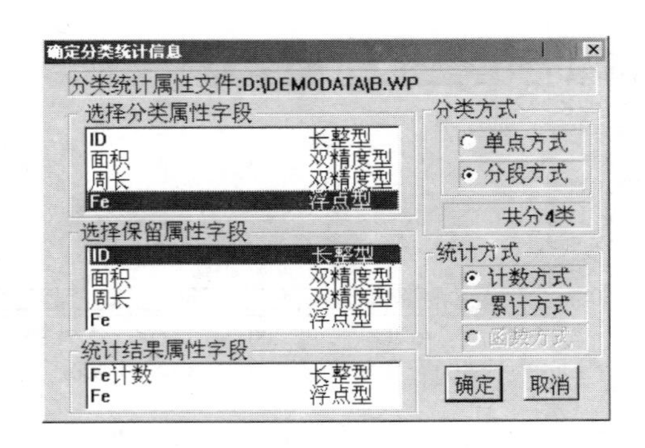

图 14-11　分类统计方式参数对话框

分类统计的参数设置具体可分为如下三步。

① 选择分类属性字段：分类属性字段可选择 ID、面积、周长、Fe 等数值型字段中的任意一个。在此，选择 Fe 为分类属性字段。

② 选择分类方式：分类方式有单点方式和分段方式两种。

默认情况下为单点方式。在单点分类方式下，只有所选分类属性字段的属性内容完全相同的图元才放到同一类，一般情况下，是一值一类。

在此，选择“分段方式”，选择后，系统会弹出图 14-12 所示的分段分类表。

在分类表中设置分类属性字段的分类范围时，先按“输入分类表”按钮，系统会弹出如图 14-13 所示的对话框，让用户输入分段范围中每个范围的起点值和结束值。在此根据含 Fe 量划分 3 个范围：40~43；43~65；65~75。第一个范围输入完毕后如图 14-13 所示。

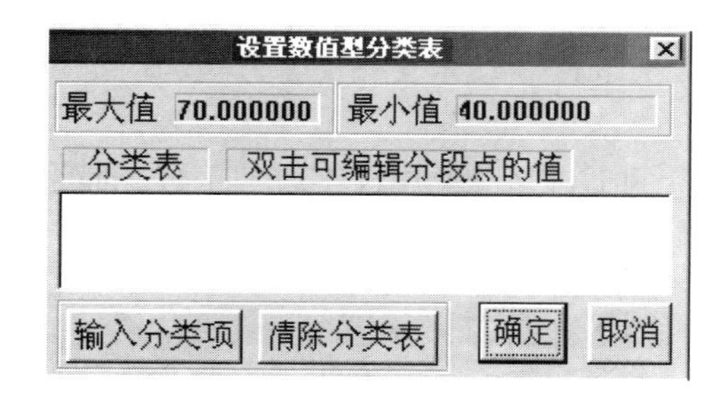

图 14-12　分类表参数设置框

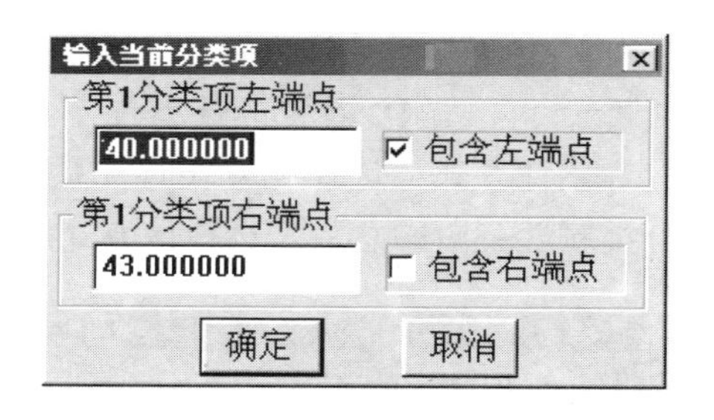

图 14-13　已输入分类范围的对话框

分类范围输入完毕后，按“确定”按钮，就可回到图 14-12 的分类表参数框，用同样的方法，可输入所有的分类范围，输入完毕后，如图 14-14 所示。

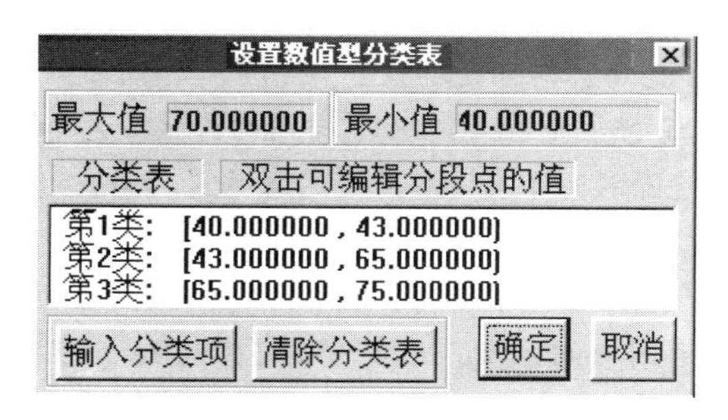

图 14-14　设置完毕的分类范围

按“确定”按钮后，系统会回到图 14-11 的分类统计参数对话框。在该对话框中继续以下的设置。

③ 选择保留属性字段：如果您需要将某一个或多个字段的属性统计内容在统计表中显示出来，那么就可以选择这些字段。在此，选择 ID 为保留字段。

④ 选择统计方式：统计方式有单点方式和累积方式两种。

单点方式：选择单点方式时，系统统计的是分类属性字段的个数。选择该方式后，按“确定”按钮，系统会自动绘出统计图和统计表。统计图很容易理解，所得到的统计表格如图 14-15 所示。

- 第一行第一列“Fe 计数”下面的内容含义：2 表示含铁量在 40~43 范围内的区个数有两个；40 表示在含铁量 40~43 范围的两个区中，最小的含铁量为 40；1 表示在这两个区中，其 ID 属性最小值为 1。
- 第二行 1 表示含铁量在 43~65 范围内的区个数有 1 个；60 表示含铁量在 43~65 范围内的区中，最小含铁量为 60；3 表示在含铁量为 43~65 范围内，其 ID 属性的最小值为 3。

累计方式：选择此方式时，系统统计的不再是分类属性字段的个数，而是分类属性字段的总数。选择该方式所得到的统计表格如图 14-16 所示。

浏览 HOHAMEO.TB

O结束 G转至... M屏蔽字段

序号	Fe计数	Fe	ID
1	2	40	1
2	1	60	3
3	1	70	4

图 14-15　单点方式时的分类统计表格

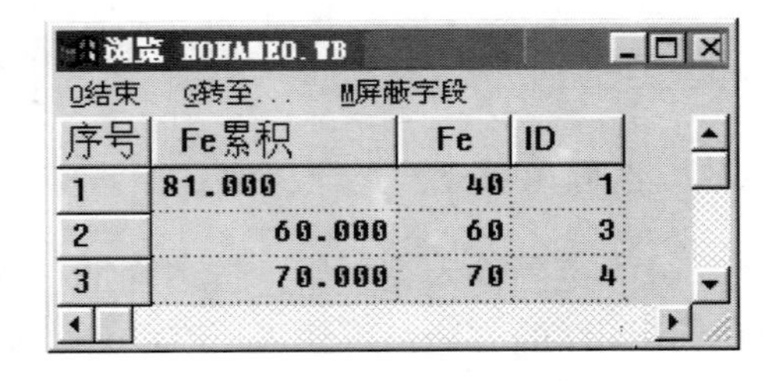
浏览 HOHAMEO.TB

O结束 G转至... M屏蔽字段

序号	Fe累积	Fe	ID
1	81.000	40	1
2	60.000	60	3
3	70.000	70	4

图 14-16　累计方式分类统计表格

- 第一行 81 表示含铁量在 40~43 范围内的含铁量总和为 81；40 表示在含铁量 40~43 范围的两个区中，最小的含铁量为 40；1 表示在这两个区中，其 ID 属性最小值为 1。
- 第二行 60 表示含铁量在 43~65 范围内的含铁量总和为 60；60 表示含铁量在 43~65 范围内的区中，最小含铁量为 60；3 表示在含铁量为 43~65 的范围内，其 ID 属性的最小值为 3。

（6）单属性初等函数变换，其参数对话框如图 14-17 所示。

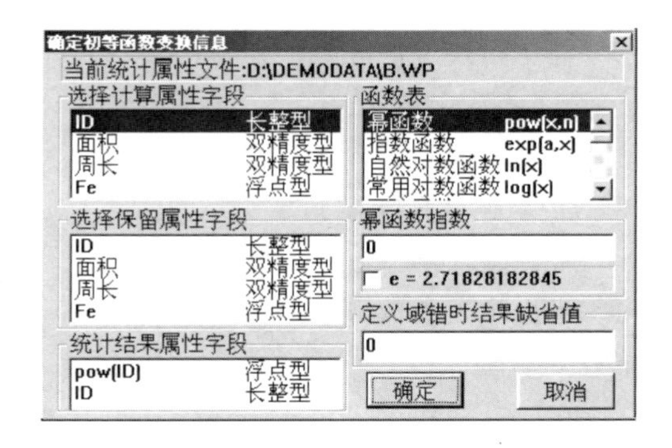

图 14-17　单属性基本初等函数变换参数设置框

该功能完成对数值型字段的基本初等函数变换，即对选定的初等函数，将属性字段作为函数自变量，将字段值依次代入初等函数，得到变换结果。例如某文件属性字段如下：标志码、面积、单位面积矿点数。若要计算 lg（单位面积矿点数），则先选择文件，再选择“单位面积矿点数”字段，然后选择常用对数为变换函数。对于某些变换，还需要输入定义域出错时的默认值，如常用对数 lg(x)。当 $x \leqslant 0$ 时，出现定义域错，此时系统用默认值作为变换结果。

注意：

在 MAPGIS 软件对话框中 log（x）即指常用对数函数 lg（x）。

选择完变换字段和变换函数后，若必要还需选择保留字段。变换信息完全确定后，选择确定，系统开始计算，并将结果存到表格缓冲区。

单属性基本初等变换函数包括：

幂函数　pow（x，n）　需要输入幂指数 n

指数函数　exp（a，x）　需要输入底数 a

自然对数函数　ln（x）

常用对数函数　lg（x）

正弦函数　sin（x）

余弦函数　cos（x）

正切函数　tg（x）

余切函数　ctg（x）

反正弦函数　arcsin（x）

反余弦函数　arccos（x）

反正切函数　arctg（x）

属性+常数　　　需要输入常数 n
属性−常数　　　需要输入常数 n
常数−属性　　　需要输入常数 n
属性×常数　　　需要输入常数 n
属性/常数　　　需要输入常数 n
常数/属性　　　需要输入常数 n
下列变换需要输入默认值：
自然对数函数　　ln（x）
常用对数函数　　lg（x）
属性/常数
常数/属性

14.2　D3M 分析

D3M 分析主要是利用已有的文本数据绘制各种地学图件，而且绘制图件的数据必须是网格数据，其流程图如图 14-18 所示。

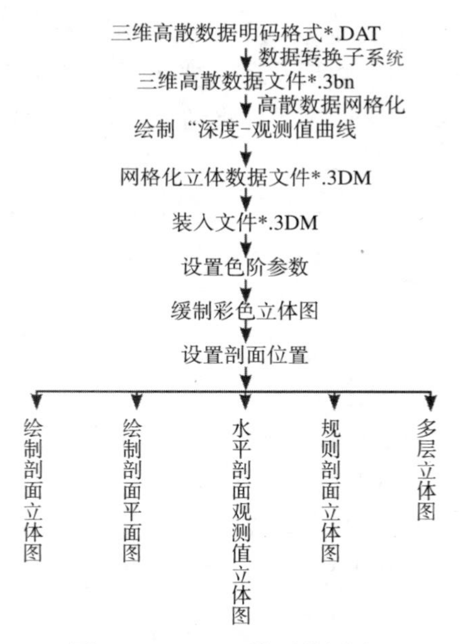

图 14-18　D3M 模型绘图流程

（1）根据流程图，组织 D3M 模型的绘图步骤。

（2）将*.DAT 格式的明码文件转换为三维离散数据文件*.3bn，该功能在“文件转换”子系统“数据转换”选单下。

（3）装入三维离散数据：在“空间分析”子系统中的“D3M 模型”选单下，选择“装入离散数据处理”后的“装入三维离散数据”。然后根据系统提示打开*.3bn 文件。

（4）绘制深度-观测值曲线：选择“装入离散数据处理”后的“绘制深度—观测值曲线”，系统会自动绘出该曲线。

（5）离散数据网格化：绘制出深度-观测值曲线后，“离散数据网格化”不再是灰色，而是被激活，这时可将离散数据*.3bn 转换为网格数据*.3DM。

（6）装入网格化立体数据文件：装入离散数据网格化后得到的*.3DM。

（7）设置彩色立体图的颜色参数：用于设置等值层的层面值和每层的颜色值。设置颜色参数有两种方法：装入色阶参数和设置色阶参数。一般情况下，系统没有色阶参数文件，故用户只需直接选择“设置色阶参数”选单直接生成颜色参数即可。

设置色阶参数有两种方法：自动设置和手动设置。对于一些专业数据，若等值层颜色与等值层层面值之间有专业上的对应要求（如地理物理等值线图，一般高值区用红颜色之类的暖色，低值类用蓝颜色类的冷色），则应采用手动方式设置色阶。

（8）绘制彩色立体图。

（9）设置剖面位置：根据自己需要设置不同剖面的剖面值。

（10）绘制剖面图。

问题

1. 如何进行区对区空间分析？
2. 如何进行缓冲区分析？
3. 如何进行 D3M 分析？

第 15 章　DTM 模型分析

本章要点：

随着计算机数字处理能力的提高，自动测量仪器的广泛使用以及制图技术的发展，一种全新的数字描述地理现象的方法日渐普及，这就是数字地域模型。

DTM 模型分析，提供 DTM 模型分析工具，包括 GRD 模型、TIN 模型分析及具体应用。

本章的主要内容有：

- ✧ 介绍 DTM 模型分析一些基本常识；
- ✧ 介绍 GRD 模型分析；
- ✧ 介绍 TIN 模型分析；
- ✧ 模型具体应用。

15.1　数字地面模型的基本知识

数字高程模型（Digital Elevation Model），简称 DEM，它是以数字的形式按一定的结构组织在一起，表示实际地形特征空间分布的数字定量模型。DEM 的核心就是地形表面特征点的三维坐标数据和一套对地表提供连续描述的算法。作为数字地球（DE）空间数据最基本的内容之一，数字高程模型在 GIS 及相关领域发挥着越来越重要的作用。

最基本的 DEM 模型是由一系列地面点的 x, y 坐标及与之相对应的高程 z 所组成，用数学函数式表达为：$Z=f(x, y)$。(x, y) 属于 DEM 所在的区域。此时的 DEM 模型称为数字地面模型（Digital Terrain Model），简称 DTM。这种数字形式的地形模型是为适应计算机处理而产生的，又为各种地形特征及专题属性的定量分析和不同类型专题图的自动绘制提供了基本数据。在专题图上，第三维不一定代表高程，而可以代表专题图的量测值，例如：地面温度、降水、地球磁力、重力、土地利用、土壤类型等地面特征信息。目前，DTM 已经成为 GIS 的重要组成部分，MAPGIS 的 DTM 分析就是从离散数据构造出相互连接的网络结构，以此作为地形的数字模型基础，然后利用计算机自动生成各类专业地学图件并进行各类专业分析。

15.1.1　DEM 数据基础

1．DEM 数据分布特征

由于数据观测方法和获取的途径不同，DEM 数据分布规律、数据特征有明显的差异，按其空间分布特征可分为：格网数据和离散数据。

格网数据：把 DEM 覆盖区划分为规则网格，每个网格大小和形状都相同，用相应矩阵元素的行列号来实现网格点的二维空间定位，第三维为网格点的特征值，可以是高程和属性，网格大小代表数据精度。

离散数据：由于受观测手段的限制，无法得到所有地理位置上的观测值，一般也不可能按规则网来获取数据，离散数据 DEM 的平面二维地理空间定位由不规则分布的离散样点平面坐标实现，第三维仍为高程和属性特征值。

由于规则格网 DEM 数据具有数据结构简单，便于管理等特点，所以在全国

范围内生产中小比例尺的 DEM，并应用于各种不同的专业领域的项目中，规则格网 DEM 被定为国家范围内的标准 DEM 数据。随机分布的离散样点数据通过数据内插可以形成规则格网 DEM 数据，这个过程称为随机栅格转换（Random-to-grid）。由于 TIN 可以适应各种数据分布，并能方便地处理断裂线、构造线、不连续的地表数据，所以通过增加特征点数据及对 TIN 进行优化，得到的 TIN 模型是快速准确形成 DEM 数据的一种方法。

2．DEM 的数据源

DEM 最主要的数据源是从现有地形图数字化、地面测量或解析航空摄影测量得到的数字线化图（DLG）获得。此外，声呐测量、雷达和扫描仪数据也可作为 DEM 的数据来源。

3．数据格式

*.DET：二维高程数据，格式有“不规则网高程数据”、“规则网高程数据文件”两种。（明码文件）它们可以调用本系统的文本编辑器进行编辑。下面是示例文件，如图 15-1、图 15-2 所示。

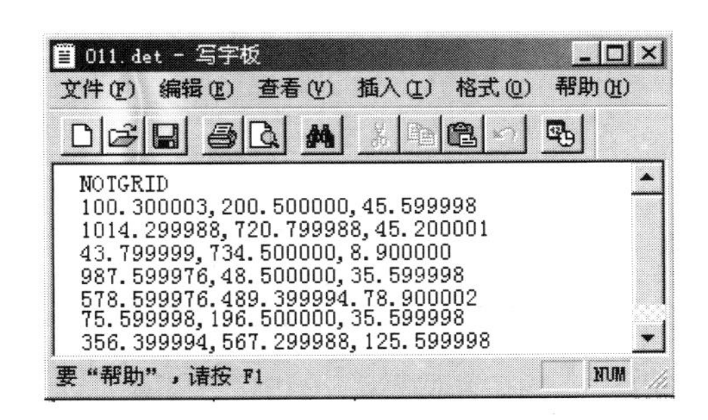

图 15-1　不规则网高程数据格式

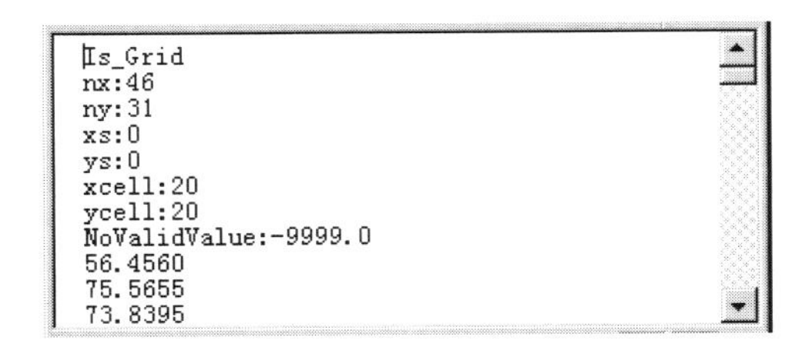

图 15-2　规则网高程数据格式

*.TIN：三角剖分高程数据（二进制文件）。
*.GRD：规则格网高程数据（二进制文件）。
*.BDM：底图库用高程文件。
*.BMP：位图文件。
*.RAW：MAPGIS 系统图像原格式文件。

15.2 数字地面模型（DTM）的主选单

在系统主界面上选中“空间分析”/“DTM 分析”功能项后，系统即弹出“数字地面模型（DTM）子系统”的主选单，如图 15-3 所示。

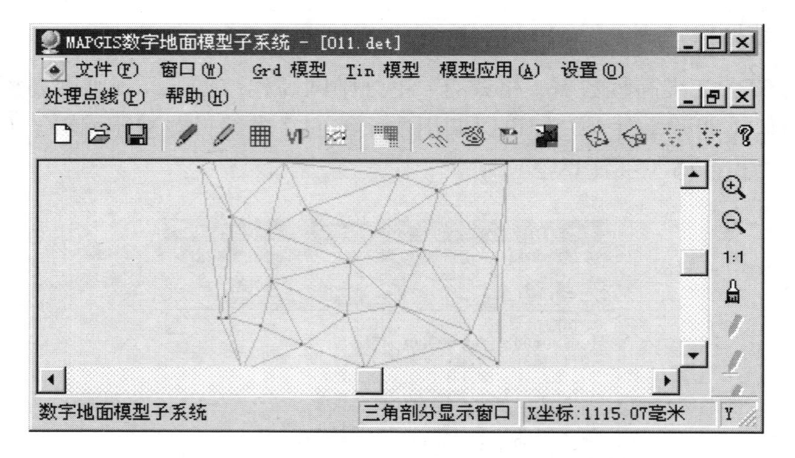

图 15-3 数字地面模型（DTM）子系统主选单

15.2.1 文件

三角剖分文件的装入、存储如图 15-4 所示。
点、线、区数据的装入、存储如图 15-5 所示。
输出高程数据如图 15-6 所示。

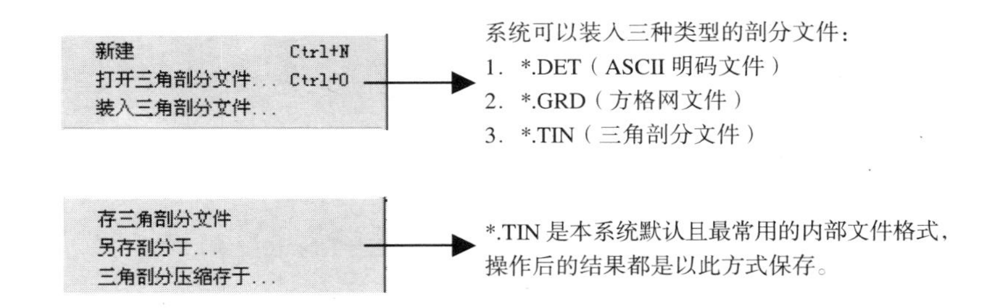

图 15-4　三角剖分文件的装入、存储示意图

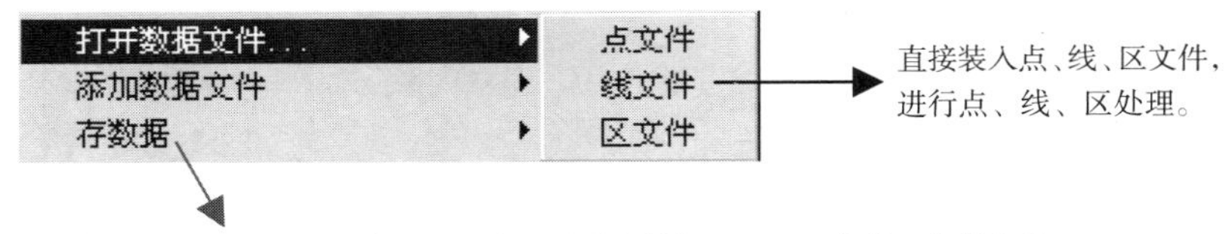

图 15-5　点、线、区数据的装入、存储示意图

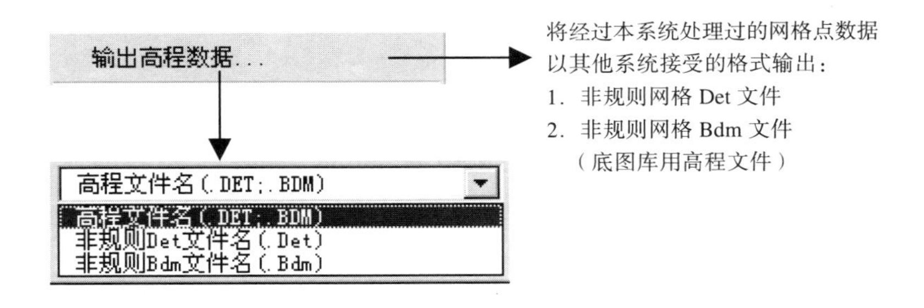

图 15-6　输出高程数据示意图

15.2.2　设置

数字地面模型（DTM）子系统主选单如图 15-7 所示。

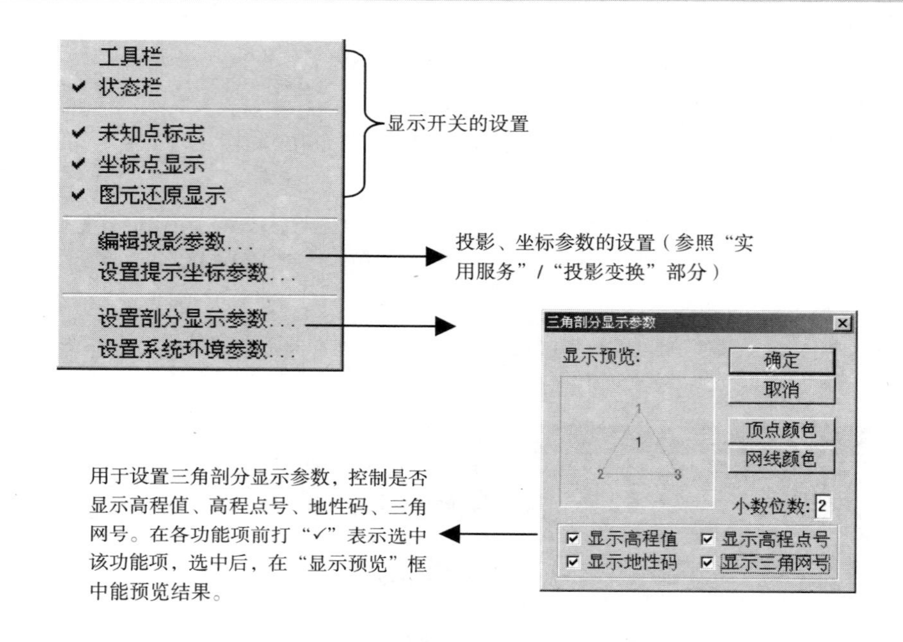

图 15-7　数字地面模型（DTM）子系统主选单

15.2.3　帮助

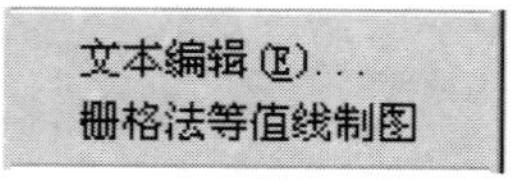

文本编辑(E)...
栅格法等值线制图

图 15-8　帮助菜单

文本编辑：调用 Windows 中的“写字板”编辑 ASCII 明码文件（例如：*.Det, *.Dat），如图 15-8 所示。

栅格法等值线制图：利用经过本系统处理得到的方格网数据文件（*.GRD）绘制平面等值线图（详见 15.3 节），如图 15-8 所示。

15.3　GRD 模型

在 GRD 模型中，可以对输入的离散数据进行显示、交互式修改、离散数据网格化、稀疏网格插密、绘制各种图件等。在 GRD 模型中，除交互式修改、离散数据网格化可对非规则网格数据进行操作以外，其余的都只能对已网格化的

数据进行操作。如果当前数据格式不正确，系统会拒绝执行。

15.3.1　数据信息的显示和交互式修改

1. 高层信息显示

高程数据信息的显示和交互式修改如图 15-9 所示。

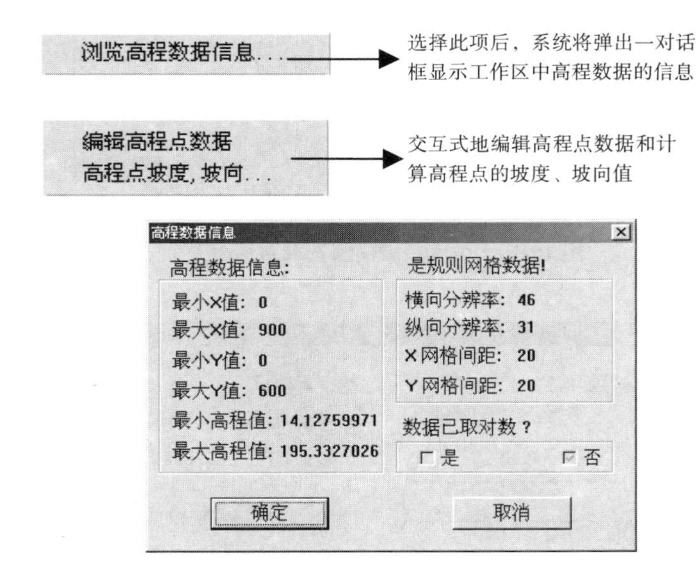

图 15-9　高程信息对话框

以计算高程点的坡度、坡向值为例，数据信息的显示和交互式修改步骤如下。

第一步：装入三角剖分文件，必须是规则网文件。

第二步：选中“GRD 模型”/“高程点坡度、坡向”功能项后，鼠标变为铅笔状，用户即可用鼠标在工作区中直接点取高程点，如图 15-10 所示。

第三步：选取某一高程点后，系统即弹出对话框，如图 15-11 所示，显示选取点的坡度、坡向信息。

注意：

● 用户也可直接在“给定点坐标”对话框中直接给定高程点的 x、y 坐标值，再按“计算”按钮，即可计算出给定点的坡度、坡向值。

- “编辑高程点数据”操作的对象可以是规则网文件，也可以是非规则网文件，而“高程点坡度、坡向”操作的对象必须是规则网文件。

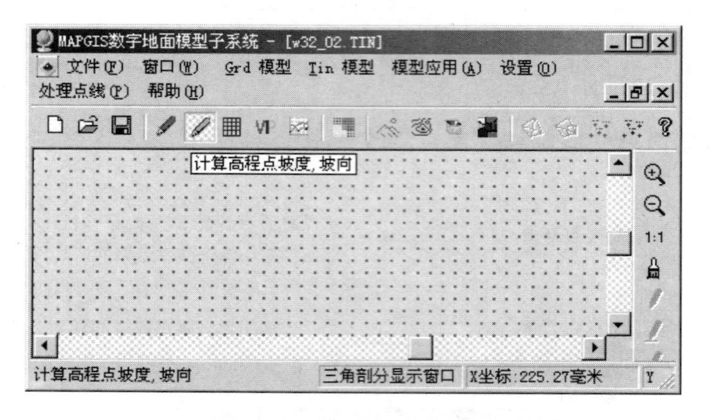

图 15-10 坡度、坡向值选取对话框

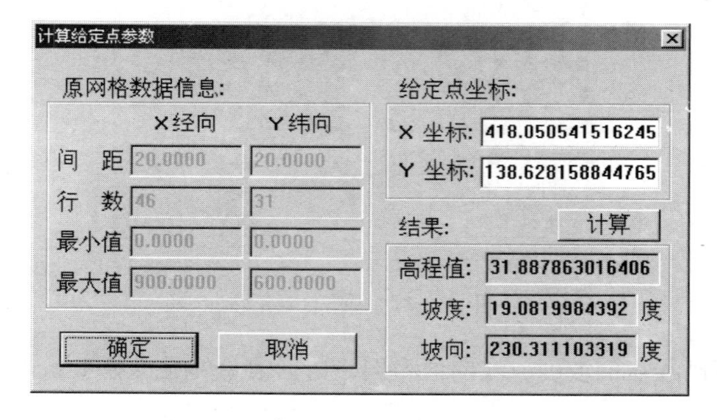

图 15-11 计算给定高程点的坡度、坡向值

2. 局部数据提取

局部数据提取示意图如图 15-12 所示。

第一步：选取“GRD 模型”/“局部数据提取”功能项后，在工作区中按住鼠标左键拖取矩形提取框。

第二步：选取好矩形提取框后，松开鼠标左键，系统弹出对话框，如图 15-13

所示，提示用户确定选取的矩形提取区域。

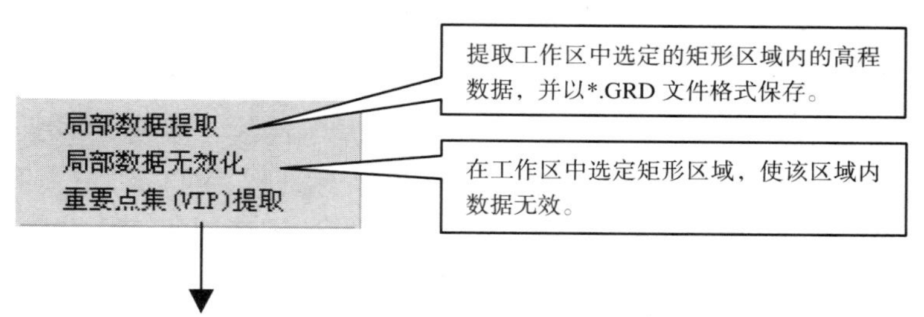

图 15-12　局部数据提取示意图

校准局部GRD数据提取区域...

原始坐标范围		实际坐标范围	
X最小值：	194.94584837	X最小值：	194.94584837
X最大值：	747.29241877	X最大值：	747.29241877
Y最小值：	138.62815884	Y最小值：	138.62815884
Y最大值：	543.68231046	Y最大值：	543.68231046

确认　　取消

图 15-13　校准局部 GRD 数据提取区域

第三步：确定好矩形提取区域后，按“确定”按钮，系统提示输入提取的区域数据的保存文件名，如图 15-14 所示。

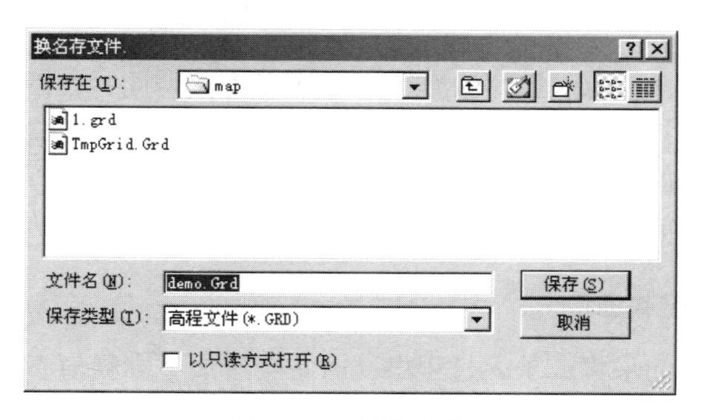

图 15-14　保存文件

3. 重要点集（VIP）提取

许多理论和实践已经证明，特征数据，例如断裂线、构造线等，对于保证DEM数据的精度是非常重要的，但是在地图制图过程中，大多数的特征数据被综合在等高线内，所以在地图上能获得的仅仅是等高线，以及一些少量的地形高程注记点。基于这样的数据，TIN模型很难表达地形特征的细节，例如山顶、山脊、山谷和鞍部。为了解决这个问题，系统设计了特别的算法来自动提取特征点，以保证DEM数据的质量。操作步骤：选中“GRD模型”/“重要点集（VIP）提取”功能项后，系统弹出对话框，如图15-15所示。

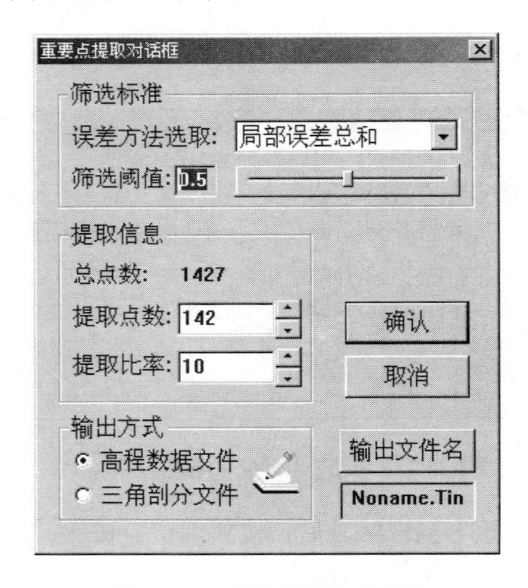

图 15-15　重要点提取对话框

用户可以选择筛选点集的标准，共有4种方法。同时，用户可以设置适当的阈值，输入要提取的重要点数或其占总点数的比例，并指定输出的文件类型和文件名，按“确认”后，系统即按规则提取模型中的鞍点、峰点、脊点、谷点等重要点集数据，并将提取的重要点集保存到指定的文件中。

4. 未知点控制插值

在高程数据的采集或录入过程中，时常会有一些高程值不确定的点，称之为“未知点”。对于此类高程点，系统采用两种方式确定它们的高程值，如图15-16

所示。全部未知点邻域均插化法，以未知数据点周围已知的高程值均插出未知点的高程值。指定搜索半径和有效象限数，对满足条件的部分未知点加权插值。

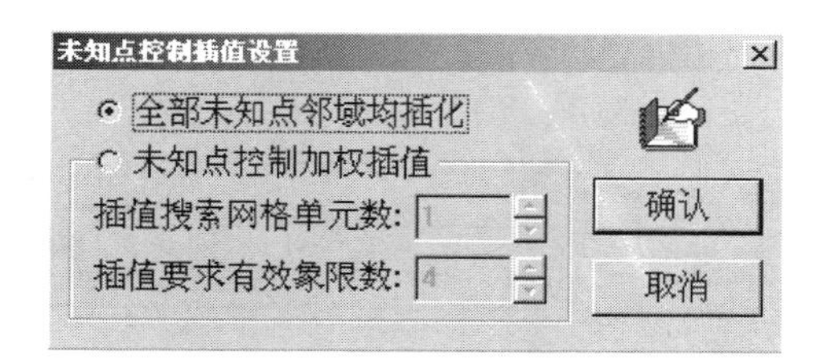

图 15-16　未知点控制插值设置对话框

5. 有效点滤波处理

在高程数据处理中，有时需要将未知点群中的孤立有效点变为未知点，以方便处理。本操作正是为满足这种需要而设的。参数设置请参考“未知点控制加权插值”。

15.3.2　高程数据预处理

GRD 模型分析是建立在网格化的数据基础之上，故对于非网格化数据必须先进行网格化才能进行有关分析。MAPGIS 系统提供了多种网格化处理的方法，下面将逐一进行介绍。

1. 数据网格化

数据网格化选单如图 15-17 所示。

离散数据网格化...
多波束数据网格化...

图 15-17　数据网格化选单

2. 离散数据网格化

第一步：选中“DTM 模型”/“离散数据网格化”选单项后，系统弹出对话框，如图 15-18 所示，提示用户选取需要进行网格化的高程文件。

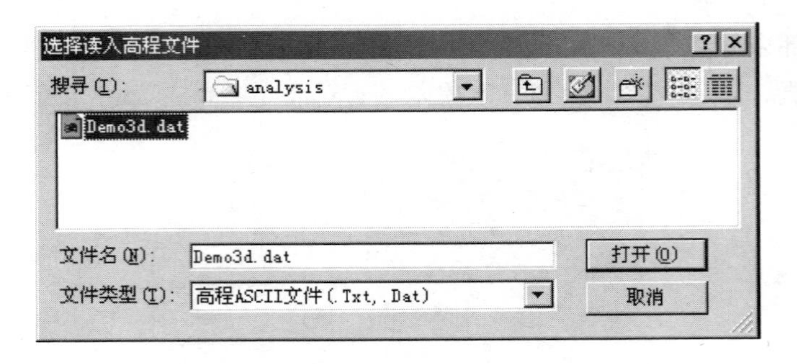

图 15-18　选择读入高程文件

第二步：选定待转换的文件，按“打开”键，弹出对话框，如图 15-19 所示。

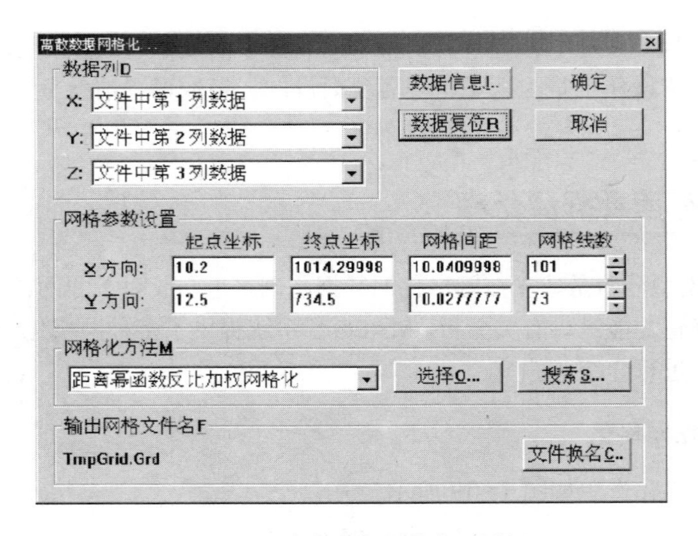

图 15-19　离散数据网格化对话框

（1）显示给定数据列的数据信息：在 x, y, z 中选定参与统计的数据列，按“数据信息”键，弹出统计信息显示框，如图 15-20 所示。

（2）网格化范围的设置：对话框中显示了原始数据在 *X*-*Y* 平面上的范围，用户如果需要扩大或缩小该范围，可以修改该选项中 *X*, *Y* 的起始坐标。

（3）网格稀疏度的设置：通过调整网格间距，可以调整网格的稀疏程度（这里，系统要求网格线数必须大于 1）。

数据统计信息显示框

	X	Y	Z
元素个数:	27	27	27
最小值:	8.9	10.2	12.5
最大值:	199.	1014.3	734.5
平均值:	62.4222	507.5815	373.0741
变差值:	1732.2521	109333.7118	61853.5557
标准变差	41.6203	330.6565	248.7038

图 15-20　数据统计信息显示框

（4）网格化方法的选择：系统提供了 4 种网格化方法，各种方法的含义及其参数的设置，建议用户使用系统的默认设置。

选择好网格化方法后，用户还需设置该方法的参数。按“选择”键，系统弹出对话框，如图 15-21 所示。

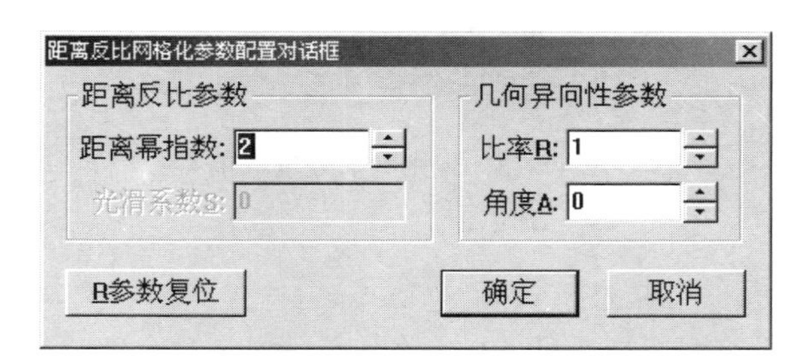

图 15-21　距离反比网格化参数配置对话框

按“搜索”键，系统弹出对话框，如图 15-22 所示。

网格化点搜索配置对话框
搜索类型
所有点D
简单搜索S
四方向Q
八方向O
搜索规则
每搜索方向点数: 24
有效最少数据点数: 5
最大空方向允许数: 1
搜索参数
搜索圆半径R: 244.5959
Reset
确定
取消

图 15-22　网格化点搜索配置对话框

（5）结果文件的保存。

第三步：做好以上选择之后按“确定”键，系统开始对原始数据进行网格化，并以用户输入的文件名保存网格化后的结果。

3．多波束数据网格化

多波束数据网格化适用于由声纳仪采集的、比较稠密的数据。对此类数据的网格化处理实际上是一种抽稀处理，但又不同于“稀疏网格插密”操作。操作方式与一般数据的网格化类似。

4．规则网的处理

规则网的处理选单如图 15-23 所示。

规则网拼接...
规则网数学计算...
函数生成GRD数据...

图 15-23　规则网的处理选单

5．规则网拼接

规则网拼接是将两个较小的 GRD 数据通过指定重合部分合并方式，拼为一个较大的 GRD 数据。使用时，用户先指定待拼接的两个规则网文件、精度选择以及插值方式，然后点取“整体调平”进行重合点信息统计。此步骤可以反复进行，直至重合点信息达到用户满意的精度为止。用户在指定重合点处理方式、调平方式后，点取“完成”即可。此时，点取“保存差值文件”可查看重合点信息并保存；点取“拼接结果保存”保存拼接后的结果，界面如图 15-24 所示。

6．规则网数学计算

规则网数学计算是将两个规则的区域一致、分辨率相同的高程数据进行数学计算，计算函数包括加、减、乘、除、平方、平方根、幂等，还可以利用 IF 条件语句，例如 IF（计算条件、真、假），界面如图 15-25 所示。

7．函数生成 GRD 数据

生成 GRD 数据有多种方式，可以通过本系统从等值线提取高程点，也可以通过其它的系统转换而来等，并且还可以函数生成 GRD 数据。至于函数，可以由用户根据需要自定义为曲面函数，如图 15-26 所示。

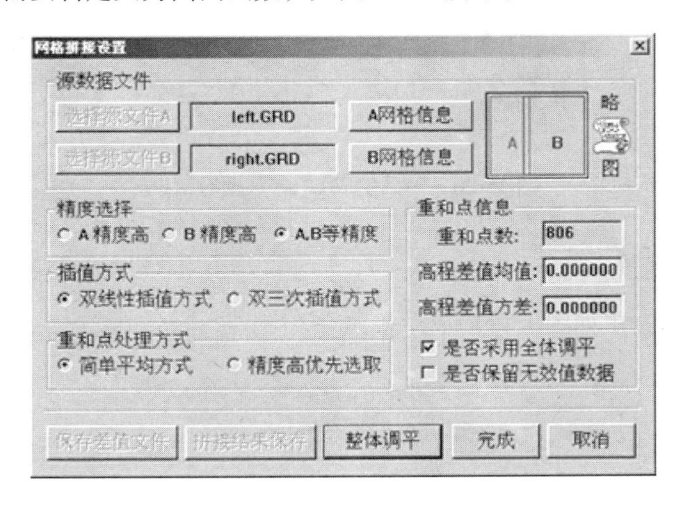

图 15-24　网格拼接设置对话框

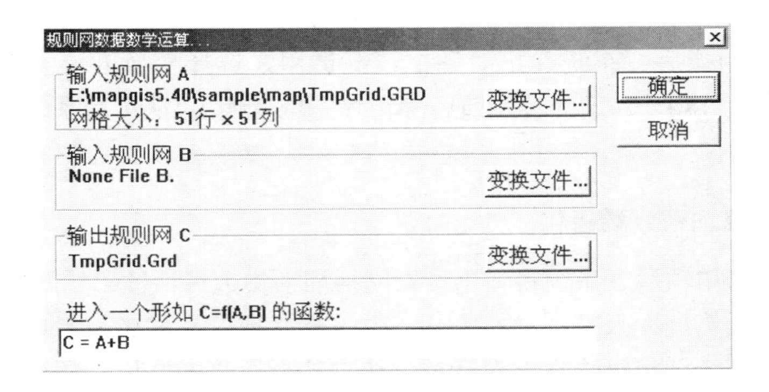

图 15-25　规则网数学计算设置对话框

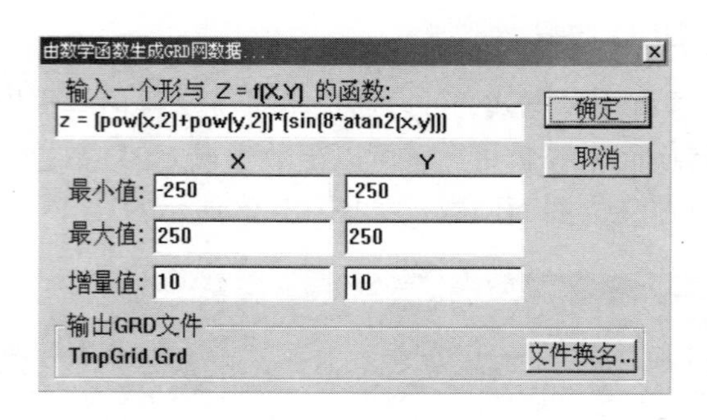

图 15-26　函数生成 GRD 数据对话框

8. 网格变换

网格变换选单如图 15-27 所示。

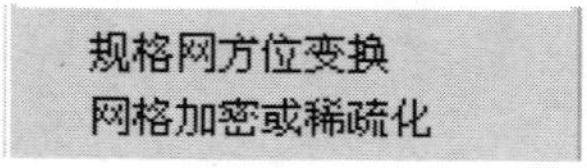

规格网方位变换
网格加密或稀疏化

图 15-27　网格变换选单

9. 规格网方位变换

选择此功能后，系统弹出对话框，提请用户选择变换方位（系统允许初始网格的 90°, 180°, 270°旋转及前后翻转等方位变换），认可后系统即实现方位变换。

10. 网格加密或稀疏化

选择本选单项后，系统将弹出设置网格插密参数对话框，如图 15-28 所示。用户应输入插密间距及选择插密方式，并选择生成的文件名。当选择生成文件名按钮后，系统弹出标准文件对话框。用户选择适当的文件及后缀保存文件即可退回本对话框，然后选择 OK 按钮，即可开始插密操作。需要注意的是：在文件对话框中，系统允许两种文件方式。其一是空间分析系统中使用的 2DM；另一为 GRD 文件。

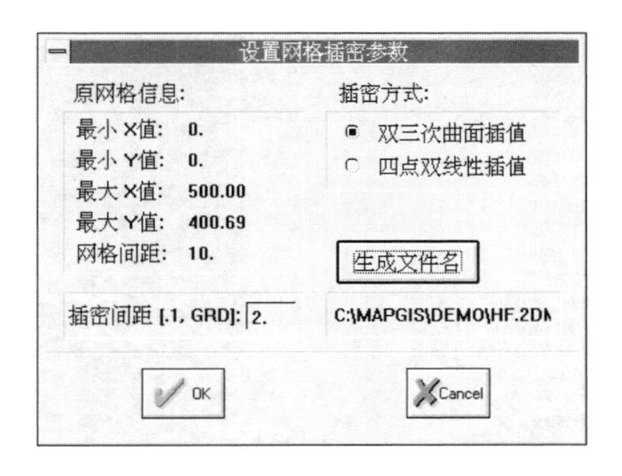

图 15-28　网格插密参数设置对话框

15.3.3　GRD 模型分析

规则网沟脊提取分析：该功能用于提取地面高程模型中的沟谷及山脊，用于地貌、汇水等分析。此功能先对原始稀疏数据加密，然后提取模型中的沟谷及山脊，并将结果数据以“.BMP”或“.GRD”（其高程信息为提取的沟脊系数）格式保存到用户指定的文件中，供制图或分析时使用。该功能提供数据投影转换功能。

格网日照晕渲图绘制：该功能用于制作地面模型的日照晕渲图。此功能先对原始稀疏数据加密，然后计算各单元的日照参量，并将结果数据以“.BMP”或“.GRD”（其高程信息为计算日照参量）格式保存到用户指定的文件中，供制图或分析时使用。该功能提供数据投影转换功能。

格网坡向图绘制：该功能用于制作地面模型的坡向图。此功能提供了两种分类方式供用户选择，一种是传统的 9 级坡向分类（请参考相关书籍）；另一种是用户自定义的分类方式，允许用户修改分级数目、每级的上下限值。默认的分级方式是 9 级。点取选单项目，将弹出如图 15-29 所示对话框。

用户可选择输出结果是否光滑，是否进行滤波处理（指的是小范围的区域是否归并到周围的大范围区域中）。用户在修改完某一级的上下限值后，点取“应用”按钮将引起分类信息的更新显示。用户确认后，坡向图将保存为 MAPGIS 的点线面文件中，供制图或分析时使用。

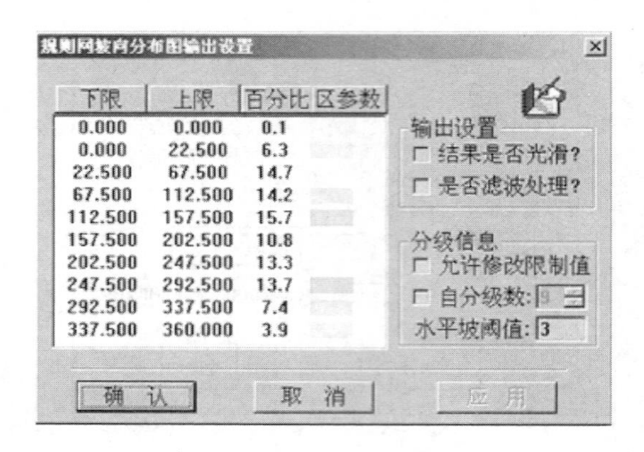

图 15-29 格网坡向图输出设置对话框

坡度、坡向、粗糙度分析：该功能用于作地面模型的坡度、坡向、粗糙度分析。此功能先对原始稀疏数据加密，然后计算各单元的坡度、坡向或粗糙度，并将结果数据以“.BMP”或“.GRD”（其高程信息为高程点的坡度、坡向或粗糙度）格式保存到用户指定的文件中，供制图或分析时使用。用户如果想绘制坡度图，可以先用此功能产生坡度 GRD 文件，然后运用“平面等值线图绘制”功能就可以制坡度图了。

15.3.4 图件绘制

GRD 模型中的图件绘制分析提供“网格立体图绘制”、“平面等值线图绘制”及“彩色等值立体图绘制”三大功能，它们都只能处理网格化的数据。值得注意的是以上三大功能在系统的工作区中未装入网格化的数据或者将装入非网格化高程数据时，系统会弹出标准的文件名输入对话框，提请用户选择“*.GRD”处理。

网格立体图绘制：选中本选单后，弹出规则网格立体图绘制对话框，选好相关设置项后即可绘制出相应的立体图，如需保存所绘图形，可选文件选单中的相关项保存为 MAPGIS 的点线面文件供将来处理。

平面等值线图绘制：选中本选单项后，系统弹出平面等值线图绘制对话框如图 15-30 所示。

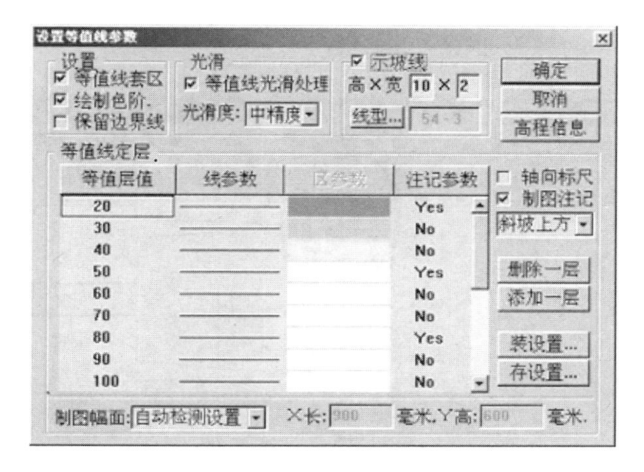

图 15-30　设置等值线参数

用户通过选择“等值线套区”选项设置生成等值线图时实现区域套色，按在等值线给定层中的各项参数来制等值线区域图；可由“等值线光滑处理”设置所追踪的等值线是否要光滑，同时可设置光滑级别（低、中、高），可选择绘制“示坡线”，可选择“制图标记”，并选择“标记方向”。

“制图幅面”方便用户完成数据的坐标转换；对话框中的“删除一层”选项用于删除当前等值线层；“添加一层”用于添加一待追踪的等值层。

“装设置...”与“存设置...”用于装入或保存已有的用于等值图追踪的设置。

彩色等值立体图绘制：选中本选单项后，系统弹出规则网等值立体图绘制对话框，选好相关设置项后即可绘制出相应的立体图和等值线图。本功能将等值线图与立体图结合在一起，效果较好。选择等值图设置即得到与等值图一致的上顶层平面等值图。

15.4　TIN 模型

TIN 模型，实质上是将原始数据点按一定规则分解成三角形剖分，然后在此基础上追踪出等值线图或进行其他分析。与 GRD 模型相比，其最大好处是不必先对原始离散数据进行网格化处理，而是直接对非网格化数据或网格化数据进行等值线追踪或分析。主要功能有：生成三角剖分网、编辑三角剖分网、三

角剖分网分析。它的界面如图 15-31 所示。

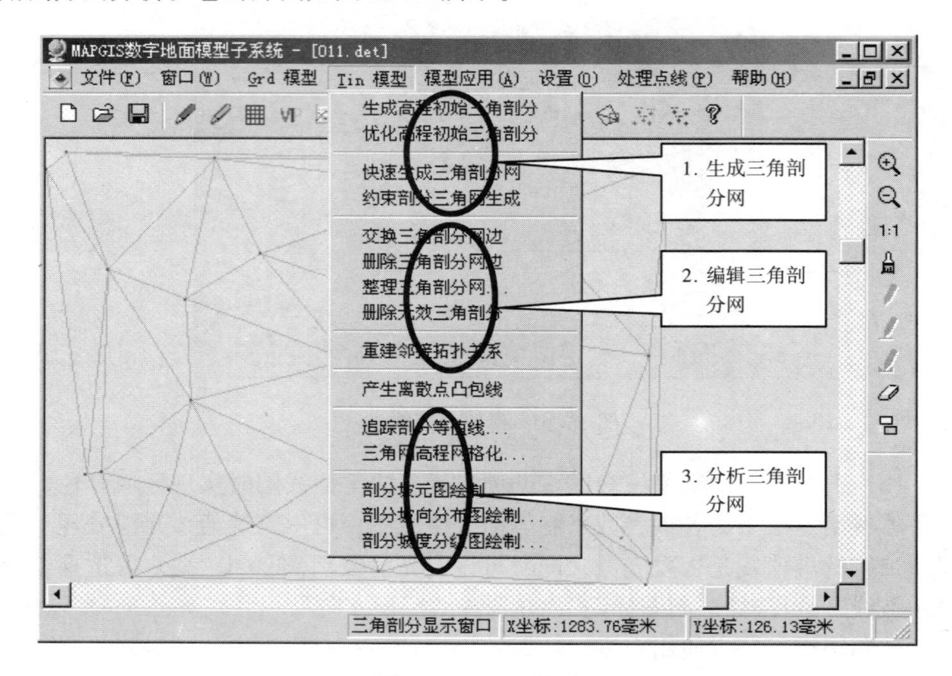

图 15-31　TIN 模型

使用步骤如下：

- 在“文件”选单，装入 TIN 数据或 DET 数据；
- 生成三角剖分网；
- 编辑三角剖分网；
- 三角剖分网分析，对三角网分析结果进行处理。

15.4.1　生成三角剖分网

生成三角剖分网包括：生成初始三角剖分网，再优化三角剖分网，直接生成三角剖分网，生成约束三角剖分网。

“生成初始三角剖分网”，再“优化三角剖分网”：这是一种常用的模式，它将生成三角剖分网分为二步操作。激活“生成初始三角剖分网”时，系统要求输入构造三角剖分网判别系数，界面如图 15-32 所示。

输入系数，按“确定”键，初始三角剖分网生成。再选择“优化三角剖分网”，系统自动处理，处理完成后，三角剖分网生成，便可进入编辑三角剖分网步骤。

直接生成三角剖分网：将上述两个功能结合起来，直接生成优化过的三角剖分网，简化用户操作步骤。

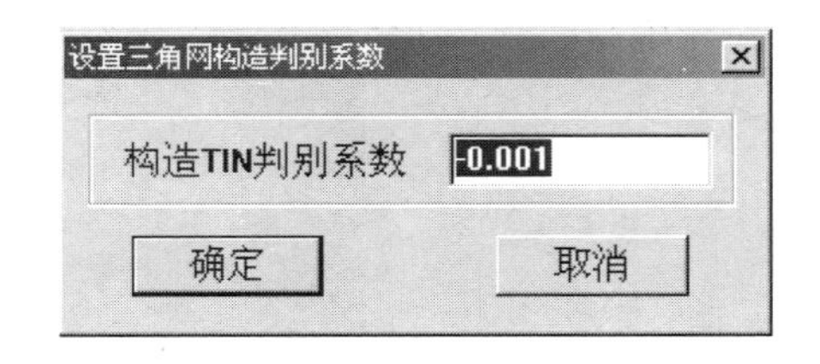

图 15-32　设置三角网构造判别系数

生成约束三角剖分网：约束三角剖分网是在指定了“约束特征码”的等值线基础上，通过对等值线数据进行“线数据高程点提取”后，对这些离散高程点建立的三角剖分网。在三角网的建立过程中，三角形的建立应考虑到地性线的骨架作用。例如：连接沟谷线两端的高程点所建立的三角形将会“架空”于沟谷上，这与实际情况是不符的。因此，通过指定这些地性线的“约束特征码”，在建立三角网时就会避免上述情况的发生。它的操作步骤如下。

- 打开一个等值线文件，增加短整型“约束特征码”字段。每条线的“约束特征码”赋值应遵循：0 --->普通边界，1 --->外边界（取其内部三角形），2 --->内边界（取其外部三角形），3 ---> 类似沟谷、山脊、断层等特征约束线。
- 对等值线数据进行“线数据高程点提取”操作。
- 对提取的高程点数据进行“生成约束三角剖分网”。

15.4.2　编辑三角剖分网

在三角剖分网建好以后，用户可能要对其中一些不合理的三角网进行手工调整，下面开始介绍编辑功能和步骤。

交换三角剖分网边：选中本选单项后，用户可以用鼠标选取任一条三角形边，如果共此边的两个三角形组成的四边形不是凹多边形，那么该三角边将被调整为多边形的另一对角边。

删除三角剖分网边：选中本选单项后，用户可以用鼠标选取单条三角形边进行删除；也可以用鼠标拉出一个矩形区域，删除区域内的部分三角网边。注意：当需要保存时，应选择“压缩”存储方式。

整理三角剖分网：该功能是删除三角网边缘的一些满足条件的狭长三角形。选中本选单项后，系统将弹出图 15-33 的对话框。确认后，系统即进行整理工作。

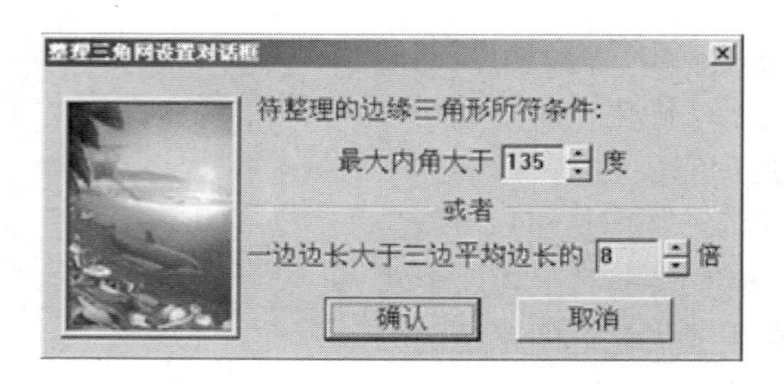

图 15-33　整理三角剖分设置对话框

删除无效三角形：无效三角形是指三角形的三个顶点中至少有一个点是“未知点”。选中本选单项后，系统即进行删除工作。若当前三角网中没有无效三角形，则系统会提示用户。

重建邻接拓扑关系：在进行本操作前必须先执行有关的三角剖分操作，选中选单即可进行本操作。事实上，该功能是对已建的三角剖分重建邻接拓扑关系。

15.4.3　剖分分析

三角剖分网建立，并经过编辑调整后，便可开始进行剖分分析了。剖分分析包括：产生离散散点凸包线、追踪剖分等值线、三角网高程网格化、剖分坡元图绘制、剖分坡向分布图绘制、剖分坡度分级图绘制。

产生离散点凸包线：数据点凸包线是指整个三角网的最小外边界线。选中本选单项后，结果将存放在 MAPGIS 线文件中，如图 15-34 所示。

追踪剖分等值线：根据三角剖分网数据，完成有关的等值线图形绘制。具体操作时，选中该选单项，系统将弹出等值线绘制参数设置对话框，如图 15-35 所示。

用户设置认可后，系统基于工作区中的三角剖分数据绘制等值线、区图，如图 15-36 所示。

三角网内插网格化：直接从三角网数据生成规则网 GRD 数据。在本系统中，用户除了可以用“等值线高程栅格化”来完成等值线数据到规则网 GRD 数据的转换外，还可以用本功能完成从三角网数据到规则网 GRD 数据的转换。

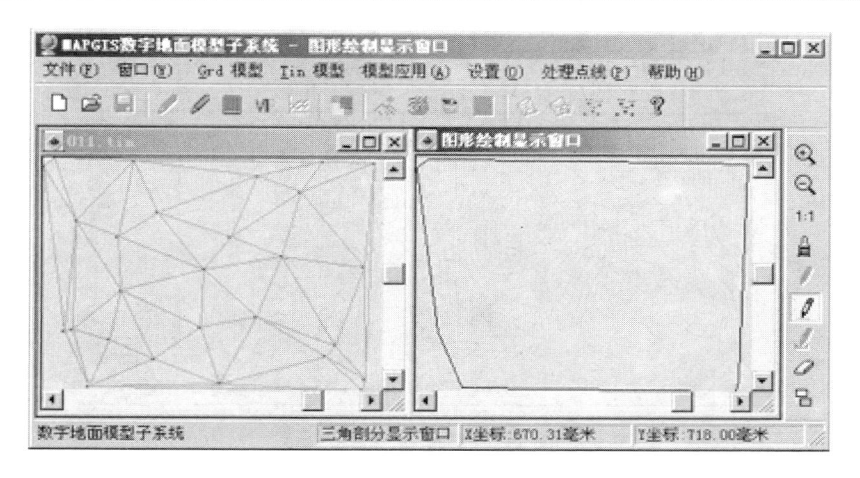

图 15-34　生成的凸包线

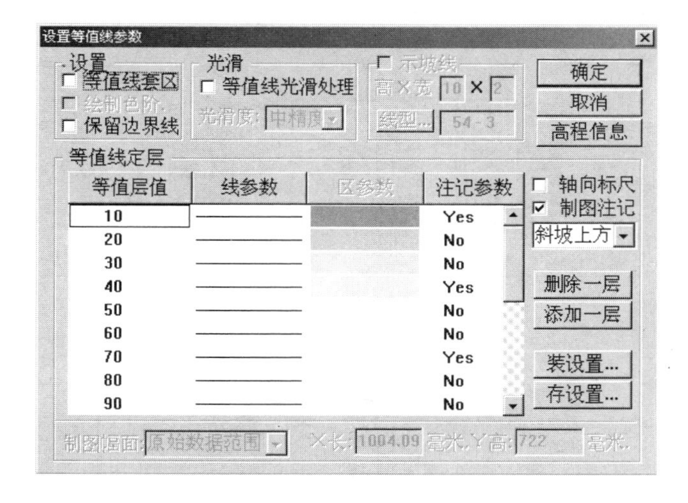

图 15-35　设置等值线参数

剖分坡元图绘制：坡元是 DTM 数据组织的另外一种空间多边形结构，在坡元内有“一致”的坡度和坡向。系统先按坡向对数据进行分级，形成坡面，然后在每级坡向中又按坡度进行再分。用户可以调整每级坡向中坡度的分级情况（参考坡度分级图中的说明）。激活“剖分坡元图绘制”，系统要求设置坡元图绘制信息，界面如图 15-37 所示。

设置好参数，按“确定”键，系统自动绘制坡向图，如图 15-38 所示。

图 15-36　等值线套区图

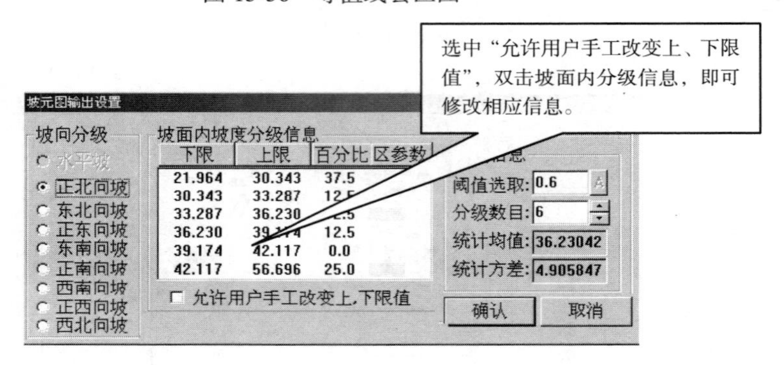

图 15-37　坡元图输出设置

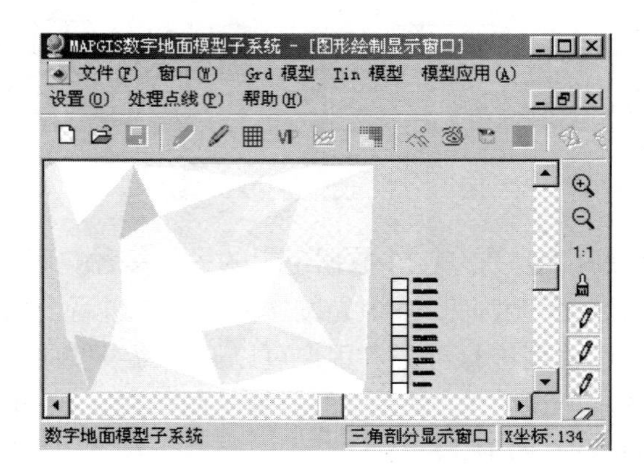

图 15-38　坡元图形绘制窗口

剖分坡向分布图绘制：坡向是描述地形特征的一个因子。前面“GRD 模型”中的“格网坡向图绘制”是专门针对规则网数据的，而本功能则偏重于“TIN 模型”。这里，坡向按固定的 9 类分级方式，即：东、南、西、北、东北、西北、东南、西南、平坡。用户可以调整平坡的坡度阈值，改变其分类。“确认”后，输出坡向分级图至 MAPGIS 区文件保存。

剖分坡度分级图绘制：坡度也是描述地形特征的一个因子。该功能在对原始数据坡度统计分类的基础上，输出坡度分级图至 MAPGIS 区文件保存。坡度分级设置对话框如图 15-39 所示。

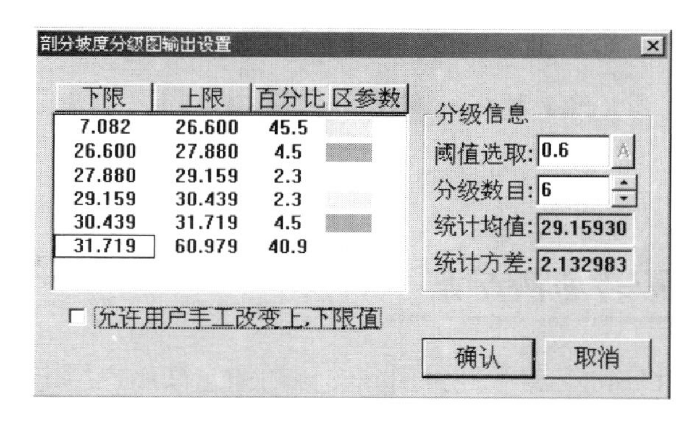

图 15-39　剖分坡度分级图输出设置

用户可以按系统默认的统计分级方式进行坡度分级。这时，用户通过修改阈值（0 到 1 之间）、调整分级数目来改变分级信息。用户也可以通过调整分级数目、修改上下限的值来自定义分级方式。“确认”后，即输出坡度分级图。

15.5　模型应用

模型应用，指的是 DTM 模型（包括 GRD 模型及 TIN 模型）在实际生活中的应用。它主要应用：蓄积量/表面积计算、高程剖面分析、生成剖分泰森多边形和分类泰森多边形、高程点标注制图和高程点分类标注制图、平面数据展布标注制图和平面数据展布分类标注制图等。它的界面如图 15-40 所示。

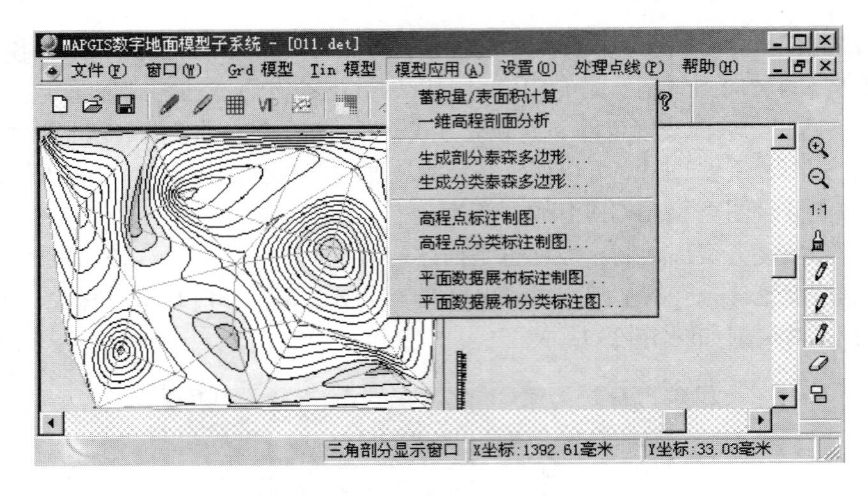

图 15-40 模型应用主界面

15.5.1 蓄积量/表面积计算

土方量计算在实际工程中经常用到，该功能允许用户指定平面上的一块区域或从 MAPGIS 区工作区中选取一块区域，计算该区域的水平面积、地表面积。在指定计算高程后，可计算开挖、填充土方量及总土方运输量等。用户在装入规则网数据或三角网数据以后，点取该选单项，会出现如图 15-41 所示对话框。用户可以通过鼠标在原数据范围上指定计算区域多边形，按鼠标右键结束输入（注意不要输入自相交多边形）。若选取“键盘校验点坐标”，则鼠标每加入一个点时，会弹出坐标点校验对话框。用户也可以从 MAPGIS 区文件中选出一个区实体。

若选取“计算整个区域”，将原始数据范围作为计算对象。用户确认后，将计算指定区域的水平面积、地表面积，并弹出如图 15-41 所示对话框。若用户未指定任何高程数据文件，系统将提示选择“GRD”文件，并以整个区域作为计算对象。用户输入“计算用高程”和“物质密度”后，点取“蓄积量计算”即开始计算。进度条指示完毕后，计算信息将显示在图 15-42 上。

注意：

当对含有“未知点”的规则网数据进行计算时，系统还会计算含这些“未知点”的“无效区水平面积”。应注意此时“地表面积”与“水平面积”是对应的。

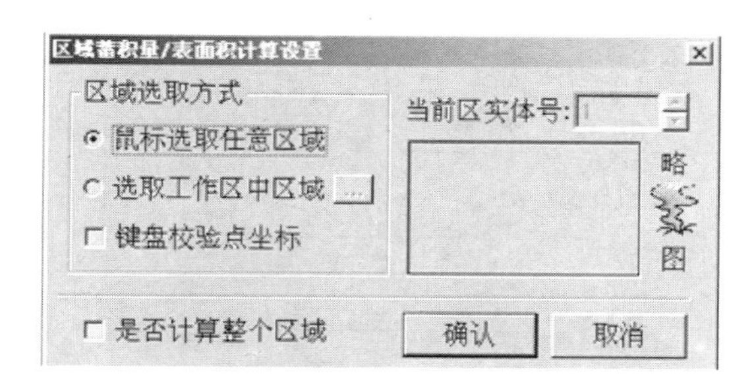

图 15-41　蓄积量计算方式设置对话框一

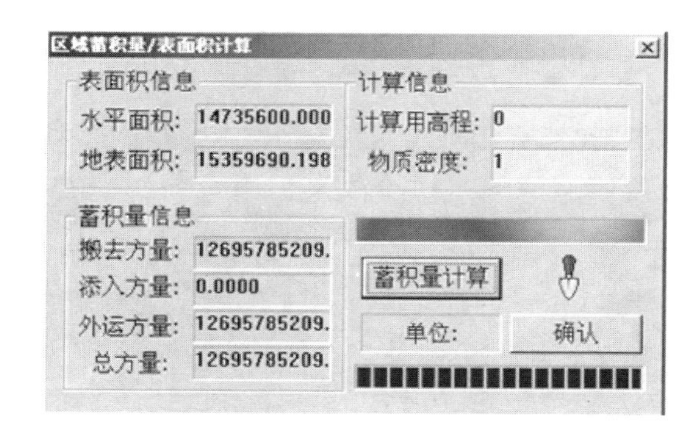

图 15-42　蓄积量计算方式设置对话框二

15.5.2　高程剖面分析

高层剖面分析功能允许用户观察与 *X-Y* 平面垂直的任意剖面的数据分布情况。使用时，选择本选单项，然后用鼠标左键选择剖面的始点，系统弹出编辑始点位置对话框，供用户修改始点位置。按下“OK”按钮后，平面上显示一“橡皮筋”线，此时用户定位第二点，按下鼠标左键，即弹出编辑终点对话框。按鼠标右键结束输入，弹出“剖面线分析参数设置”对话框，如图 15-43 所示。

修改有关参数后，系统即开始处理剖面。处理完成后将有关剖面的形状显示在屏幕上，即可观察到相关的剖面分布情况。值得说明的是：系统可将剖面与线、区工作区中的线或弧段求交，并在剖面线上标注出来，由此用户可以生成如地层剖面之类的剖面图，如图 15-44 所示。

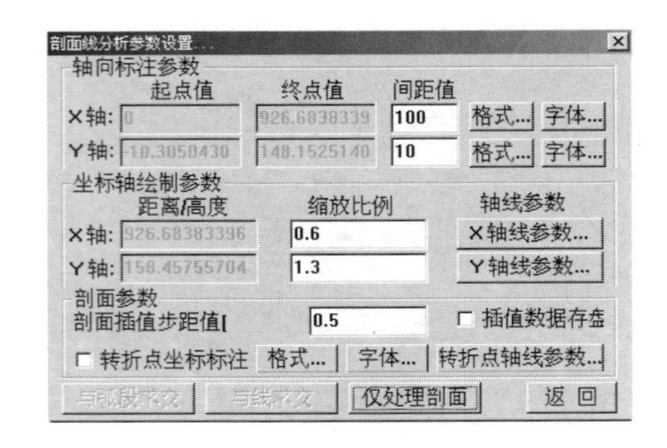

图 15-43　剖面分析参数设置对话框

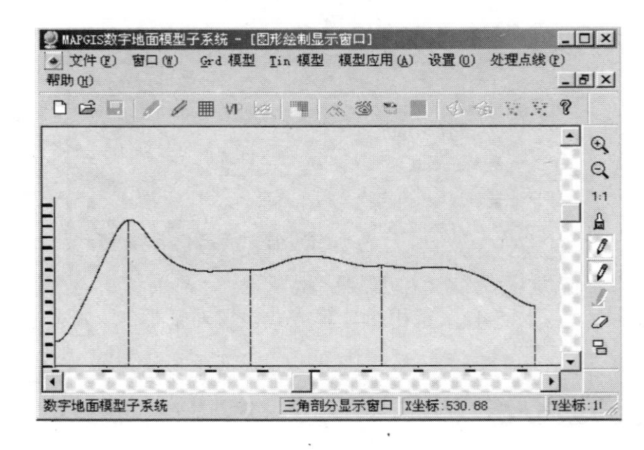

图 15-44　一维高程剖面图

15.5.3　生成剖分泰森多边形和分类泰森多边形

泰森多边形作为一种空间插值方法和空间分割方法，在许多领域广泛应用，例如对一个没有气象资料的点，最好也是最常用的方法就是用距离该点最近的气象站数据来作为它的近似数据。泰森多边形的简单解释是多个共点的多边形外接圆圆心的连线所形成的多边形。在几何上，它与 Delaunay 三角形是对偶的关系，每个多边形所包含的点即是 Delaunay 三角形的顶点。分类泰森多边形是在生成泰森多边形的基础上，按照“一值一类”、“等数目方式”、“等间隔方式”及“用户自定义分类方式”，对高程点进行分类所生成的。分类设置对话框如图

15-45 所示。除了“一值一类”方式外，其余方式都可以调整分级数目；对于含“未知点”的规则网数据，还可以指定“无效区”的颜色。用户确认后，将以 MAPGIS 区文件的形式输出泰森多边形，供制图或分析时使用。

图 15-45　泰森多边形分类设置对话框

15.5.4　高程点标注制图和高程点分类标注制图

高程点标注制图是数据文件中的高程点以象征性的符号输出图形，以方便用户了解数据的分布情况。这两个选单项惟一的区别在于是否对高程点分类制图。分类的方法有按等数目、等间隔和自定义三种方式。对于含“未知点”的规则网数据，制图时将忽略这些“未知点”。选择该项后，将弹出对话框，如图 15-46 所示。用户可以选择 *X*, *Y*, *Z* 中任两个方向作为 *X* 轴和 *Y* 轴方向。标注也可以从高程点的 *X*, *Y*, *Z* 值中选取。标注的位置、字体、格式、间隔都可以调整。符号也可自由选取，调整尺寸。同时，还提供了数据的投影转换功能，保证正确的制图。用户确认后，将以 MAPGIS 点、线、区文件的形式输出标注图，供制图或分析时使用。

15.6　平面数据展布标注制图和平面数据展布分类标注制图

这两项功能是为了满足用户对规则网数据进行“重要点集提取”和“高程点标注制图”一体化操作而设的。具体参数设置请参考“GRD 模型”中的“重要点集提取”和上述“高程点标注制图”。

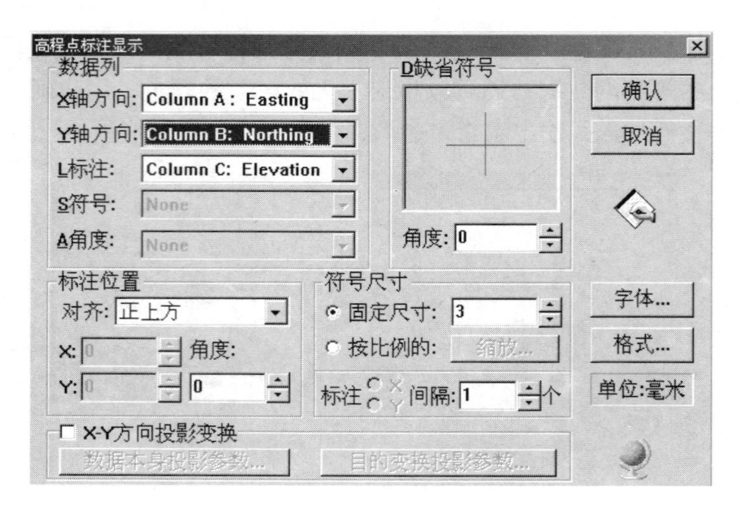

图 15-46 高程点标注制图设置对话框

问题

1. 什么是 DTM 模型，DTM 模型的数据源有哪些？在 DTM 模型中，MAPGIS 使用了哪些文件格式？
2. MAPGIS 提供了哪些 DTM 分析模型？它们之间区别在哪里？有哪些具体应用？如何操作？

第16章　网络管理

本章要点：

网络管理，包括网络输入编辑及网络分析两部分，提供网络设计，网络分析等功能，包括网络输入编辑、路径分析、连通性检查、资源分配等。

本章的主要内容有：

- ✧ 介绍网络常识；
- ✧ 介绍网络输入编辑；
- ✧ 介绍连通性检查、路径分析、资源分配、查询统计、动态分段等网络分析功能；
- ✧ 介绍中心、站点、障碍、阀门、网线需求、网线权值、转角权值设置等。

16.1　系统概述

16.1.1　功能介绍

MAPGIS 网络管理分析子系统为管理各类网络（例如自来水管网、煤气管网、交通网、电信网等）提供方便的手段，用户可以利用此子系统迅速直观地构造整个网络，建立与网络元素相关的属性数据库，可以随时对网络元素及其属性进行编辑和更新。系统提供了丰富有力的网络查询检索及分析功能，用户可用鼠标指点查询，也可输入任意条件进行检索，系统还提供网络应用中具有普遍意义的关阀搜索、最短路径、最佳路径、资源分配等功能，从而可以有效支持紧急情况处理和辅助决策。

16.1.2　系统组成

MAPGIS 网络分析子系统由两大模块组成，即“网络编辑”模块和“网络分析”模块。前一模块用来建立网络及录入数据，主要由数据操作管理人员使用；后一模块既可以用于日常数据查询、输出，也可用于辅助决策和紧急情况处理，在这一模块中不能改动关键的网络数据。

16.1.3　基本概念

1. 网络

网络是一个抽象的概念，由网线通过结点连接而成，可以代表现实生活中的各种网，如自来水管网、煤气管网、交通网、电信网等。用户可以通过指定网线和结点的图形参数来显示和输出直观的网络图，还可以赋予网线和结点各种属性进行网络数据管理，如果把网线看做资源（如水、客流、车辆、煤气等）储存和流动的场所，则可以利用网络查找最佳路径或进行资源分配。

2. 网线和结点

网络中的网线是现实中各种线路的抽象，是资源流动的路线，可以代表道

路、线缆、管线等。网络中的结点是网线的连接点，多条网线通过结点建立联系，结点可以表示道路交叉口、三通、水表等。在MAPGIS的网络中，网线和结点都可以具有属性和图形参数。网线的图形参数就是MAPGIS的线参数。结点的图形参数是子图。

3. 节点

一条网线的形状和位置是由一个离散点序列确定的，相邻离散点间是以直线相连的，这些离散点就称为该网线上的节点。

4. 网线的子段

网线中两节点间的部分称为网线的子段。

5. 始结点和终结点

网线的两端必然是结点，这两个结点分别处于网线第一个和最后一个节点的位置，称为此网线的始结点和终结点。

6. 结点平差

将多个网络结点合并为一个结点，原来分别与各个结点相连的网线都转为与新结点相连。

7. 捕捉精度

在图上选择网线、结点或节点时允许有的误差，指的是图上距离。

16.1.4 网络模型

网络是由若干线性实体互连而成的一个系统，资源经由网络传输，实体间的联络也经由网络来达成。网络数据模型是真实世界中网络系统（如交通网、通信网、自来水管网、煤气管网等）的抽象表示。构成网络的最基本元素是上述线性实体以及这些实体的连接交汇点，前者称为网线，后者称为结点。

网线构成网络的骨架，是资源传输或通信联络的通道，可以代表公路、铁路、航线、水管、煤气管、河流等。结点是网线的端点，又是网线汇合点，可以表示交叉路口、中转站、河流汇合点等。

除了上述基本网络元素之外，由于分析任务的不同，网络还可以有若干附

属元素，包括：在路径分析中用来表示途经地点的可以进行资源装卸的站点；在资源分配中用来表示资源发散地点的中心，以及在上述两种分析中都用到的，对资源传输或通信联络起阻断作用的障碍。上述设施都依附于网络结点，换言之，中心、站点和障碍都被看做特殊结点。在网络分析检索模块中可以指定某个结点为中心或站点或障碍，并输入相应的数据。

作为网络基本元素的网线或结点可以具有常规的属性，例如，自来水管网中的三通作为网络结点，可以有名称、编号、地面标高、埋深等属性域。而管段作为网线，可以有名称、编号、流速、负荷等属性域。另一方面，网线和结点还会具有一些针对网络分析需要的数据。比如，为了实施路径分析和资源分配，网线数据应包含正反两个方向上的网线权值（或称阻碍强度，如流动时间、耗费等），以及网线需求（网线对资源的需求量或消耗量，如学生人数、用水量、顾客量等）。负的网线权值等同于无穷大，一般表示资源不能沿该网线的某一方向流动。

特别应该指出的是，结点还可以具有转角权值，从而可以更加细致地模拟资源流动时的转向特性。资源沿一条网线流到一个结点后，既可以原向返回，也可以流向与该结点相连的任意其他网线，但在网络中常常会对资源的流向作一些限制。例如，车辆在十字路口向左拐往往比向右拐更花时间（也就是向左拐的阻碍强度较大），在一些路口甚至禁止车辆向某一方向拐弯。结点转角权值就是用来说明资源流经该结点时在不同的流向上所遭受的阻碍强度。具体地说，每个结点可以拥有一个转角权值矩阵，其中的每一项说明了资源从某一网线经该结点到另一网线时所受阻碍。负的转角权值等同于无穷大，如果权值矩阵中某一项为负数，则表示相应的转向被禁止。

对于附属的网络元素，与其相关的数据用来满足网络分析的需要。与中心相联系的数据包括该中心的资源容量（含有多少资源）、阻碍限度（资源流出该中心所能克服的最大累积阻碍）、延迟量（相对于其他中心进行资源分配的优先程度）。与站点相关的数据有站点需求（即资源装卸量）。障碍一般无须任何相关数据。

注意：

对于本系统的使用者而言，关键之处在于：深入理解现实网络系统中各个组成部分的特点及其相互关系，明确自身的管理分析任务，在此基础上，用网络模型中的不同元素合理地表示这些组成成分。

16.1.5　使用步骤

- 装入底图库（也可以不装）。
- 装入网络文件（或新建网络文件）。
- 编辑网络数据（包括网线、节点），见“网络编辑”部分。
- 指定附属元素，编辑元素数据（对于路径分析、资源分配等），见“附属元素”部分。
- 进行网络分析，见“网络分析”部分。
- 对网络分析所得数据进行保存、统计、出图等。

16.1.6　附属元素

附属元素的处理在“网络分析”模块的“附属元素”选单里描述，实现各种节点数据、网线数据设置，包括中心、站点、障碍、网线需求、网线权值、转角权值等。这些附属元素数据是为网络分析功能提供数据支持。它的选单如图 16-1 所示。

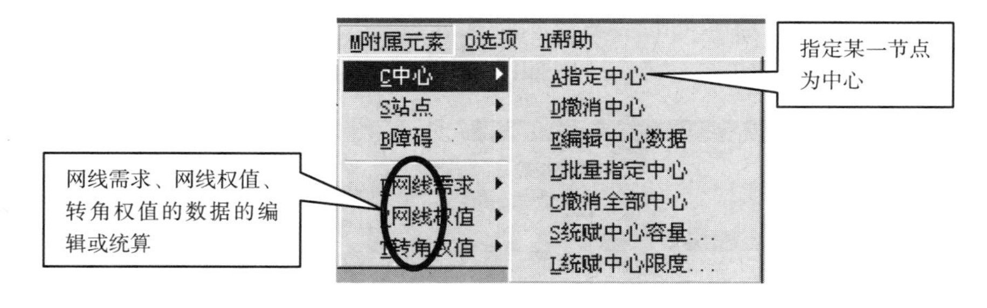

图 16-1　附属元素

指定中心：允许用户用鼠标指定某结点为中心并输入相关数据。激活“指定中心”选单，用鼠标击中要指定中心的节点，系统弹出如图 16-2 所示界面。

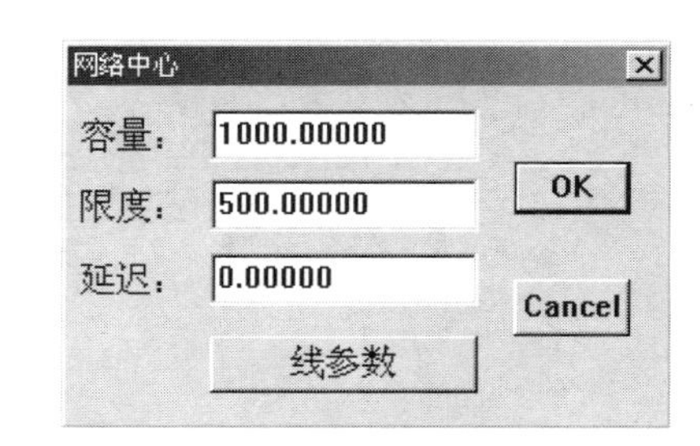

图 16-2　网络中心

设置完，按“OK”后，指定中心便完成了。

撤消中心：允许用户用鼠标将某一中

心撤销。

编辑中心：允许用户用鼠标单击某一中心，编辑这中心数据。

批量指定中心：用属性条件，批量指定中心。属性条件表达式见图形编辑部分。

撤销全部中心：将所有的中心撤销。

站点、障碍：功能如中心部分。

网线需求：网线需求数据的编辑或统算。

网线权值：网线权值数据的编辑或统算。

转角权值：转角权值数据的编辑或统算。

16.1.7　网络属性

网络中包含若干种类实体，这些实体具有特性。网络属性实现了对这些特殊性的管理，“网络编辑”与“网络分析”两个模块都提供了对属性管理的支持。属性结构的编辑与修改、浏览及属性的编辑、修改与浏览的操作可参见“图形编辑”部分及“属性库管理”部分，这里介绍网络属性的统计功能——“网络分析”模块中“属性”选单下的“结点属性统计”与“网线属性统计”。首先，介绍“网线属性统计”功能，它的界面如图 16-3 所示。

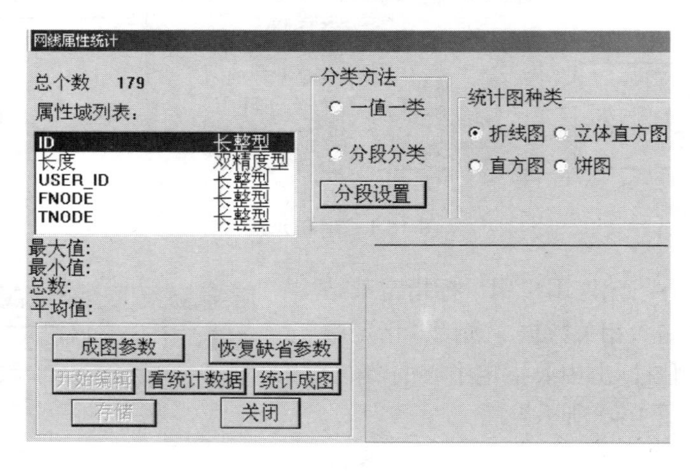

图 16-3　网线属性统计

选择不同的字段，进行归类统计，统计出来的数据可以用折线图、立体直

方图、直方图、饼图等多种方式表示出来，方便用户查看。同时，可将这些图形进行编辑、存储，下次再用。下面以 USER_ID 字段为例，选择“分类分段”分类方法，统计图形类为“饼图”进行统计，按“看统计数据”可以查看统计结果；按“统计成图”可能看图型，如图 16-4 所示。按“开始编辑”可以对图形进行编辑，编辑具体操作见“图形编辑”部分。按“存储”可以将图形保存。“结点属性统计”与“网线属性统计”操作相类似。

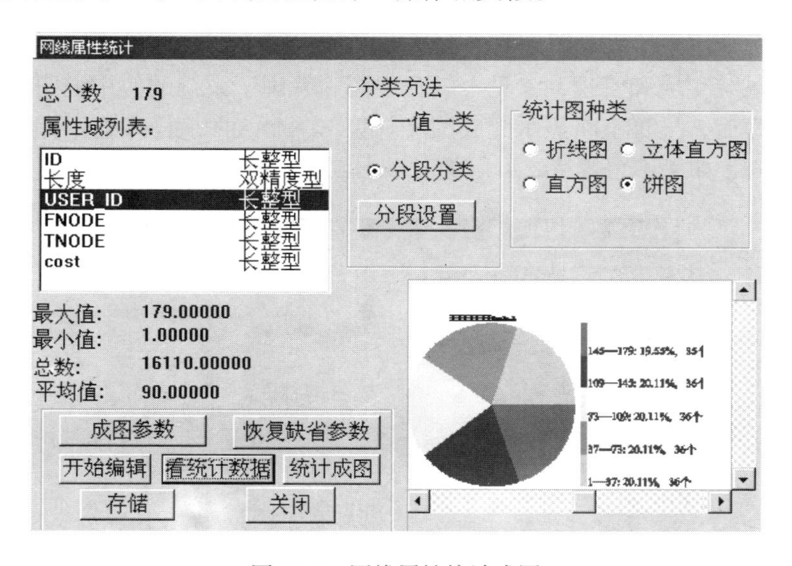

图 16-4 网线属性统计成图

16.2 网络输入编辑

网络输入编辑模块有两个主要功能，数据录入操作一般依以下次序。

1. 空间网络的形成输入

空间网络的形成输入主要包括如下三种方法：

- 通过手工输入；
- 经由 MAPGIS 线文件转换；
- 通过外业探测数据库建库。

2．对网络中的网线和结点输入图形参数和属性

其中第一项功能是本章的主要内容。第二项“输入图形参数和属性”与图形编辑中的操作类似，本章不作详细讲解。

下面按实际操作步骤讲述空间网络的形成。

网络的编辑和浏览必须以一个地理底图作为背景，所以进入本模块后要做的第一件事就是打开一个底图库，如图 16-5 所示，选择此选单项，系统将弹出一个对话框让用户输入底图库文件名（.DBS）。底图库（.DBS）由 MAPGIS 图库管理子系统生成和管理，参见本教程中图库管理子系统的使用说明。成功打开一底图库后，屏幕上将显示此底图库全貌。一个大的底图库显示完毕可能要花一定时间，如果不想等待，可以随时按击鼠标右键或键盘的 Esc 键停止显示。

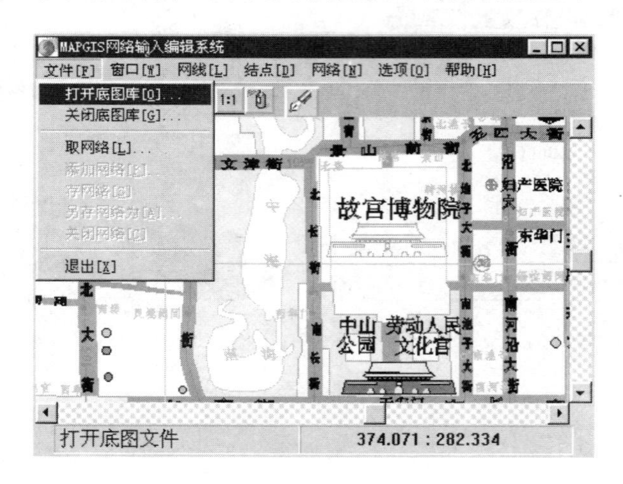

图 16-5　MAPGIS 网络输入编辑系统主界面

16.2.1　手工输入形成网络

网络由网线与结点组成，因此手工输入网线和结点，再按要求对其进行数据处理，即是手工输入网络。

1．输入网线、结点

输入网线和结点，各有三种方式：鼠标输入网线（结点）、键盘输入网线（结点）、线（点）文件转化成网线（结点）。前两种方式与图形编辑中的点、线输入方式一致，此处不再细述，如图 16-6 所示。第三种方式即选择已输入的线（点）文件，将它们转化成网线（结点），线的两个端点成为网线的始结点和终结点，点图元则转化为孤立的结点，其中线（点）的属性和参数同时赋予网线（结点），如图 16-7 所示。

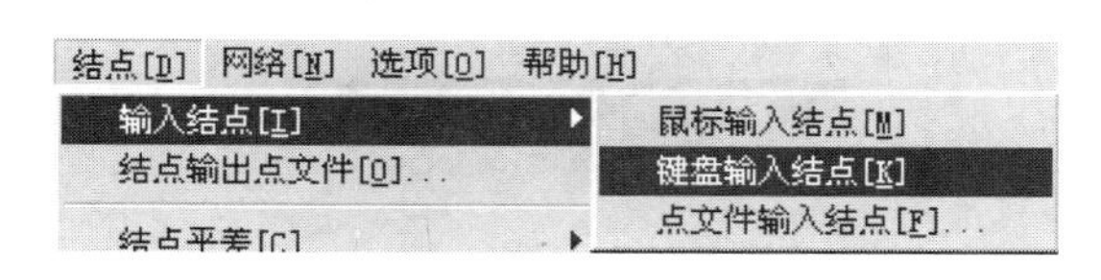

图 16-6　输入结点选单

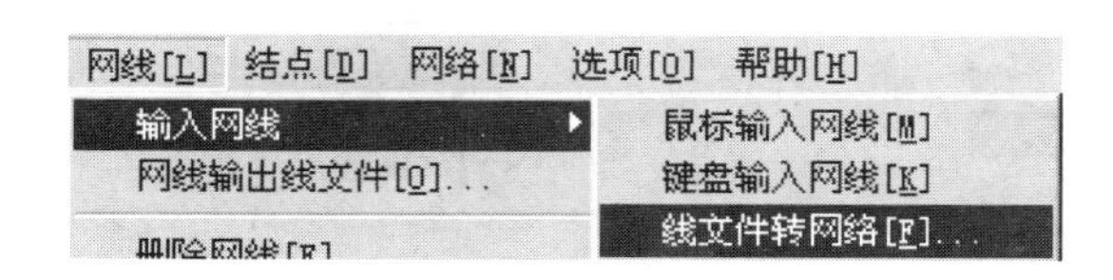

图 16-7　输入网线选单

注意：

此时的网线是彼此孤立的，要把网线孤立起来，就要执行结点平差。

2. 结点平差

结点平差有以下几种方式。

（1）手工结点平差。显示窗口中按住鼠标左键拉出一个圆形区域，系统把位于此区域内的结点全部合并为一个结点，新结点的属性和图形参数采用被平差结点中的任何一个结点的属性和图形参数。根据新结点位置不同，结点平差分为按圆心平差和按平均值平差两种，前者是指新结点位于用户划定的圆形区域中心；后者是指将被平差结点的位置平均值作为新结点的位置，如图 16-8 所示。

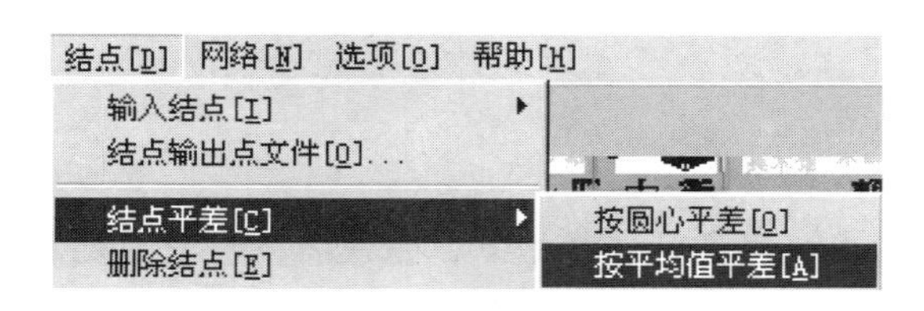

图 16-8　手工结点平差选单

（2）自动平差建网

依平差半径对所有结点实施平差，如图 16-9 所示。任何相互距离小于平差半径的结点都将被合并为一个结点，如图 16-10 所示。平差半径大小可在选项平差半径中调整，如图 16-10、图 16-11 所示。

图 16-9　自动平差建网选单

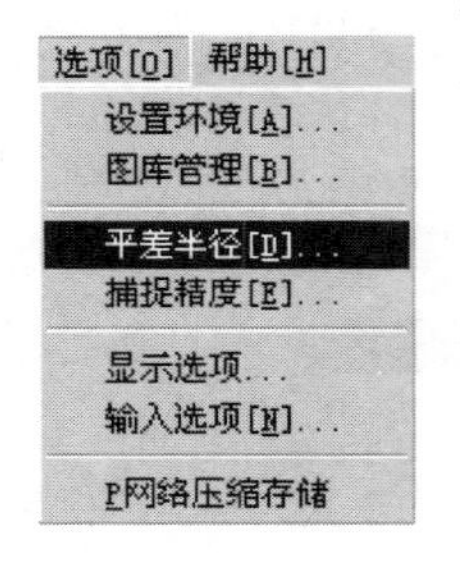

图 16-10　平差半径选单

图 16-11　修改平差半径选单

（3）条件自动平差。由用户指定条件，依平差半径对所有结点实施平差。任何相互距离小于平差半径的结点都将被合并为一个结点。网络检查结点平差后，网络就基本形成了，此时需对该网络进行检查，如图 16-12、图 16-13 所示。一般按以下步骤。

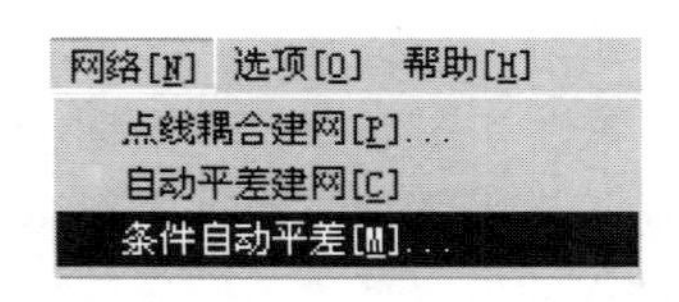

图 16-12　条件自动平差选单

- 浏览孤立结点。
- 删除全部孤立结点。
- 结点连通检查。用鼠标选择结点，系统将点亮它所连接的所有网线，同时将鼠标锁定，按鼠标右键解锁。此项功能有助于发现网络中潜在的错

误，例如两个结点紧挨在一起而被误认为一个结点，一条网线越过某个结点而被误认为是与此结点相连的两条网线等。

- 网络完整性检查。检查网络数据的完整性，发现网络数据中的错误或隐患。所有的错误修改完后，一个基本的网络就形成了，如图 16-14 所示。

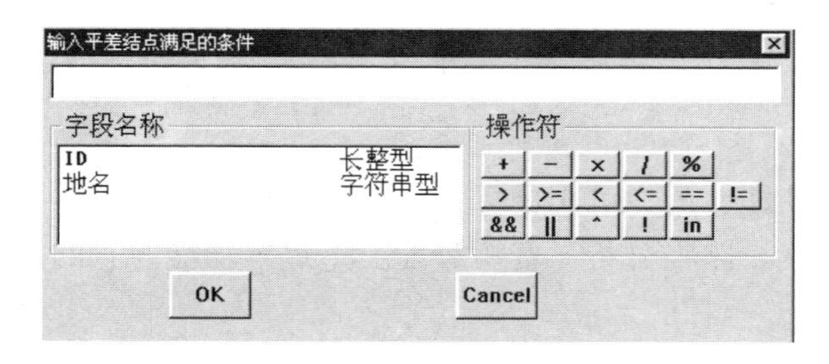

图 16-13　输入平差结点满足的条件

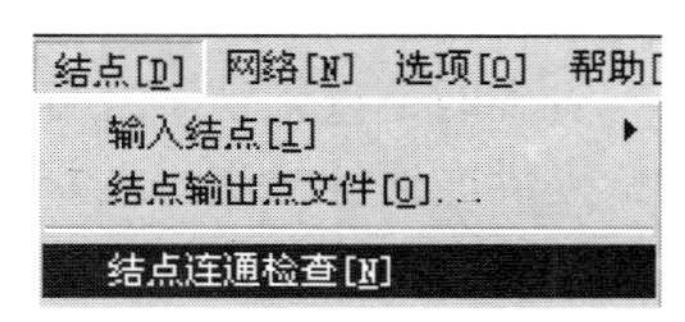

图 16-14　结点连通检查选项

16.2.2　点线耦合建网

由用户指定一个点文件和一个线文件，以及耦合半径，系统将点文件中的点转化为结点，将线文件中的线转化为网线。网线的端点如果在耦合半径内存在结点，网线就将延伸到结点处，并成为该结点所连接的网线。如果网线的端点在耦合半径内不存在结点，则在相应端点处将产生一个空结点。系统将删除那些孤立（不与任何网线相连）的结点。进行网络检查，过程与“手工输入网络”中一致。点线耦合建网选单如图 16-15 所示。

16.2.3　外业探测数据库建网

外业探测数据库建网选单如图 16-16 所示。

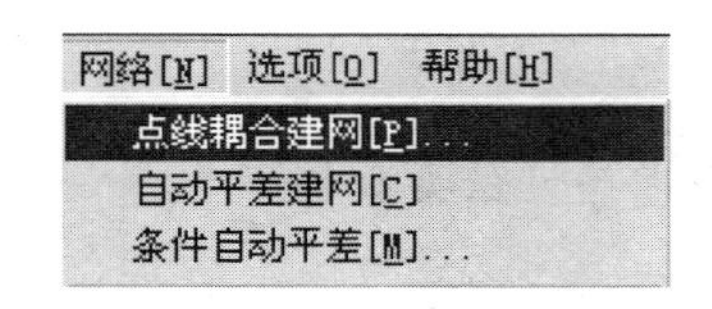

图 16-15　点线耦合建网选单

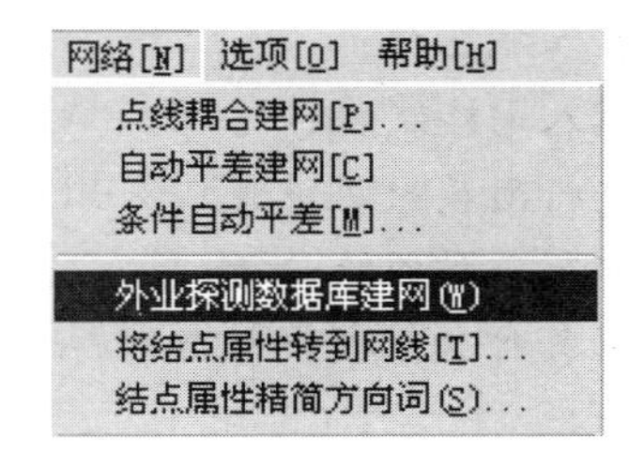

图 16-16　外业探测数据库建网选单

通过以上三种方式，网络就输入完成，再单击“文件”中的“保存”命令，可将网络保存下来（*.WN）。以后修改、编辑、分析该网络可直接将其调出使用。

16.3 网络分析

实现网络查询检索及分析功能，用户可用鼠标指点查询，也可进行条件检索，提供连通性检查、关阀搜索、路径分析、资源分配、追踪等功能。它的主界面如图 16-17 所示。

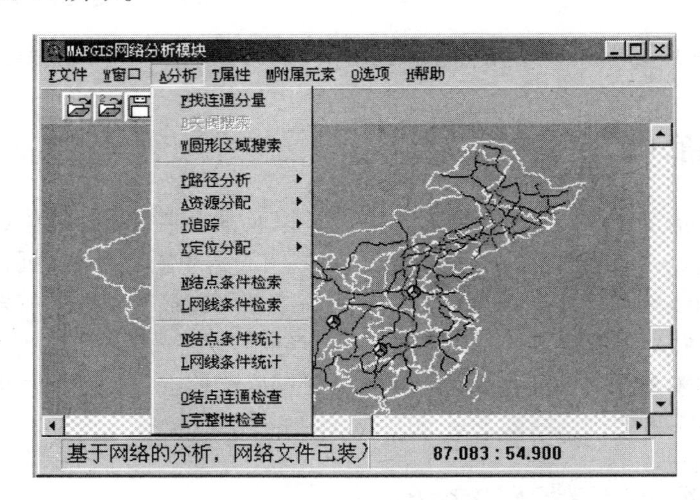

图 16-17　MAPGIS 网络分析模块

使用本功能一般步骤：

- 装入底图库；
- 装入网络文件；
- 进行附属数据设置，例如站点、中心、网线需求等；
- 进行各种网络分析；
- 将各种分析数据进行保存或统计、出图等，结束分析。

16.3.1 找连通分量

它在交通、网络等方面有广泛应用。公路部分设计部门，可能通过此功能来查看某个城市是否能与全国公路网通车、某个公路网经过了哪些城市等。鼠标捕捉结点，寻找它所在的连通分量。系统找到连通分量后将以醒目色显示该连通分量并锁住鼠标，用户可开启锁定移图功能浏览整个连通分量，按鼠标右键后连通分量不再显示，鼠标解锁。

16.3.2 阀门处理

阀门处理，在供水、电力等方面具有广泛的应用，如供水管网发生爆管，需寻找应该关闭的阀门。电力管网改造中，须对影响改造网段的电压阀门关闭等，包括“阀门指定”与“阀门搜索”两部分。

“阀门指定”：将满足条件的结点指定为阀门。阀门，在实际生活中，可以指开关、水龙头、电闸等。

“阀门搜索”：用鼠标点出爆管处，按照用户在“阀门指定”中给出的条件搜索应关阀门。系统将以醒目色显示找到的所有阀门并锁住鼠标，用户可以开启锁定移图功能浏览所有阀门，按鼠标右键后阀门恢复正常显示，鼠标解锁。

16.3.3 路径分析

本系统的路径分析功能包括三个方面：求最短路径、求最佳路径、求游历方案。求最短路径比较容易理解，就是由用户指定结点序列，求一条经过此结点序列的总长度最小的路径。用鼠标左键指定结点序列，按鼠标右键结束结点指定，系统自动计算，并以“闪烁”形式，标明最短路径路线，同时，弹出路线的线参数，如图16-18所示。

这些参数可能修改，具体内容见“图形编辑”部分。按“OK”键后，系统显示路径详细信息，界面如图16-19所示。

在这里可以进行“更改线参数”、“统计结点”、“统计网线”，将所求路径输出保存等功能。这样某些结点间的最短路径便求出来了。

编辑路径显示参数
线参数
线 型 1
线颜色 5
线 宽 0.05
线类型 折线
X 系 数 1
Y 系 数 1
辅助线型 0
辅助颜色 0
图 层 0
透明输出
OK
Cancel

图 16-18　图形参数

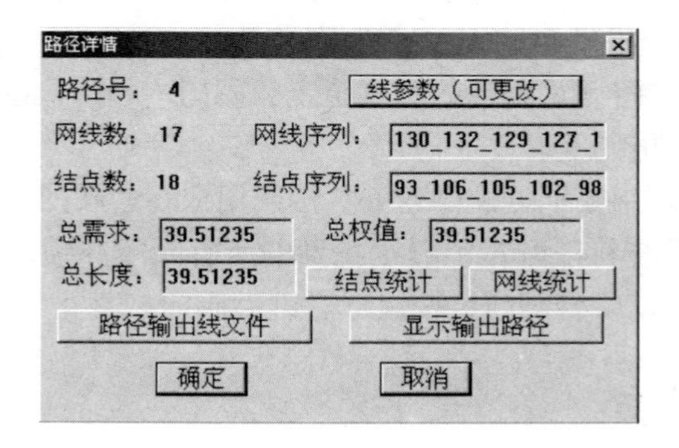

图 16-19　路径详情

救护车需要了解从医院到病人家里走哪条路最快。旅客往往要在众多航线中找到费用最小的中转方案，这些都是最佳路径求解的例子。从网络模型的角度看，最佳路径求解就是在指定网络中两结点间找一条权值总和最小的路径（以网线序列或结点序列的形式表示）。最佳路径的产生基于网线权值和结点的转角权值。例如，如果要找最快的路径，权值要预先设定为通过网线或在结点处转弯所花费的时间；如果要找费用最小的路径，权值就应该是费用。不难发现，最短路径是最佳路径的特殊情况，不过请注意，系统寻找最短路径时是不考虑障碍的。而找最佳路径时系统会绕过所有障碍。“最佳路径”分析步骤基本与“最短路径”分析步骤相同。不同的是进行“最佳路径”分析时，须先设网线权值，权值设置见“附属元素”部分。

游历方案求解，则是给定一个起始结点、一个终止结点和若干中间结点，求解最佳路径，使之由起点出发遍历全部中间结点而达终点。推销员希望以尽可能最少的旅程遍访其所分配的每一座城市。商场送货车每天送大量的商品到各个居民点，司机也想知道怎么安排行程最快。巡警希望能尽快巡查完所有重要地点，这些情况下都可以使用本系统来求解游历方案。需要说明的是，要求出真正的“最佳”方案（结果路径的权值总和最小）将耗费大量时间，实际上不可行，所以系统求出的是近似最优解。

16.3.4　资源分配

资源分配就是为网络中的网线寻找最近（这里的远近是按权值或称阻碍强度的大小来确定）的中心（资源发散地）。例如，资源分配能为城市中的每一条街道确定最近的消防站，为一条街道上的学生确定最近的学校，为水库提供其供水区等。资源分配模拟资源是如何在中心（学校、消防站、水库等）和周围的网线（街道、水路等）间流动。

资源分配根据中心容量及网线的需求将网线分配给中心，分配是沿最佳路径进行的。当网线被分配给某个中心，该中心拥有的资源量就依据网线的需求而缩减，当中心的资源耗尽，分配就停止。

举一个资源分配的例子：一所学校要依据就近入学的原则来决定应该接收附近哪些街道上的学生。这时，可以将街道作为网线构成一个网络，将学校作为一个结点并将其指定为中心，以学校拥有的座位数作为此中心的资源容量，每条街道上的适龄儿童数作为相应网线的需求，走过每条街道的时间作为网线的权值，如此资源分配功能就将从中心出发，依据权值由近及远地寻找周围的网线并把资源分配给它（也就是把学校的座位分配给相应街道上的儿童），直至被分配网线的需求总和达到学校的座位总数。

用户还可以通过赋给中心的阻碍限度来控制分配的范围。例如，如果限定儿童从学校走回家所需时间不能超过20分钟，就可以将这一时间作为学校对应的中心的阻碍限度，这样，即使中心资源尚有剩余，当从中心延伸出去的路径的权值到达这一限度时分配就将停止。阻碍限度体现了中心克服阻力的能力，或者说反映了该中心的影响区域最大能延伸到哪里。

网络中同时存在多个中心时，如果实施资源分配，既可以使各个中心同时

进行分配，也可以赋予各中心不同的先后次序，中心的延迟量就体现了这种次序。延迟量为零的中心总是最先开始分配。如果某中心延迟量为 $D>0$，则只有当其他某个中心分配资源时延伸出的路径权值达到 D 后，这个中心才能开始分配它的资源。

具体使用步骤如下。

① 设置中心数据。

② 设置网线需求。

③ 设置网线权值。

④ 设置转角权值，以上几个设置见“附属元素”部分。

⑤ 实施资源分配，系统进行处理，出现如图 16-20 所示。

⑥ 可以在此对资源分配情况进行查看、处理，资源分配结束。

- 查看中心状况，包括中心容量、中心限度、已分配资源、最大阻碍。
- 网线状况，包括需求、分配中心、被分配资源、累积阻碍、分配方向、前一网线。
- 网线属性。
- 结点属性。
- 网线属性统计。
- 结点属性统计。
- 输出网线集。
- 输出结点集。
- 显示网线集。
- 显示结点集。

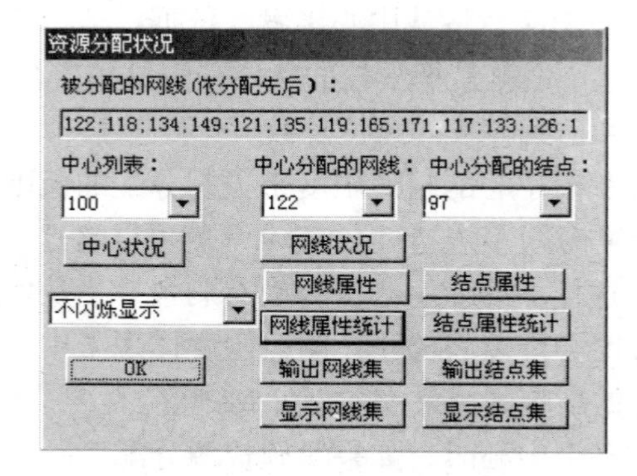

图 16-20　资源分配状况

16.3.5 追踪

追踪包括上游追踪、下游追踪、双向追踪功能。

网络分析的追踪功能也应用于各个方面。例如，通过上游追踪可以寻找污染物来自河流的哪些分支，通过下游追踪可以寻找污染源污染的范围，在电力部门通过双向追踪可以观察某个发电厂供电的辐射范围，当然追踪功能远远超过这几个区域。

在模拟网络的过程中，一定注意网线的方向。

16.3.6 查询统计

查询统计功能包括：结点条件检索、网线条件检索、结点条件统计、网线条件统计等功能。

查询统计时，系统弹出对话框让用户输入条件表达式，统计满足条件表达式的结点（或网线）的各项属性。用户可以任意指定统计区间。系统可以统计数值型属性，也可以针对字符串实施统计，可以生成折线、直方、立体直方、饼状等多种统计图。

16.3.7 连通检查

用鼠标选择结点，系统将点亮它所连接的所有网线，同时将鼠标锁定，按鼠标右键解锁。此项功能有助于发现网络中潜在的错误，例如两个结点紧挨在一起而被误看做一个结点，一条网线越过某个结点而被误认为是与此结点相联的两条网线等。

16.3.8 完整性检查

检查网络数据的完整性，发现网络数据中的错误或隐患。

16.3.9 动态分段

动态分段是基于网络数据的一层动态数据。如基于道路网络的公交网络，基于河流网络的水运网络，基于道路的路面状况网络等。

动态分段由两类数据（线路和事件）构成。其中，线路存放在线路系统中，时间存放在事件源中。同一线路系统中的线路具有相同的属性结构，同一事件源中的事件具有相同的属性结构。一个动态分段系统中，可以有多个线路系统，可以有多个事件源，但是一般要求一个事件源对应一个线路系统，一个线路系统可以对应多个事件源。

一个线路系统由两类数据（线路表和线路段表）构成。其中线路表存放线路的整体信息，如线路的名称，线路的构成（线路是由哪些线路段构成的，以及这些线路段的先后次序）等。线路段表存放线路在网线上的信息（以及线路段的信息），如线路所经过的网线的实体号，线路所经过的部分在网线上的起止信息等。

一个事件源由一类数据（事件表）构成。事件表中存放事件的信息，如事件所属的线路信息，事件在线路中的起止位置信息等。

事件有三种类型：点状事件、线性事件和连续事件。点状事件在线路中的起止位置重叠，如公交线路中的车站；线性事件在线路中的起止位置不重叠，如公交线路中要维修的部分。连续事件由一序列线性事件构成，如公交线路中路面状况，如图 16-21 所示。

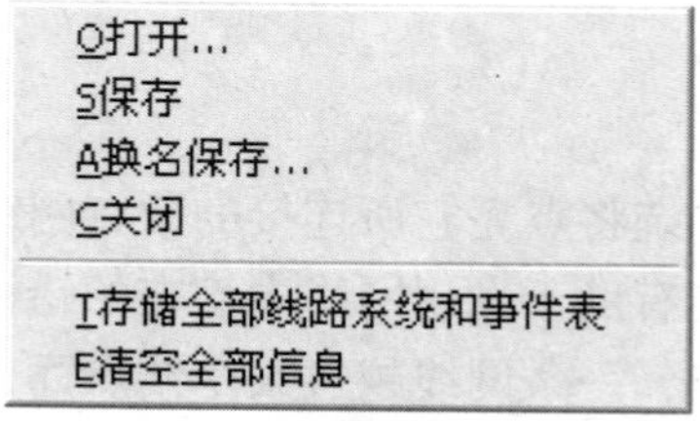

O打开...
S保存
A换名保存...
C关闭
T存储全部线路系统和事件表
E清空全部信息

图 16-21　动态分段选单

其中，“保存”只保存动态分段系统信息，“存储全部线路系统和事件表”只保存线路表、线路段表和事件表。

如图 16-22 所示，其中绿色的线表示一条线路，黄色的图标表示点状的事件。其对应的线路表和线路段表中的信息如图 16-23、图 16-24 所示。

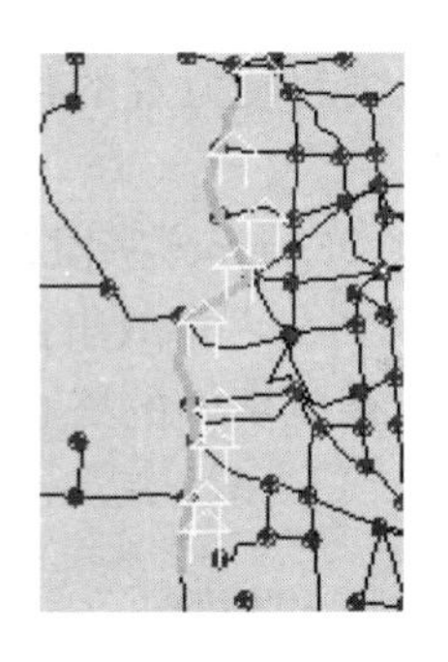

图 16-22　公交线路中路面状况示意图

序号	ID	NAME
1	0	No.1
2	0	No.2
3	0	No.3
4	0	No.4
5	0	No.5

其中，“Name”字段存放线路的名称。

图 16-23　线路表

序号	ROUTELINK#	ARCLINK#	F-MEAS	T-MEAS	F-POS	T-POS
1	1	1542	0.000000	0.741254	50.000000	0.000000
2	1	131	0.741254	1.999805	100.000000	0.000000
3	1	219	1.999805	3.176846	100.000000	0.000000
4	1	263	3.176846	4.504685	0.000000	100.000000
5	1	350	4.504685	6.067965	100.000000	0.000000
6	1	405	6.067965	6.703426	100.000000	0.000000
7	1	458	6.703426	7.677044	100.000000	0.000000
8	1	659	7.677044	8.954432	100.000000	50.000000

图 16-24　线路段表

其中，“RoutteLink#”字段存放线路的线路段所属的线路编号；“ArcLink#”字段存放线路段所在的网线的实体号；“F_Meas”字段存放线路段的起始位置相对于线路的度量——线路起始位置到线路段起始位置的长度（沿线路的长度）；“T_Meas”字段存放线路段的终止位置相对于线路的度量——线路起始位置到线路段终止位置的长度（沿线路的长度）；“F_Pos”字段存放线路段起始位置相对于网线的位置信息——线路段起始位置到网线起始位置的长度（沿网线的长度）与网线长度的百分比；“T_Pos”字段存放线路段终止位置相对于网线的位

置信息——线路段终止位置到网线起始位置的长度（沿网线的长度）与网线长度的百分比，

事件表如图 16-25 所示，其中，“Name”字段存放事件的名称；“RouteLink#”字段存放事件所属线路的编号；“From”存放事件的起始位置到线路的起始位置的长度（沿线路的长度）；“To”存放事件的终止位置到线路的起始位置的长度（沿线路的长度）。

序号	ID	NAME	ROUTELINK#	FROM	TO
1	0	No.1	1	0.00000	0.00000
2	0	No.2	1	1.48251	1.48251
3	0	No.3	1	3.91810	3.91810
4	0	No.4	1	6.80922	6.80922
5	0	No.5	1	8.41830	8.41830
6	0	No.6	1	8.90000	8.90000

图 16-25　事件表

由此可知，动态分段的数据模型如图 16-26 所示。

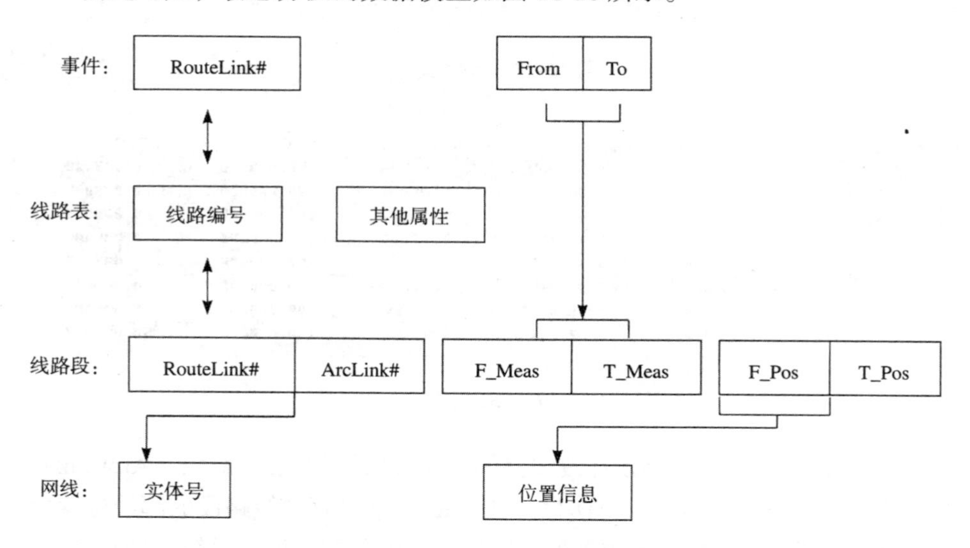

图 16-26　动态分段的数据模型

动态分段操作步骤如下。

（1）单击“动态分段”对话框中“线路系统\增加线路系统…”选单项，如图 16-27 所示。

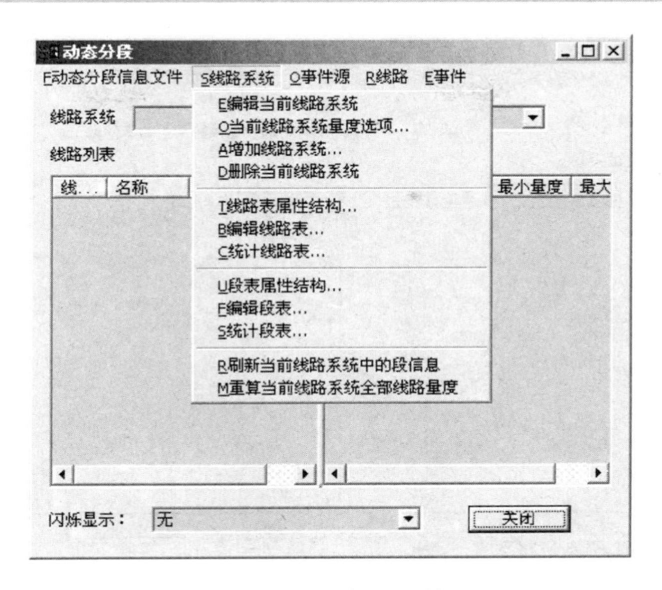

图 16-27　动态分段对话框一

（2）在“线路系统信息”对话框中，设置好要增加的线路系统的名称，设置好线路表、段表及线路显示参数，然后按“OK”按钮，如图 16-28 所示。

注意：

“>>”表示打开表文件，但不清空其内容，“+”表示打开表文件，并清空其内容。

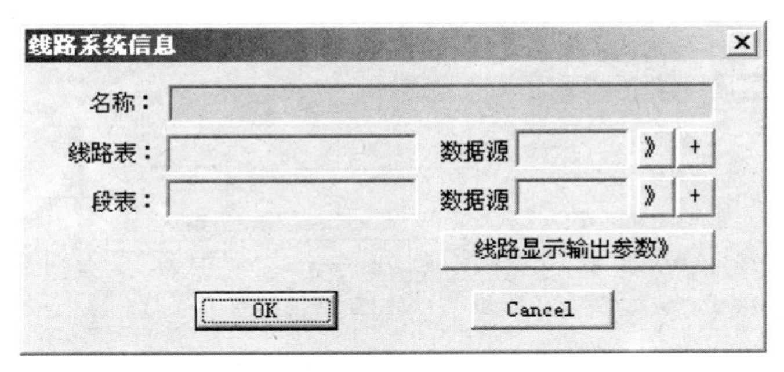

图 16-28　线路系统信息对话框

（3）单击“动态分段”对话框中“事件源\增加与当前线路系统对应的事件源…”，如图 16-29 所示。

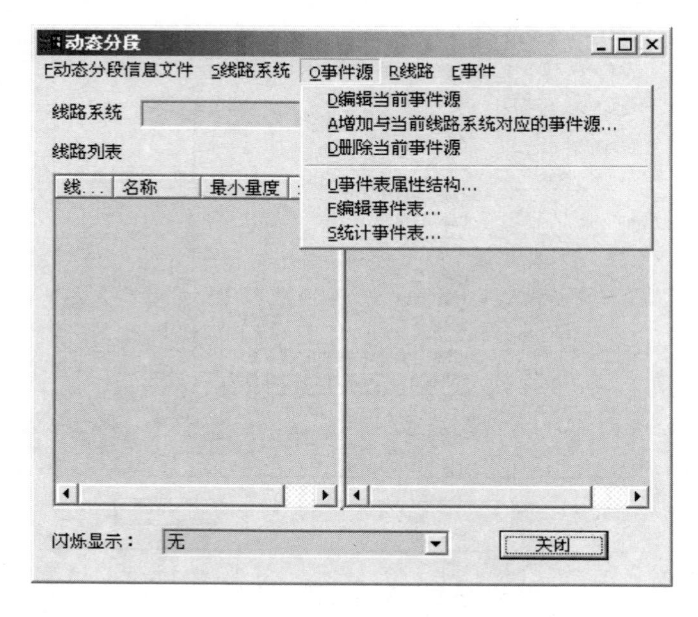

图 16-29　动态分段对话框二

（4）在“事件源信息”对话框中，设置好要增加的事件源名称，设置好事件表、事件类型及事件显示参数，然后按“OK”按钮，如图 16-30 所示。

注意：

“>>”表示打开表文件，但不清空其内容，“+”表示打开表文件，并清空其内容。

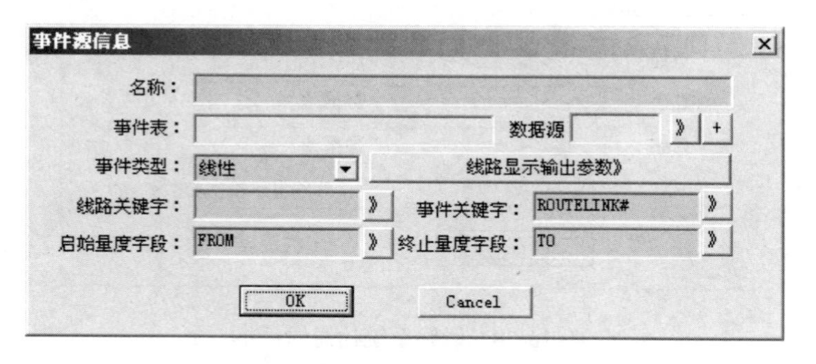

图 16-30　事件源层信息对话框

做好上述准备工作后，就可以用网络编辑分析子系统中“网络工具\动态分

段工具”选单项下面的子选单项提供的功能进行相应的操作。

当然，“动态分段”对话框也提供了对线路和事件进行操作的功能，具体功能见相应的选单项。

注意：

由路径生成线路功能是根据存储在网路中的路径生成线路。要浏览网路中的路径，可以利用网络编辑分析子系统中“网络分析\路径分析\浏览路径分析结果”选单项提供的功能来进行。

问题

1. MAPGIS 系统中，如何描述生活中各种网络，如公路网、电信网、自来水网等？
2. 如何进行网络编辑？
3. MAPGIS 提供了哪些分析功能？
4. “最短路径”与“最佳路径”主要区别是什么？举例说明“最佳路径”分析应用？
5. “资源分配”有哪些具体应用？怎样进行“资源分配”分析？

第 17 章　多源图像处理分析

本章要点：

多源图像分析处理子系统是新一代 32 位专业图像（栅格数据）分析处理软件。多源图像分析处理系统能处理栅格化的二维空间数据，包括各种遥感数据、航测数据、航空雷达数据、各种摄影的图像数据，以及通过数据化和网格化的地质图、地形图、各种地球物理、地球化学数据和其他专业图像数据。

本章的主要内容有：

- ✧ 影像数据的转换；
- ✧ 影像编辑；
- ✧ 影像处理；
- ✧ 影像镶嵌；
- ✧ 影像校正；
- ✧ DRG 生产。

17.1 概述

多源图像处理分析系统（MSIPROC）是一个集成分析处理、编辑等功能的专业图像处理软件，它能处理栅格化的二维空间分布数据，包括各种遥感数据、航测数据、航空雷达数据、各种摄影图像数据，以及通过数据化和网格化得到的地质图、地形图、各种地球物理、地球化学数据和其他专业图像数据。

作为一个开放型系统，多源图像处理分析系统不仅提供了影像分析处理功能，而且还提供了完备的二次开发函数库，这对系统扩充和增强有强有力的支持。多源图像处理分析系统主要具有以下功能。

（1）数据转换：支持系统专用影像文件格式（*.MSI）与常用的各种影像数据格式文件(如 Tiff，GeoTiff，Raw，Bmp，Jpeg 等)的输入输出转换，以及 MSI 与 MAPGIS 其他子系统数据文件格式（如*.grd，*.rbm）的相互转换。此外系统还支持源格式影像数据的输入输出。

（2）图像显示功能：支持各种类型影像数据的显示漫游，像元灰度信息检索和空间位置查询，直方图（灰度、RGB 及多信道的直方图）信息显示，图像直方图的动态编辑显示。

（3）图像分析处理：支持各种低频、高频、线性和非线性函数的滤波增强和自定义滤波变换；支持多种彩色模型的彩色合成及分解、色度空间变换；支持图像的自定义算术表达式运算；提供方便灵活的感兴趣区的编辑。

（4）图像分类：提供统计分类功能，包括直方图统计、多元统计、主成分分析、非监督聚类（平行六面体分类、最小距离分类和广义距离分类），监督分类（平行六面体分类、最小距离分类和广义距离分类）和分类后处理；支持可视化的监督学习。

（5）图像镶嵌配准：提供图像控制点编辑，图像之间的配准，图像与图形之间的配准，图像镶嵌，图像的几何校正，图像重采样，以及 DRG 数据生产。

（6）图像融合：提供图像的加权融合、IHS 彩色空间变换融合、基于小波的 IHS 变换融合和基于小波的特征融合。

（7）图像裁剪：支持对图像进行任意形状的裁剪。

（8）图像编辑：支持对图像进行复制、粘贴、拷贝、画线、画点处理。

（9）栅格矢量转换:支持栅格影像文件和矢量文件的相互转换。

（10）API 开发函数库：定义了支持各种功能多数据源的 MSI 栅格数据格

式（支持所有的数据类型，包括从 8 位字节数据到 64 位双精度浮点数据），完成了 16 位和 32 位的图像处理和分析函数库。

17.2　系统简介

17.2.1　主界面介绍

多源图像处理分析系统(MsiProc)集成影像分析、影像编辑和镶嵌配准等功能。为便于用户操作，在使用系统的不同功能模块时，系统界面会有所不同，下面分别介绍影像分析编辑和影像镶嵌配准时的主界面。

1．影像编辑分析界面

当对单幅影像进行编辑处理时，系统界面如图 17-1 所示，它由主窗口、工作区信息窗口、主选单和状态栏组成，各部分功能如下。

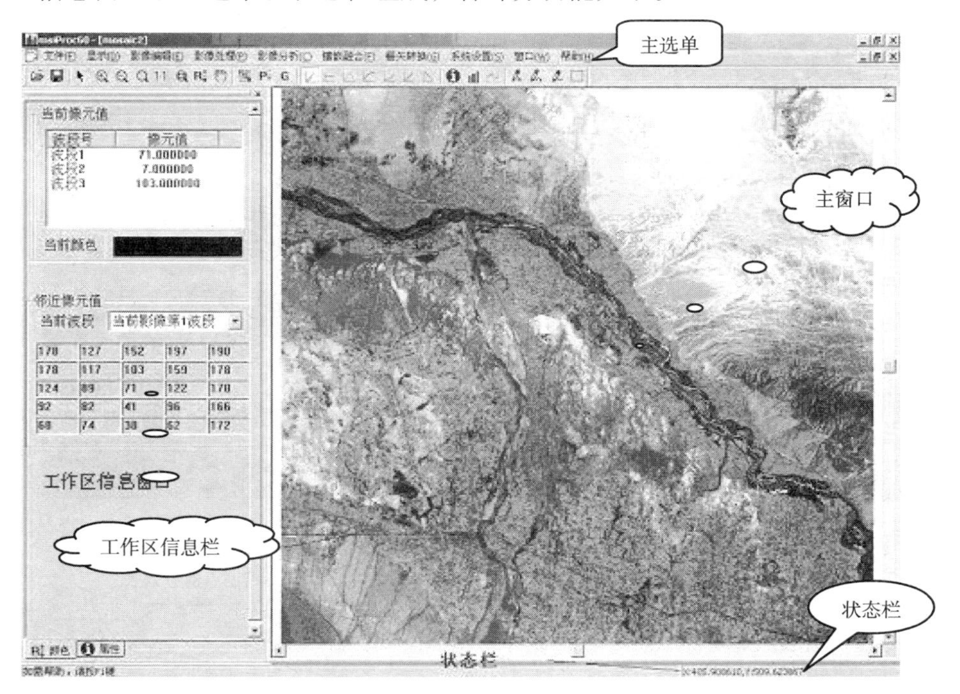

图 17-1　图像处理分析主界面

主窗口：显示当前影像文件。

工作区信息：显示当前影像的基本信息，如当前鼠标所处位置的像元信息、颜色值信息。

状态栏：显示当前鼠标所处位置的图像坐标值。

2. 镶嵌配准界面

当对影像进行镶嵌配准处理时，系统主界面如图 17-2 所示，它由校正影像窗口、参照影像窗口、控制点信息列表及状态栏组成，各部分的主要功能如下。

校正影像窗口：显示当前进行校正的影像文件。

参考影像窗口：显示作为当前校正影像的参照标准文件，它可以为影像文件，也可以为 MAPGIS 点、线、区、图库文件。

控制点信息列表：显示当前进行校正的影像的控制点信息。

状态栏：显示当前鼠标所处位置的图像坐标值。当鼠标在校正影像窗口中移动时，状态栏中显示的是鼠标所处位置的图像坐标。当鼠标在参考影像窗口中移动时，状态栏中显示的是鼠标所处位置的实际坐标。

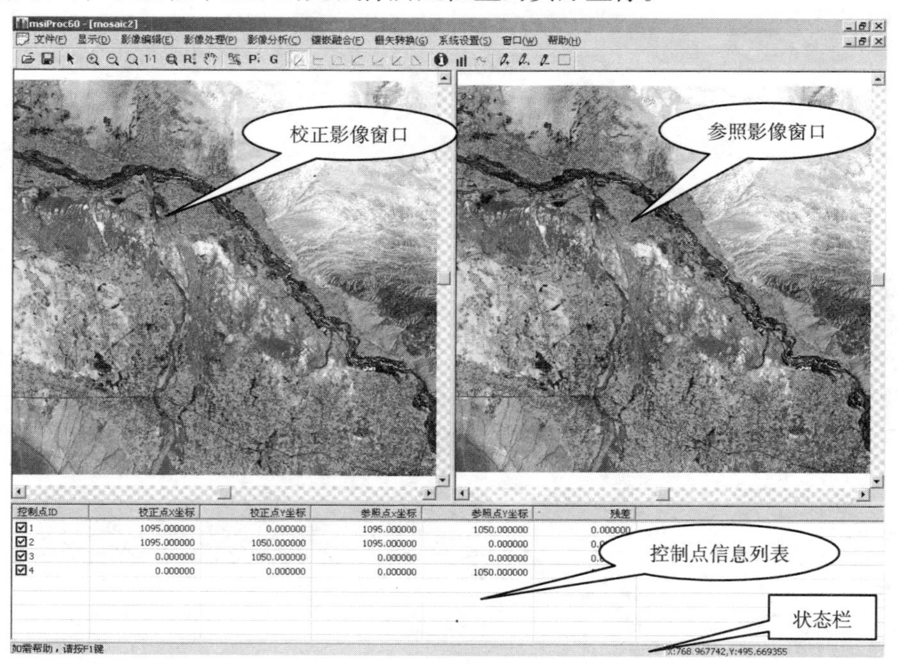

图 17-2 图像镶嵌配准界面

17.3　基本操作

17.3.1　文件信息

1．影像信息

选取主界面选单->文件->影像信息，将弹出图 17-3 所示对话框，显示当前活动窗口中图像的基本信息和像元信息统计值。

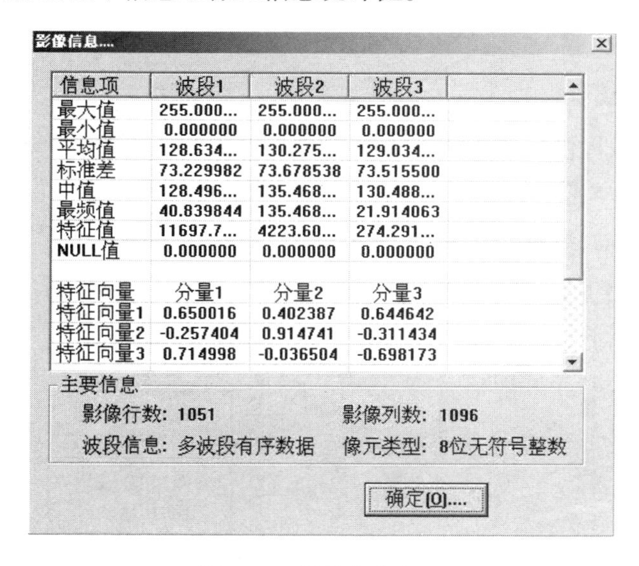

图 17-3　影像信息窗口

2．直方图信息

直方图信息记录的是一幅数字图像中每一个像素值在图像中出现次数的直方统计图。选取主界面选单->文件->影像信息，弹出图 17-4 所示对话框，显示当前活动窗口图像的直方图信息。

对话框中的 C1、C2 等表示图像的第一波段、第二波段……。通过选择对话框上的下拉列表，还可以选择查看某一波段的直方图信息。

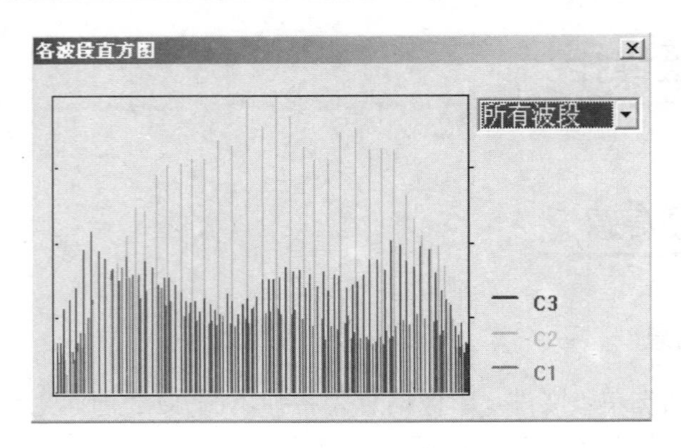

图 17-4　直方图信息窗口

3. 可视编辑条

可视编辑条提供了通过改变影像直方图改变影像显示方式功能，使用时选取主界面选单->文件->可视编辑条，将显示或消除可视编辑条窗口，如图 17-5 所示。

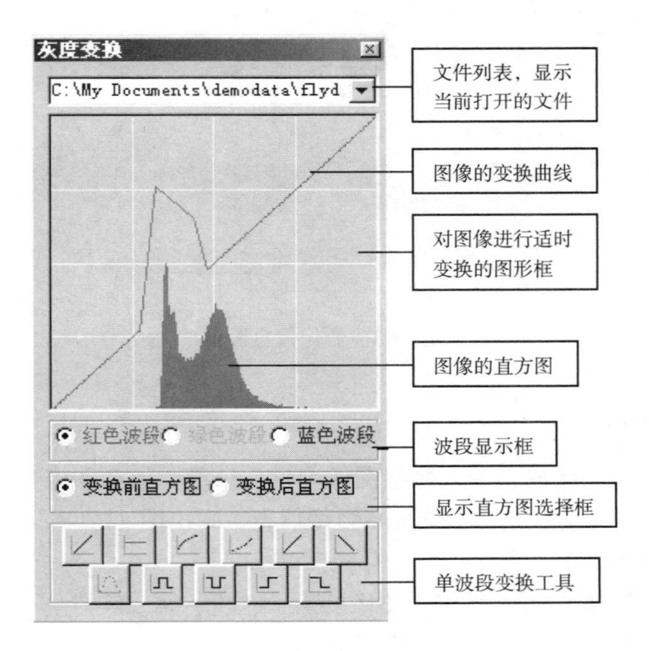

图 17-5　可视编辑条窗口

可视编辑条窗口由以下部分组成，各部分功能如下。

文件列表：显示当前活动窗口中图像文件的文件名。

图像的变换曲线：该曲线标识当前显示波段的变化率，也可以理解为图片框的底标识原始图像的像素值范围，即从图片框的左下角到右下角对应标识原始图像的像素最小值到像素的最大值，图片框的高标识显示图像的像素值范围，即从图片框的左下角到左上角对应标识显示图像像素的最小值到像素的最大值。通过把原始图像的像素值利用图像的变换曲线一一映射到显示图像的像素值，就可以用鼠标拖动曲线得到不同的显示图像。

图像的直方图：它是一幅数字图像中每一个像素值在图像中出现次数的统计图。

波段显示框：在图像显示中一般分为灰度图像和彩色图像，当图像为灰度图像时，波段显示框为不可用的；当图像为彩色图像时，用户可以选择不同的波段进行变换。

显示直方图框：用来选择显示变换前或变换后的直方图。

单波段变换工具：对选定的波段（红色波段、绿色波段、蓝色波段）进行曲线变换。

17.3.2　图像显示

选择主界面选单显示中的各子选单项，可对当前活动窗口的影像进行放大、缩小、移动操作和各种显示方式的变换。窗口操作方法与编辑系统中大体相同，不再一一介绍，仅对个别窗口操作及各种显示方式变换进行说明。

实时缩放：用来实时缩放当前活动窗口中显示的图像。按住鼠标，往上拖动为缩小。按住鼠标，往下拖动为放大。图像的缩放倍数由鼠标拖动的距离决定。

RGB 图像设色：以 RGB 彩色方式显示当前活动窗口中图像的三个图层，图像的三个图层分别对应于红、绿、蓝彩色通道。

索引图像设色：按照选定的索引表显示当前活动窗口中的图像某一波段。选择该项后，弹出如图 17-6 所示对话框。

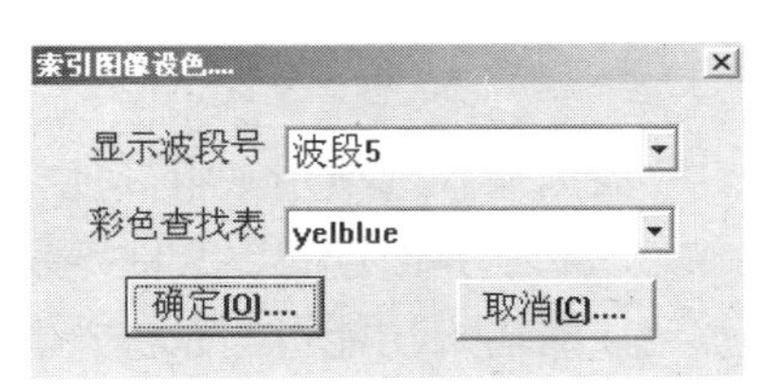

图 17-6　索引图像设色

显示波段号为按索引方式显示的影像波段号，彩色查找表选项中列出了当前可以选择

的颜色查找表显示方案，其中存在一个与当前活动窗口中图像文件同名的查找表，通过选择该查找表可以恢复影像的原始显示方式。

灰度显示：以灰度方式显示当前活动窗口中的图像某一波段。

原数据显示：用原始数据显示当前活动窗口中的图像。

均衡化显示：用均衡化变换显示当前活动窗口中的图像。

正归化显示：用正归化变换（对应 0.5%~99.5%的直方图的数值范围）显示当前活动窗口中的图像。

平方根显示：用平方根（对应 0.5%~99.5%的直方图的数值范围）显示当前活动窗口中的图像。

平方显示：用平方变换（对应 0.5%~99.5%的直方图的数值范围）显示当前活动窗口中的图像。

线形显示：用线形变换（对应 0.5%~99.5%的直方图的数值范围）显示当前活动窗口中的图像。

反转显示：用反转变换（对应 0.5%~99.5%的直方图的数值范围）显示当前活动窗口中的图像。

17.4 数据转换

多源图像处理分析系统（MSIPROC）处理采用的是专用文件格式（*.MSI），因而在影像处理前后需要进行其他格式的影像文件与 MSI 文件间的互相转换。系统提供 MSI 与常用图像文件格式（如 Tiff，GeoTif，Bmp，JPEG）、原格式影像文件及 MAPGIS 栅格文件（*.Rbm）、MAPGIS 高程格网文件（*.Grd）间的互换处理。此外，系统还提供 RGB 影像和索引影像的互相转换。

17.4.1 数据输入

数据输入选项用来将其他格式的影像数据转换成 MSI。

选取主界面选单->文件->数据输入，弹出如图 17-7 所示对话框。

数据输入功能可对单一影像进行转换或同时对多个影像进行批量转换，操作步骤如下。

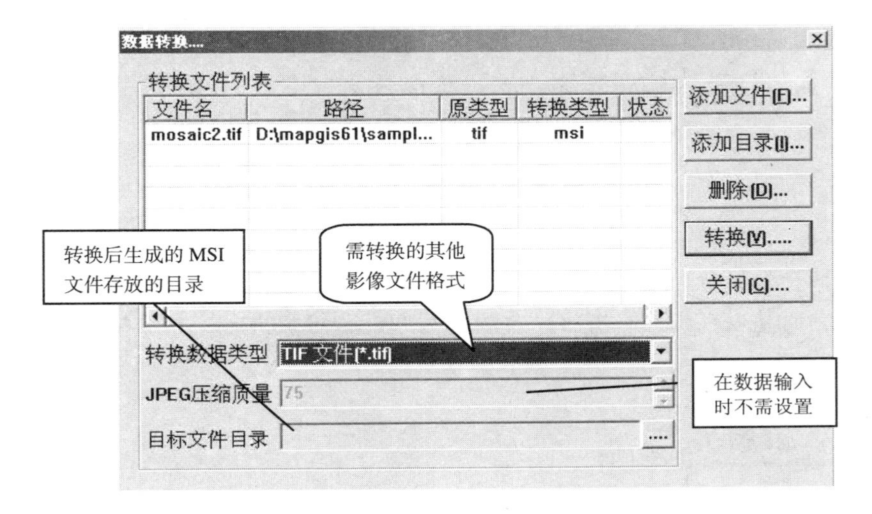

图 17-7　数据输入转换

第一步：选择转换数据类型列表，从中选择需要进行转换的数据类型，目前支持的影像文件类型包括：Bmp,Tiff,GeoTif,Dom,JPG,RBM 和 GRD 等。

第二步：单击添加文件或添加目录按钮，添加所要转换的文件。单击添加文件时弹出文件选择对话框，从中选择需要进行转换的文件。该文件将显示在转换文件列表中，单击添加目录则弹出目录选择对话框，从中选择转换文件所在目录，系统会将选取的目录下所有符合转换数据类型的文件添加至转换文件列表中。

若要删除转换文件列表中的某一文件时，在转换文件列表中选择该文件，然后单击删除按钮即可。若还需转入其他格式的文件，则重复第一、第二步直至所有进行转换的文件添加完毕。

第三步：选择目标文件目录，弹出目录选择对话框，从中选择转换后的 MSI 文件存放的目录。

第四步：单击转换按钮，系统自动对转换文件列表中的文件进行转换。当弹出“转换完毕”对话框时，则文件全部转换完毕。转换成功的文件将在转换文件列表中的状态项显示成功，否则显示失败。

注意：

- 文件转换过程中可能会出现如图 17-8 所示警告对话框（一般在转换 Tiff 文件时），此时单击忽略即可，不影响文件转换。

图 17-8　文件转换中的警告框

- 在批量转换时的两个文件转换期间及转换完毕后，系统可能需要等待一段时间整理数据，只有当“转换完毕”对话框弹出时，数据转换方进行完毕。

17.4.2　数据输出

数据输出选项用来将 MSI 转换成其他格式的影像数据，选取主界面选单->文件->数据输入，弹出如图 17-9 所示对话框。

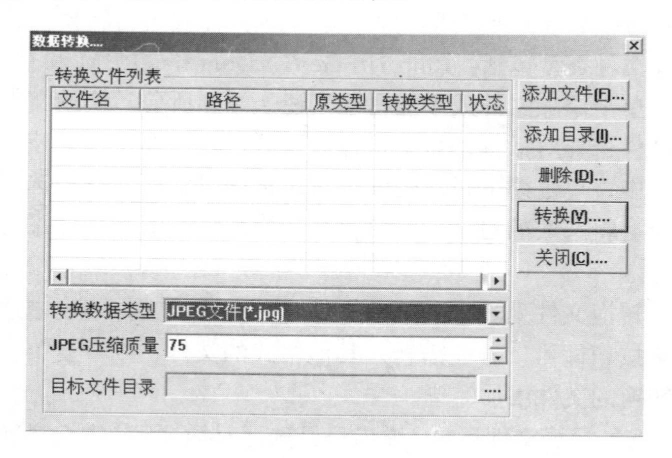

图 17-9　数据输出转换

此处的参数设置及操作可参照数据输入部分，需要注意的是：当输出文件格式为 JPEG 时，需要设置 JPEG 压缩质量，默认值为 75，选择范围为 0~100，其中 0 对应的压缩比最大，100 对应的压缩质量最好，但压缩比较小。

17.4.3　输入 RAW

输入 RAW 选项用于将原格式数据转换成 MSI，选取主界面选单->文件->输入 RAW，弹出如图 17-10 所示对话框，用于输入原格式数据的有关参数。

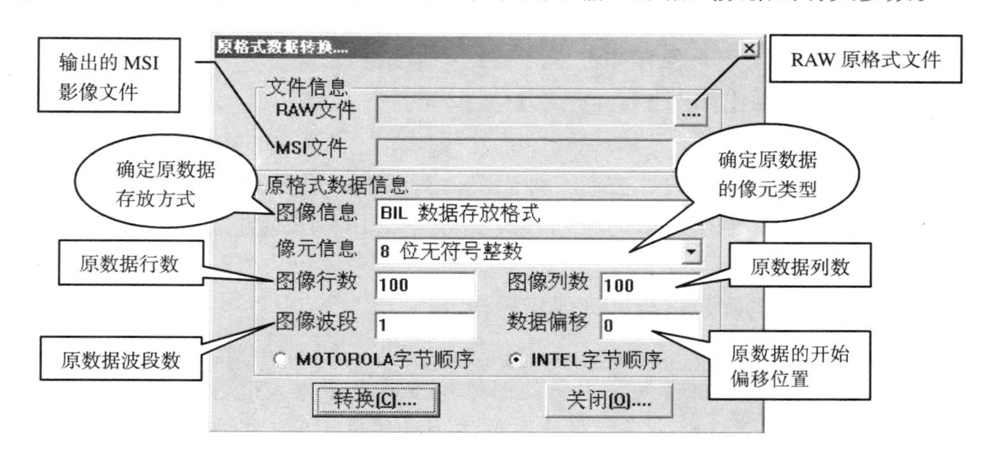

图 17-10　RAW 数据输入

转换步骤如下。

第一步：单击 RAW 文件的选择按钮，弹出文件选择对话框，选择输入的原格式文件。

第二步：单击 MSI 文件选择按钮，弹出文件对话框，重新设置输出文件名。输出的 MSI 文件默认文件为与转入 RAW 文件同目录下的同名 MSI 文件。

第三步：正确设置影像的行列数、数据存放方式等图像信息。

第四步：单击转换进行文件转换操作。

注意：

Raw 数据格式不带影像的行列数，数据存放格式等头信息，转换时需要正确设置这些信息，否则将不能正确进行文件转换。

17.4.4　输出 RAW

输出 RAW 选项用于将 MSI 转换成原格式数据，选择主界面选单->文件->输出 RAW，系统弹出参数设置对话框，用来确定原格式数据的有关参数。其中

只有图像信息和字节顺序可选择，其他只是给出转出的原格式数据的相关信息。具体参数设置及操作说明可参见输入 RAW 一节。

17.4.5　可视保存

可视保存选项用来保存当前活动窗口中显示的影像，选择主界面选单->文件->可视保存，弹出如图 17-11 所示对话框：

操作步骤如下。

第一步：单击输出数据按钮，弹出文件对话框，设置输出文件名。

第二步：选择输出影像的压缩方式，若为 JPEG 压缩方式，还需设置压缩质量。

第三步：单击确定进行可视保存操作。

注意：

可视保存是对当前活动窗口中的图像按当前显示方式进行保存。若当前影像按 RGB 方式显示，则保存所得的影像亦为 3 波段影像。若当前影像按灰度方式显示，则保存所得影像为单波段影像。

17.4.6　输出当前影像

该选项用来将当前活动窗口中影像转换成其他格式影像数据，选择主界面选单->文件->输出当前影像，弹出如图 17-12 所示对话框，设置当前影像输出参数。

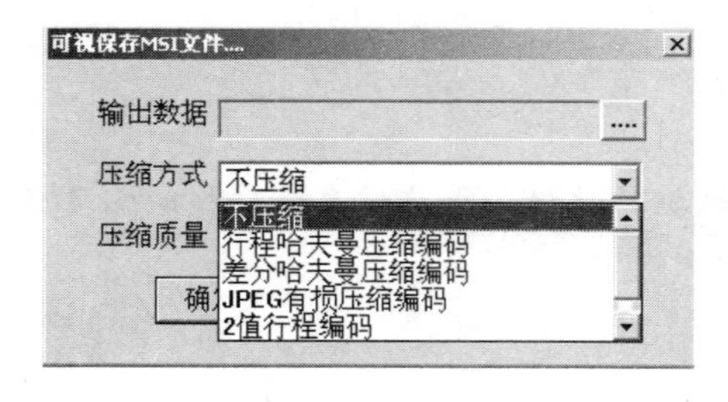

图 17-11　可视保存 MSI 文件

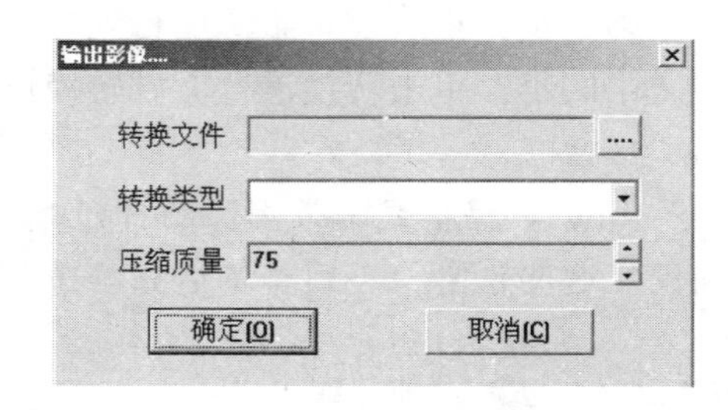

图 17-12　输出当前影像

具体参数说明和操作可参看数据输出部分。

17.4.7　RGB 转索引影像

用来将 RGB 影像显示为索引影像，选择主界面选单->文件->RGB 转索引影像，弹出如图 17-13 所示对话框。

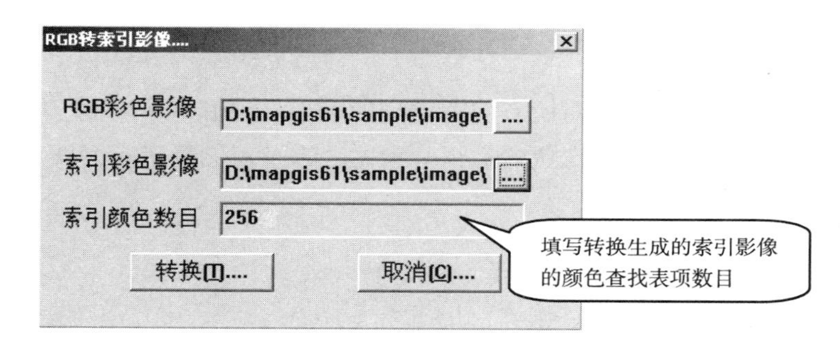

图 17-13　RGB 转索引影像

操作步骤如下。

第一步：选择进行转换的 RGB 影像文件，如果选择的影像波段数小于 3，将弹出“波段数错误”的对话框；如果影像波段数大于 3，请先使用 RGB 图像设色功能选定 RGB 三波段（此部分内容可参见 17.3 节中的图像浏览部分）。

第二步：设置转换后的索引彩色影像文件。

第三步：单击确定，即开始进行转换处理。

17.4.8　索引转 RGB 影像

索引转 RGB 影像选项用来将索引影像转换成 RGB 影像，选择主界面选单->文件->索引转 RGB 影像，弹出如图 17-14 所示对话框。

图 17-14　索引转 RGB 影像

选定索引彩色影像和转换后的 RGB 彩色影像后，单击转换即可进行转换处理。当系统判断所选定的索引彩色影像不符合要求，将自动放弃转换操作。

17.5 影像编辑

影像编辑支持对所有数据类型的 MSI 图像的编辑操作，包括任意形状拷贝、剪切和粘贴，任意次数的撤销和重做，以及对图像进行画线、画点等操作。

17.5.1 空值处理

在 MSI 图像中，每一个像素点都对应着一个像元值，可能有一些像素的值没有测量，对于这些点系统将其赋与一个特殊的标志和其他值进行区别，这个特殊标志称为空值。

利用图像编辑可方便地对影像空值进行处理，通过选择主界面选单->影像编辑->取空值可获取当前影像的空值情况。如果图像没有空值，系统将弹出图 17-15 所示左对话框。如果图像有空值，系统将弹出对话框提示空值情况，图 17-15 所示右对话框。

图 17-15　图像空值处理信息

通过选择主界面选单->影像编辑->设空值，可设置当前影像的空值情况。如果图像中没有空值，此功能将自动设置图像中的空值。如果图像已有空值，系统将告诉用户图像已有空值信息。

17.5.2　编辑处理

利用编辑处理功能可对影像进行任意形状的拷贝、剪切和粘贴。操作步骤如下。

第一步：选择主界面选单->影像编辑->矩形选择或多边形选择来选择进行编辑处理的区域。若要在图像中选择矩形区域，先在矩形的某一顶点处按下鼠标左键，然后在按住鼠标左键的同时拖动鼠标调整矩形大小，确定时松开鼠标左键，便选择了一个矩形区；在图像中选择多边形区域时，先单击鼠标左键选择多边形的一个顶点，然后依次单击左键选择多边形其余顶点，当双击鼠标左键时则封闭多边形。

第二步：选择主界面选单->影像编辑->复制或剪切。选择复制时，系统将复制图像中的选择区域中的部分；若选择剪切，则系统在复制选择区域中的图像后，用当前颜色值对选择的区域进行填充，当前颜色值可利用取像素值的功能来改变，如果未设置当前颜色值，系统将使用默认值进行填充。

第三步：选择主界面选单->影像编辑->粘贴，单击鼠标左键，则客户区内会显示一个当前进行粘贴的影像外部轮廓，它将跟随鼠标的移动而改变位置，当多边形移动到所要进行粘贴的位置时，再次单击鼠标左键，即完成粘贴操作。

17.5.3　画图处理

利用画图处理可以在影像上画线，画点或擦除点。具体操作如下。

选择主界面选单->影像编辑->画线，即可在图像中画线。在所要画的线起点处按下鼠标左键，并拖动鼠标，松开鼠标左键时则将在起点与该点之间画上线。线的宽度由笔宽来决定，线的颜色由当前颜色确定。只有设置当前颜色值时，该选项才有效。

选择主界面选单->影像编辑->画笔，即可在图像中画点。在需要画点处单击鼠标左键，相关点即会显示。点的大小由笔宽来决定，点的颜色由当前颜色来确定。只有设置当前颜色值时，该选项才有效。

选择主界面选单->影像编辑->橡皮擦，即可在图像中擦除点。在需要去除点处单击鼠标左键则擦除该点。点的大小由笔宽来决定。当设置了当前颜色值时，点的颜色由当前颜色来确定；如果没有设置当前颜色值，系统将使用默认颜色进行擦除。

17.5.4 属性设置

用户可通过属性设置选项来改变画笔的宽度。选择主界面选单->影像编辑->属性设置，系统主界面左侧的工作区信息窗口将自动跳转至属性设置页。通过选择笔宽的下拉列表即可设置笔宽，笔宽的范围为 1~10 像素宽。

选择主界面选单->影像编辑->取像素值，在图像上单击鼠标，即取得该点的颜色值，并且在工作区信息窗口中的当前颜色显示该点的颜色。

17.6 影像处理

影像处理部分提供了多种影像处理功能，如滤波变换、傅里叶分析、影像重采样、影像二值化等。利用这些功能，用户可对影像进行增强、平滑等处理。

17.6.1 常规滤波

常规滤波操作对图像进行各种滤波变换处理已达到影像增强、平滑等效果，选择主界面选单->影像处理->常规滤波，弹出图像滤波对话框来设置各项参数。该对话框如图 17-16 所示。

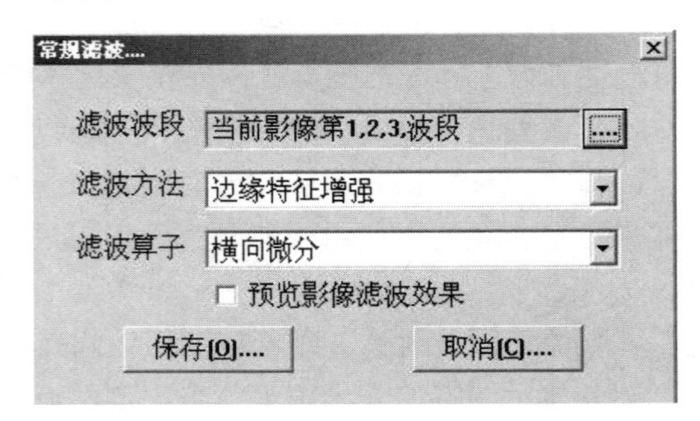

图 17-16 常规滤波对话框

操作步骤如下。

第一步：选取进行滤波的影像波段，滤波处理将只对选取的波段进行。

第二步：选取影像滤波方法，比如要对影像进行增强处理，可在滤波方法

中选择边缘滤波增强，此时滤波算子项中显示的便是边缘增强的各种滤波算子，此时可从中选择适当的滤波算子进行滤波。

第三步：若要预览滤波效果，可以选取预览影像滤波效果的选项。若确认要进行滤波则单击保存，在弹出的文件对话框中填入结果文件名，系统便会进行滤波处理；否则单击取消退出。

注意：

- 滤波是对当前活动窗口中的影像进行处理，因此在进行滤波处理前需保证当前活动窗口中的影像即为需要进行滤波处理的影像。
- 在滤波处理过程中，无论是否进行滤波效果预览，当滤波处理对话框关闭后，系统主窗口中都将显示原始影像数据。

17.6.2　自定义滤波

自定义滤波操作对图像按自定义滤波算子进行滤波处理。选择主界面选单->影像处理->自定义滤波，弹出图 17-17 所示自定义滤波运算对话框，它包括 5×5 的滤波模板、比例和基值等项。

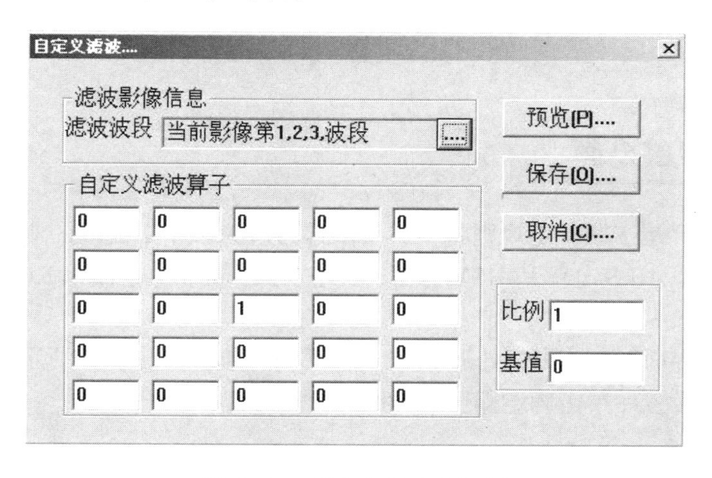

图 17-17　自定义滤波对话框

操作步骤如下。

第一步：选取进行滤波的影像波段，滤波处理将只对选取的波段进行。

第二步：填入滤波运算的算子。

第三步：单击预览按钮察看影像滤波效果；单击保存后，在弹出的文件对话框中填入结果影像文件名，系统便会进行滤波处理；单击取消退出系统。

17.6.3 主成分分析

主成分分析又名 K-L 变换，它用于多个波段数据的去相关处理和信息压缩。选择主界面选单->影像处理->KL 变换，弹出如图 17-18 所示对话框，设置相关参数后单击变换即可对影像进行主成分分析。

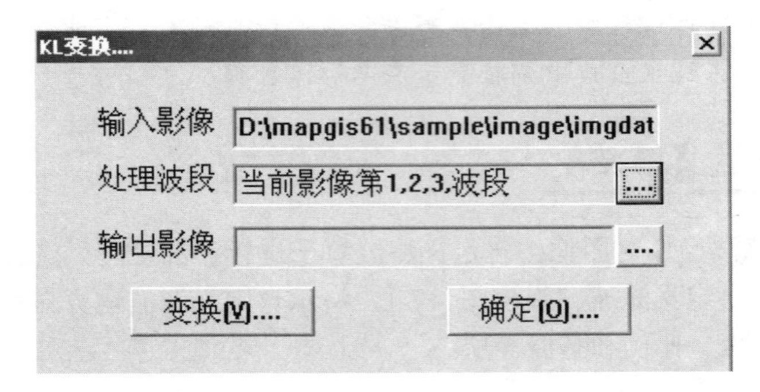

图 17-18　主成分分析对话框

17.6.4 影像分解

影像分解是按照一定规则将多波段影像分解为多个单波段的影像。系统提供 RGB 分解、HLS 分解和 HSV 分解，其基本操作相似，下面以 RGB 分解为例进行介绍。

选择主界面选单->影像处理->RGB 分解，弹出如图 17-19 所示对话框，完成相关参数设置后单击确定即可进行影像分解。

注意：

影像分解是针对三波段影像进行处理，若当前影像文件波段数超过 3，则以当前进行 RGB 显示的 3 个波段组合成 3 波段影像。

影像分解....

源影像 D:\mapgis61\sample\image\imgdat

R波段影像 D:\mapgis61\sample\image\im ....

G波段影像 D:\mapgis61\sample\image\im ....

B波段影像 D:\mapgis61\sample\image\im ....

确定(O)....　取消(C)....

图 17-19　影像分解对话框

17.6.5　影像合成

影像合成是将多个单波段影像按照一定的规则合成一个多波段影像。系统提供 RGB 合成、HLS 合成和 HSV 合成，其基本操作相似。下面以 RGB 合成为例进行介绍。

选择主界面选单->影像处理->RGB 合成，弹出如图 17-20 所示对话框，完成相关参数设置后单击确定即可进行影像分解。

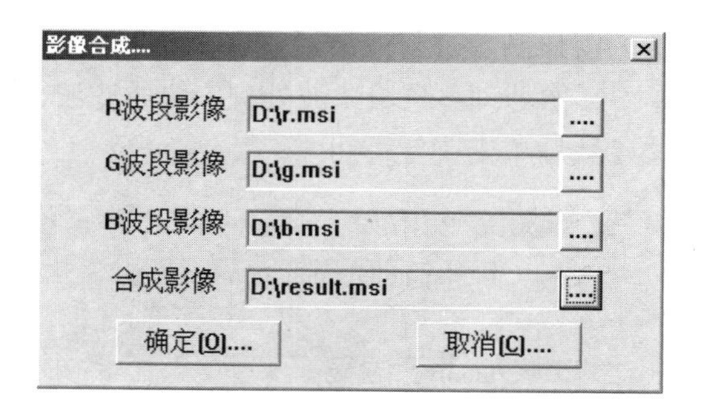

图 17-20　影像合成对话框

17.6.6　傅里叶变换

傅里叶变换是对组成图像的所有光波的振幅，相位与频率关系的频谱进行

处理，利用该变换可以对遥感图像数据和信息从频率的角度进行分析。选择主界面选单->影像处理->傅里叶变换，得到如图 17-21 所示对话框，设置相关参数后单击变换即可。

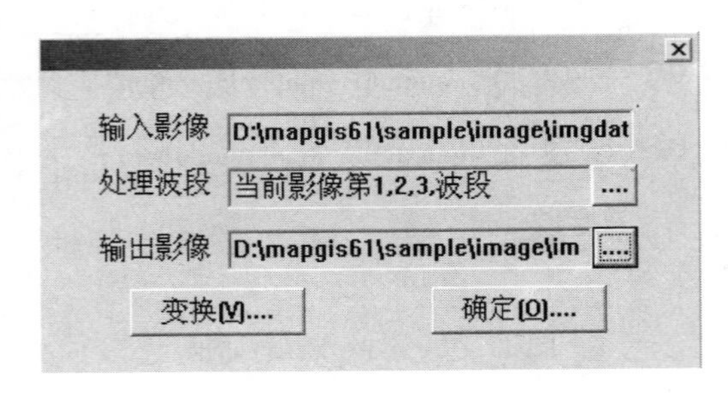

图 17-21　影像傅里叶变换对话框

17.6.7　频率域滤波

频率域滤波是在对原始图像进行傅里叶变换后在频率域进行的滤波，包括低通滤波、高通滤波、带通滤波和带阻滤波。

1．低通滤波

低频区域按所选的窗口函数进行滤波通过，高频区域截止。

选择主界面选单->影像处理->频域滤波处理->低通滤波，得到如图 17-22 所示对话框，设置相关参数后单击确定即可。

图 17-22　低通滤波对话框

参数说明如下。

输入文件：傅里叶变换后需要进行频域滤波处理的图像数据，默认为当前活动窗口中的影像。

结果文件：经过滤波处理后的图像数据。

窗口函数：进行频域滤波处理的函数，包括 Ideal 窗口函数、Bartlett 窗口函数、Butterworth 窗口函数 Gaussian 窗口函数、Hanning 窗口函数。

高频增益：进行低通滤波时高频区域的最大值，默认为 0。

低频增益：进行低通滤波时低频区域的最大值，默认为 1。

滤波半径：所要进行滤波的半径，半径内的区域为低频区，半径外的区域为高频区。

2. 高通滤波

高频区域按所选的窗口函数进行滤波通过，低频区域截止。

选择主界面选单->影像处理->频域滤波处理->高通滤波，得到如图 17-23 所示对话框，设置相关参数后单击确定即可。

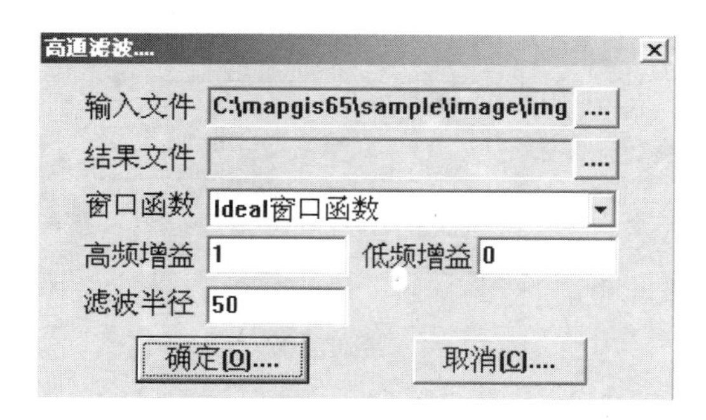

图 17-23　高通滤波对话框

参数说明如下。

输入文件：傅里叶变换后需要进行滤波处理的图像数据，默认为当前活动窗口中的影像。

结果文件：经过高通滤波处理后的图像数据。

窗口函数：进行滤波处理的函数，包括 Ideal 窗口函数、Bartlett 窗口函数、Butterworth 窗口函数 Gaussian 窗口函数、Hanning 窗口函数。

高频增益：进行高通滤波处理时高频区域的最大值，默认为 1。

低频增益：进行高通滤波处理时低频区域的最大值，默认为 0。

滤波半径：所要进行滤波的半径，半径内的区域为低频区，半径外的区域为高频区。

3．带通滤波

带频区域按所选的窗口函数进行滤波通过，其余区域截止。其中，带频区域为滤波内径、滤波外径所确定的环带区域。

选择主界面选单->影像处理->频域滤波处理->带通滤波，得到如图 17-24 所示对话框，设置相关参数后单击确定即可。

参数说明如下。

输入文件：傅里叶变换后需要进行滤波处理的图像数据，默认为当前活动窗口中的影像。

结果文件：经过滤波处理后的图像数据。

带通滤波....
输入文件 C:\mapgis65\sample\image\img ....
结果文件 ....
窗口函数 Ideal窗口函数
带通增益 1 带阻增益 0
滤波内径 10 滤波外径 100
确定[O].... 取消[C]....

图 17-24　带通滤波对话框

窗口函数：进行滤波处理的函数，包括 Ideal 窗口函数、Bartlett 窗口函数、Butterworth 窗口函数 Gaussian 窗口函数、Hanning 窗口函数。

带通增益：进行带通滤波时带频区域的最大值，默认为 1。

带阻增益：进行带通滤波时带频区域以外区域的最大值，默认为 0。

滤波内径：带频区域的内径，默认为 10。

滤波外径：带频区域的外径，默认为 100。

4．带阻滤波

带频区域以外区域按所选的窗口函数进行滤波通过，带频区域截止。其中，

带频区域为滤波内径、滤波外径所确定的环带区域。

选择主界面选单->影像处理->频域滤波处理->带阻滤波，得到如图 17-25 所示对话框，设置相关参数后单击确定即可。

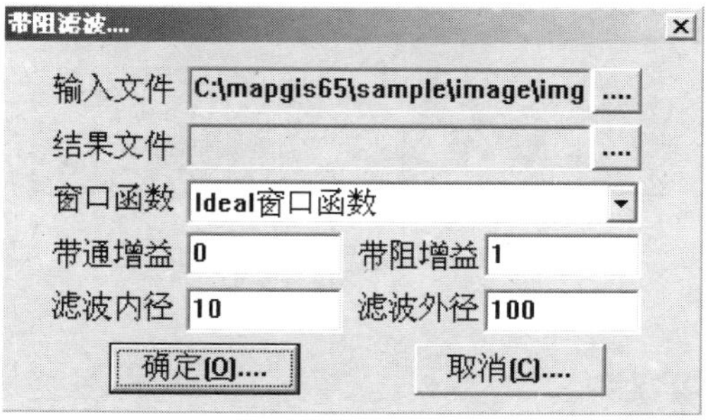

图 17-25　带阻滤波对话框

参数说明如下。

输入文件：傅里叶变换后需要进行滤波处理的图像数据，默认为当前活动窗口中的影像。

结果文件：经过带阻滤波处理后的图像数据。

窗口函数：进行滤波处理的函数，包括 Ideal 窗口函数、Bartlett 窗口函数、Butterworth 窗口函数、Gaussian 窗口函数、Hanning 窗口函数。

带通增益：进行带阻滤波时带频区域的最大值，默认为 0。

带阻增益：进行带阻滤波时带阻区域以外区域的最大值，默认为 1。

滤波内径：带频区域的内径，默认为 10。

滤波外径：带频区域的外径，默认为 100。

注意：

- 频率滤波所处理的文件对象必须是经过傅里叶变换后的数据文件。
- 在进行带通、带阻滤波处理时，滤波内径必须小于或等于滤波外径。

17.6.8　傅里叶逆变换

傅里叶逆功能所处理的文件对象必须是经过傅里叶变换后的数据文件，可以将图像还原成傅里叶变换之前的图像，信息缺失很少。

选择主界面选单->影像处理->傅里叶变换，得到如图 17-26 所示对话框，设置相关参数后单击确定即可，其中波段默认为傅里叶变换之前的波段。

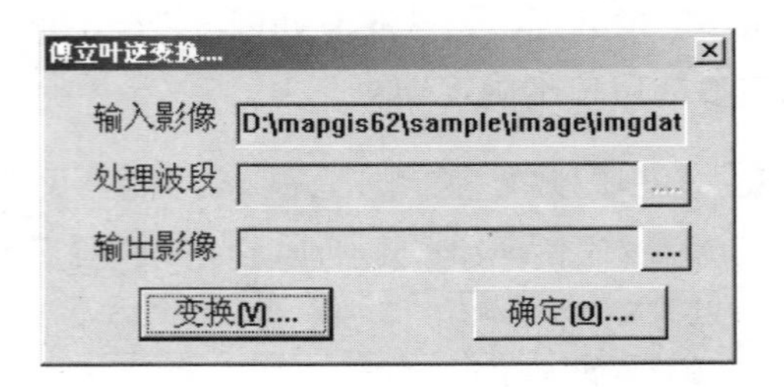

图 17-26　傅里叶逆变换对话框

17.6.9　影像重采样

影像重采样操作对影像按照行列数进行重采样处理，选择主界面选单->影像处理->影像重采样，弹出如图 17-27 所示对话框。

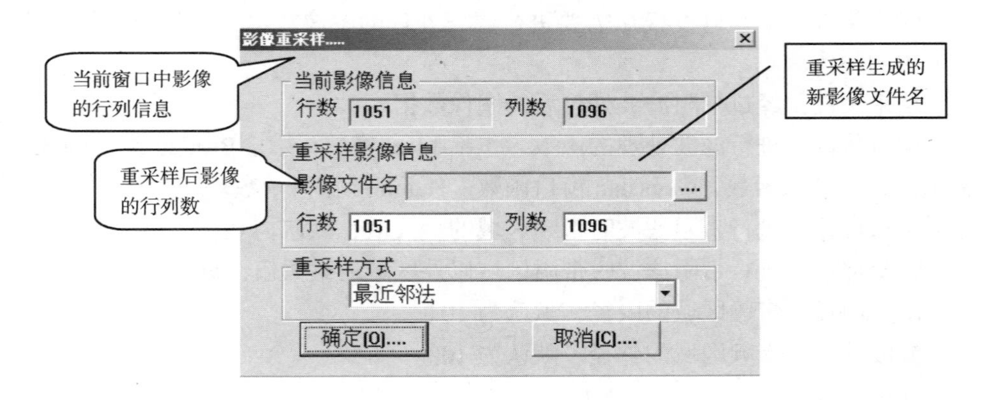

图 17-27　影像重采样处理对话框

注意：

影像重采样处理在保证影像的大地坐标范围不变的情况下改变影像的行列数，在一定程度上相当于改变影像的分辨率的操作。

17.6.10　数学形态学处理

数学形态学的用途主要是获取物体拓扑和结果信息，它通过物体和结构算

子相互作用的某些运算，得到物体更本质的形态。形态学在图像处理中应用十分广泛，在此只用到它的滤波功能。

选择主界面选单->影像处理->数学形态学处理，得到如图 17-28 所示对话框，设置相关参数后单击确定即可。

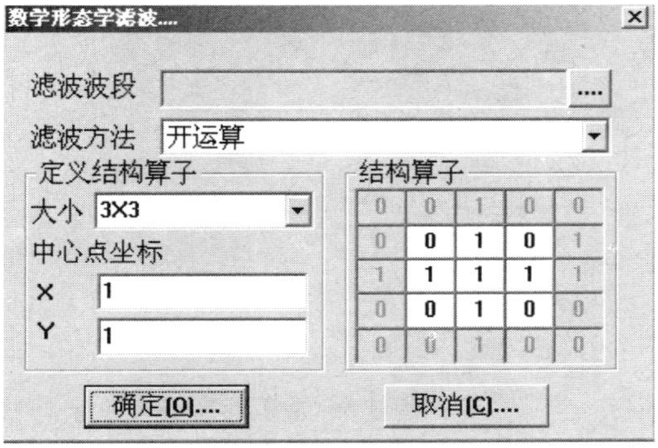

图 17-28　数学形态学处理对话框

参数说明如下。

滤波波段：进行滤波时所要滤波的波段。

滤波方法：进行滤波时所使用的滤波方法，包括开运算、闭运算、腐蚀运算、膨胀运算。其中腐蚀具有收缩图像作用，膨胀具有扩大图像的作用，开运算具有磨光图像外边界的作用，闭运算具有磨光内边界的作用。

结构算子：进行滤波时所使用的滤波窗口，包括大小和中心点坐标两个参数。其中，0 表示背景，1 表示前景。

大小：滤波窗口的大小，这里有两种选择 3×3、5×5。

中心点坐标：结构算子的中心点坐标。

17.6.11　影像二值化

所谓二值图像，就是指图像上的所有点灰度值只有两种可能，不为“0”就为“255”，也就是整个图像呈现出明显的黑白效果。这里采用阈值分割技术二值化影像，即所有灰度大于或等于阈值的像素被判决为属于物体，灰度值用“255”表示，否则这些像素点被排除在物体区域以外，灰度值为“0”，表示背景。

选择主界面选单->影像处理->影像二值化，得到如图 17-29 所示对话框。

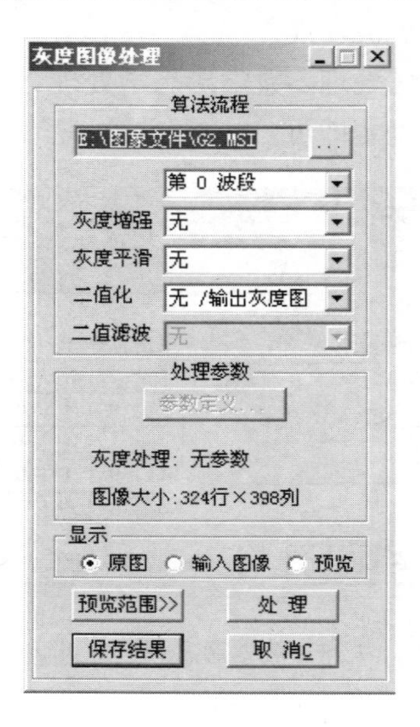

图 17-29　二值化处理

操作步骤如下。

① 选择所要进行二值化处理的影像文件。

② 选择所要进行二值化处理的波段。

③ 灰度增强：对所选择的波段进行灰度增强处理，包括线性增强、直方图均衡化、直方图规则化、直方图标准化，如果选择无，则表示不进行灰度增强。

④ 灰度平滑：对所选择的波段进行灰度平滑处理，包括 4 邻域平均、8 邻域平均、3×3 均值滤波、3×3 中值滤波、5×5 均值滤波、5×5 中值滤波，如果选择无，则表示不进行灰度平滑。

⑤ 二值化：对所选波段进行二值化处理，包括单阈值法、可变阈值法、自适应阈值法、最优阈值、分区最佳阈值法、可变分区最佳阈值法、分区双阈值法、可变分区双阈值法，如果选择无/输出灰度图，则表示不进行二值化处理，直接输出灰度图。

⑥ 二值滤波：在步骤⑤中选中一种二值化方法，则可对图像进行净化、去毛刺等操作。

1．处理参数

如果已选择了任意一种二值化方法，例如选择了单阈值法，参数定义按钮被激活，则会遇到以下选择。

① 参数定义：可以设置阈值的大小，如图 17-30 所示。

② 显示直方图：可以选择显示范围、灰度级、值域，如图 17-31 所示。

图 17-30　单阈值设置对话框

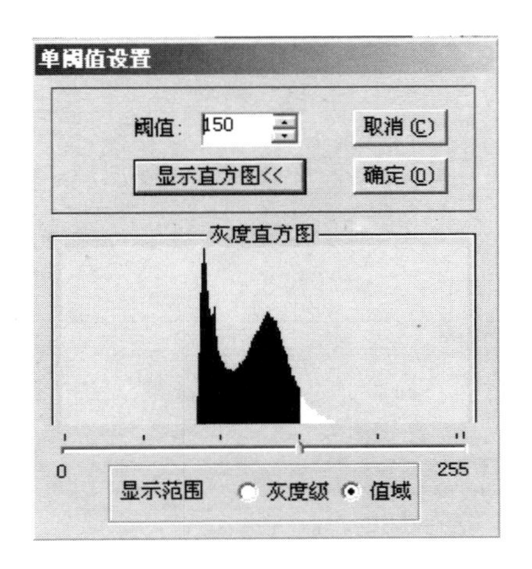

图 17-31　单阈值设置对话框

2．显示

在灰度图像处理对话框的显示栏，有原图、灰度图、预览三个选项，其中预览表示预览二值处理后的图像。

3．处理

① 处理：按照以上设置的参数进行处理。

② 设置预览范围，如图 17-32 所示。

③ 保存：如果对所预览的二值处理后的图像表示满意，则可单击保存按钮，出现如图 17-33 所示文件保存对话框。

单击上面文件对话框中的保存按钮，对经过二值化处理的波段进行保存。

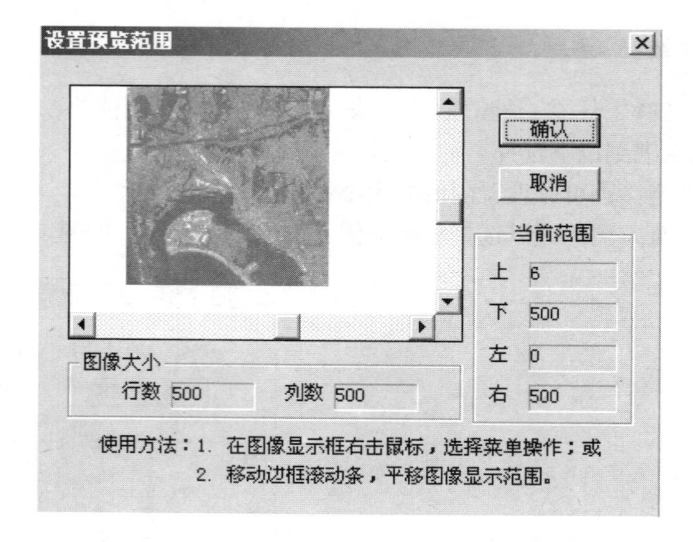

图 17-32　设置预览范围对话框

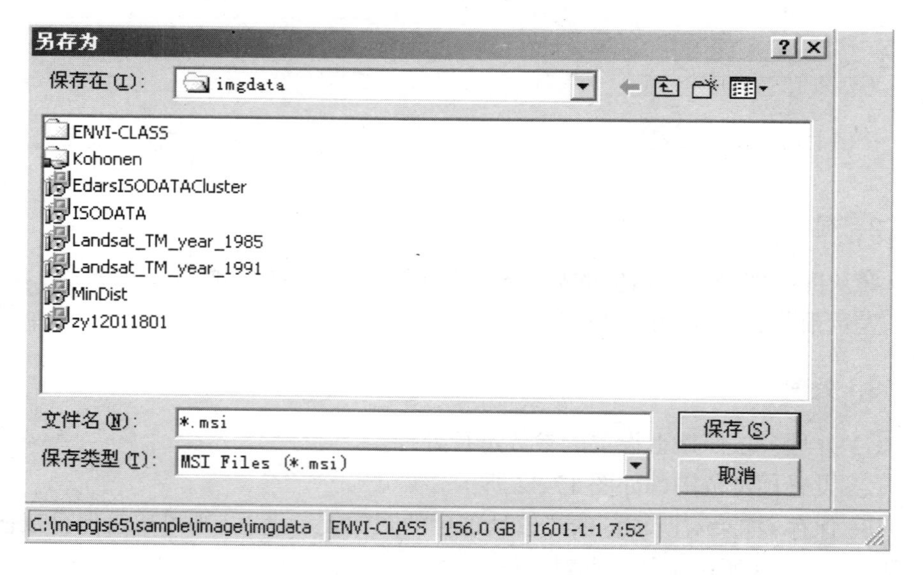

图 17-33　保存结果对话框

17.7　影像分析

影像分析部分是利用运算、分类等方法对影像的光谱信息进行处理，从而有效提取影像的特征信息。

17.7.1　运算分析

运算分析部分提供了比值运算、常规运算、植被因子分析、樱帽分析、专题分析和自定义运算等方法，其基本操作相似。下面以自定义运算为例进行说明。

选取主界面选单->影像分析->自定义运算，弹出如图 17-34 所示对话框。

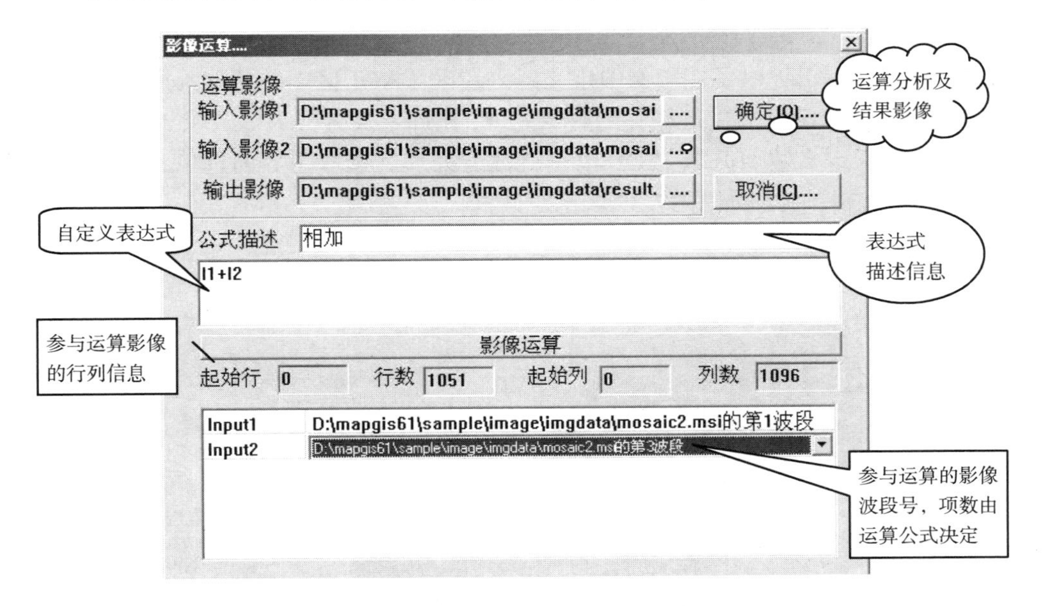

图 17-34　影像分析之自定义运算

操作步骤如下。

第一步：选取进行运算分析的影像文件，默认为当前活动窗口中的影像。

第二步：设置运算分析生成的结果影像文件名。

第三步：输入影像运算的公式，对于非自定义运算类的运算处理，该公式

是自动生成的，不需要进行设置。公式的具体含义可参照运算公式说明部分。

第四步：单击影像运算，系统会自动对影像运算公式进行判断。若公式有错，将弹出错误提示信息，并对错误处加亮显示，具体算术表达式规则可参照图像算术表达式部分。若公式正确，系统将根据参与运算影像波段数显示输入波段列表。

第五步：在输入波段列表中设置参与影像运算的各影像波段号。

第六步：单击确认进行运算处理，单击取消则取消该操作。

注意：

若有多个影像进行运算处理，需保证进行处理的各影像波段行列数相等，否则将不能进行正确处理。

17.7.2 AOI 区编辑

AOI 区编辑提供了在影像中定义感兴趣区（AOI 区）的功能，通过定义不同类型的 AOI 区可以进行相关的影像处理，比如定义分类训练区域 AOI 来进行分类分析；定义裁剪区域 AOI 以进行裁剪处理。选取主界面选单->影像分析->AOI 区编辑，弹出如图 17-35 所示对话框。

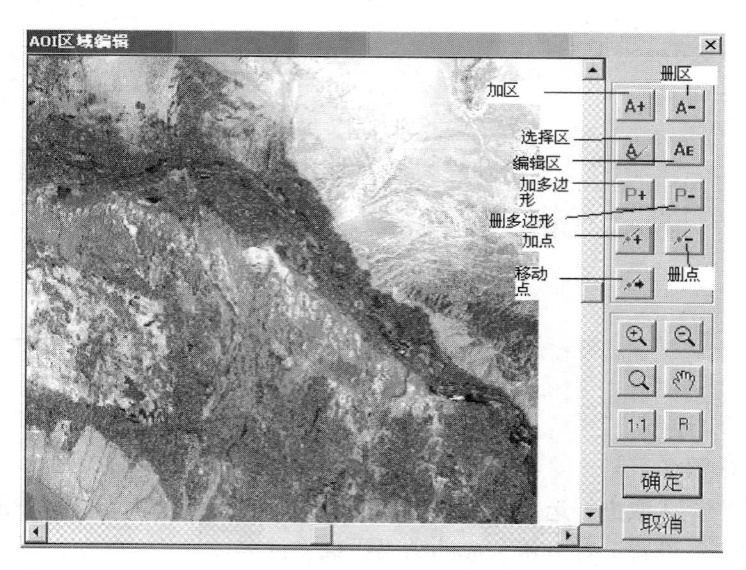

图 17-35　定义分类训练区域 AOI

AOI 区编辑对话框中提供以下功能。

加 AOI 区：加入一个 AOI 区，在对话框中输入 AOI 区名称，并且选择 AOI 区的颜色和 AOI 区的属性，如图 17-36 所示。当加入的 AOI 区为分类训练区域 AOI 区时，AOI 区颜色用来表示一类地物，监督分类得到的结果影像中该类地物都将以该颜色表示。AOI 区属性包括无定义 AOI、选择区域 AOI、裁剪区域 AOI、分类训练区域 AOI。在必要情况下，还可以自行修改属性，系统将其默认为无定义 AOI。

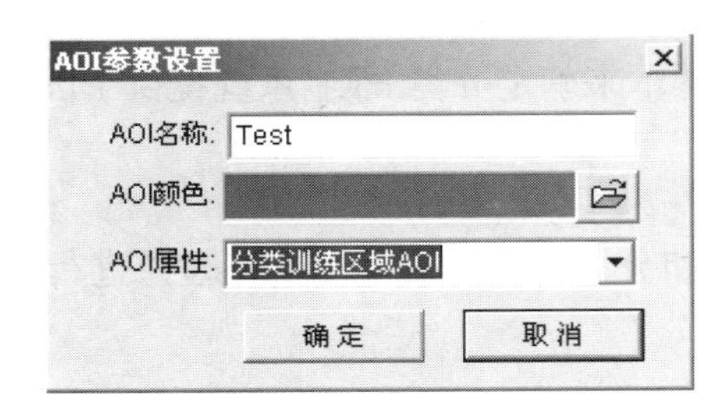

图 17-36　分类训练区域参数设置

加多边形：在已有的 AOI 区中加入多边形。操作时首先在多边形起点处单击鼠标左键，然后依次单击左键选择其他顶点，单击鼠标右键完成添加多边形。注意在添加多边形前必须先选择一个 AOI 区作为当前 AOI 区。

删区：删除已经加入的区。单击该按钮后，在所要删除的 AOI 区内单击鼠标左键，即删除该区。

编辑区：编辑当前已经存在的区，在此状态下可编辑当前区的颜色、名称。单击该按钮后，在所要进行编辑的 AOI 区内单击鼠标左键，弹出对话框编辑该 AOI 区信息。

选择区：查看当前已经存在的区属性，并把其设为当前活动的区。单击该按钮后，在所要进行选择的 AOI 区内单击鼠标左键，则弹出对话框显示该 AOI 区信息。

删多边形：在当前活动的区中删除一个多边形。单击该按钮后，在所要删除的多边形内单击鼠标左键，删除该多边形。

加点：在当前活动区多边形中加入一个点。在进行加点操作前，首先需要选择 AOI 区，然后在需要加点的地方单击鼠标左键即可。

删点：在当前活动区中的多边形中删除一个点。单击该按钮后，在需要删

除点的地方单击鼠标左键即可。

编辑点：在当前活动区多边形中编辑一个点。

17.7.3　监督分类

监督分类是根据已知类别的样本观测值确定分类准则，然后依据该准则对影像进行分类的过程。进行监督分类前，需要先进行分类学习，即定义分类训练 AOI 区，具体操作可参照 AOI 区编辑部分，系统进行监督分类时将以定义的分类训练 AOI 区作为样本来确定分类准则。系统提供了以下 3 种监督分类方法。

1．最小距离分类

按最小距离公式和分类训练 AOI 区对所选择进行分类的波段进行监督分类。

2．广义距离分类

按广义最小距离公式和分类训练 AOI 区对所选择的进行分类的波段进行监督分类。

3．平行六面体分类

按平行六面体公式和分类训练 AOI 区对所选择的进行分类的波段进行监督分类。

17.7.4　非监督分类

非监督分类是在没有类别先验知识情况下将所有样本划分为若干个类别的方法，它通常包括 ISODATA、最小距离、广义距离、平行六面体等方法。

1．ISODATA 分类

ISODATA 分类是一种迭代自组织分类，它根据用户提供的参数对当前图像进行分类。

选取主界面选单->影像分析->非监督分类->ISODATA 分类，弹出如图 17-37 所示对话框，设置相关参数后单击确定即可完成 ISODATA 分类处理。

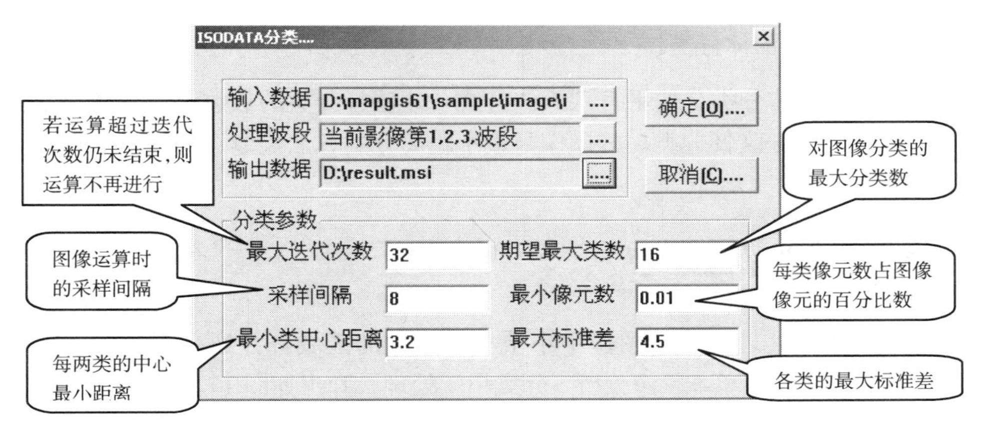

图 17-37　非监督分类之 ISODATA 分类处理

2. 最小距离分类

最小距离分类是按最小距离公式、非监督分类的参数对所选择的分类图层进行非监督分类。选取主界面选单->非监督分类->最小距离分类，弹出如图 17-38 所示对话框，设置相关参数后单击确认即可进行最小距离分类。

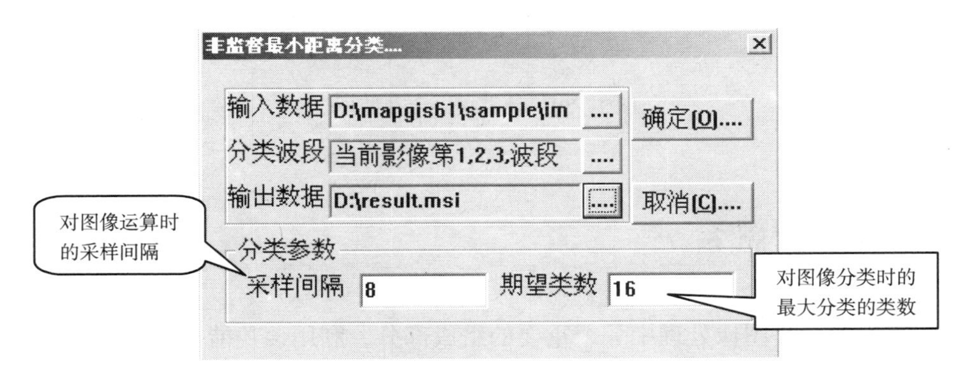

图 17-38　非监督分类之最小距离分类处理

3. 广义距离分类

广义距离分类按广义最小距离公式、非监督分类的拒绝因子对所选择进行分类的波段进行非监督分类。其操作与最小距离分类方法相似，具体可参照最小距离分类部分。

4．平行六面体分类。

平行六面体分类是按平行六面体公式、非监督分类的参数对所选择进行分类的波段进行非监督分类。其操作与最小距离分类方法类似，具体可参照最小距离分类部分。

17.7.5　分类小区处理

分类小区处理用于把图像中小于小区像数的区域合并到最近的较大区域中。选取主界面选单->影像分析->分类小区处理，弹出如图 17-39 所示对话框。

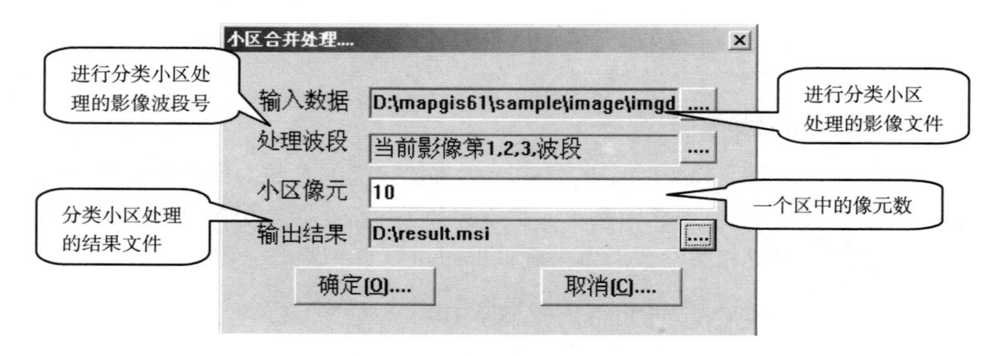

图 17-39　分类小区合并处理

17.8　镶嵌融合

镶嵌融合是图像处理中一个重要的组成部分，利用该功能可以完成影像几何校正、影像镶嵌等实用操作。

17.8.1　重要概念

1．两类文件

在图像镶嵌配准部分有两类文件。

校正文件：指需要进行几何校正和坐标参照处理的文件。

参照文件：是指在对校正文件进行处理时作为标准的文件。

2. 控制点

在图像镶嵌配准部分，控制点信息是主要处理对象，用户通过编辑校正文件中的控制点信息，从而完成其他各项功能。

3. 两种控制点编辑方式

MSIPROC 系统支持两种控制点编辑方式：图像–图形–控制点列表显示模式和图像–编辑–控制点列表显示模式。

（1）图像–图形–控制点列表显示模式。在图像–图形–控制点列表显示模式中有 3 个窗口显示在屏幕中。左上角的窗口是校正文件显示窗口，右上角的窗口是参照文件显示窗口，下边的窗口是控制点列表显示窗口。如图 17-40 所示。

（2）图像–编辑–控制点列表显示模式。图像–编辑–控制点列表显示模式中有两个窗口显示在屏幕中。上面的窗口是校正文件显示窗口，下面的窗口是控制点列表显示窗口，如图 17-41 所示。

校正文件局部放大显示窗口和参照控制点输入编辑窗口在系统工作过程中会弹出。

4. 当前控制点

在 MSIPROC 系统中，对控制点的编辑是对当前控制点进行操作的。

在控制点浏览状态下，当前控制点在校正文件的显示窗口和参照文件的显示窗口中以红色表示。在控制点列表显示窗口是以加亮的水平条显示。

5. 控制点个数与校正多项式次数

在 MSIPROC 系统中，几何校正的模型采用了多项式拟合法，系统支持一阶到五阶的多项式几何校正变换。

不同阶的多项式几何校正变换最少控制点数在理论上如下。

一阶多项式几何校正（理论最小值）：3 个控制点。

二阶多项式几何校正（理论最小值）：6 个控制点。

三阶多项式几何校正（理论最小值）：10 个控制点。

四阶多项式几何校正（理论最小值）：15 个控制点。

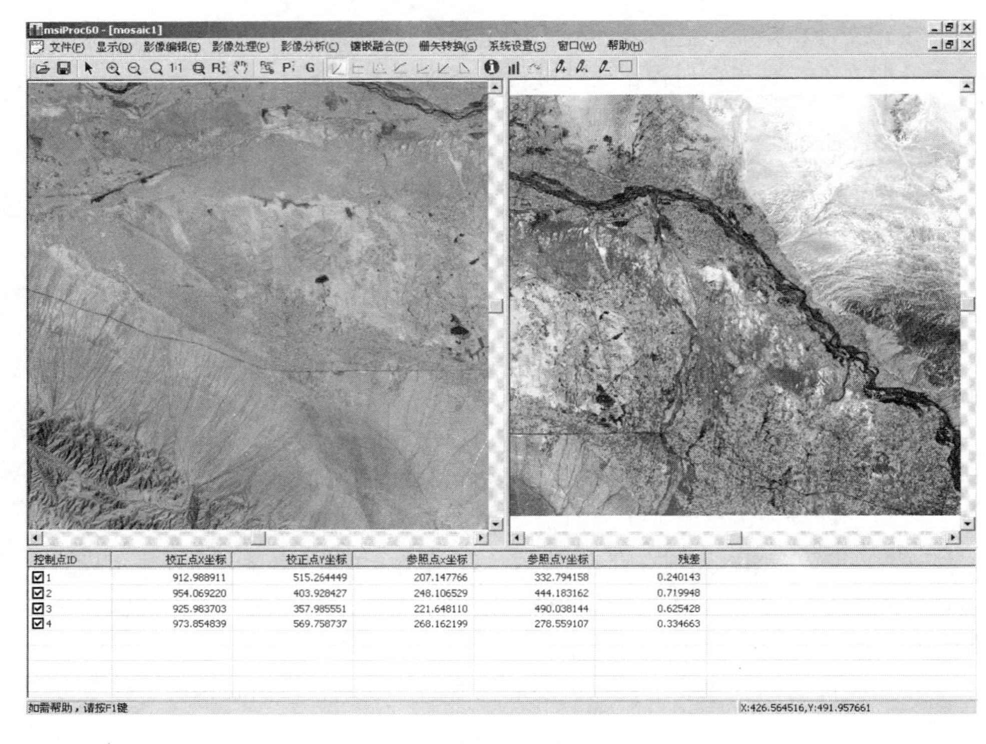

图 17-40　图像–图形–控制点列表显示模式

五阶多项式几何校正（理论最小值）：21 个控制点。

为了保证较高的校正精度，实际选择的控制点至少为理论数的 3 倍。

一阶多项式几何校正（推荐最小值）：9 个控制点。

二阶多项式几何校正（推荐最小值）：18 个控制点。

三阶多项式几何校正（推荐最小值）：30 个控制点。

四阶多项式几何校正（推荐最小值）：45 个控制点。

五阶多项式几何校正（推荐最小值）：63 个控制点。

6. 编辑显示窗口

在 MSIPROC 系统中，有 6 种编辑显示窗口，分别为：校正文件显示窗口、参照文件显示窗口、控制点列表显示窗口、参照控制点输入编辑窗口、校正文件局部放大显示窗口和参照文件局部放大显示窗口。

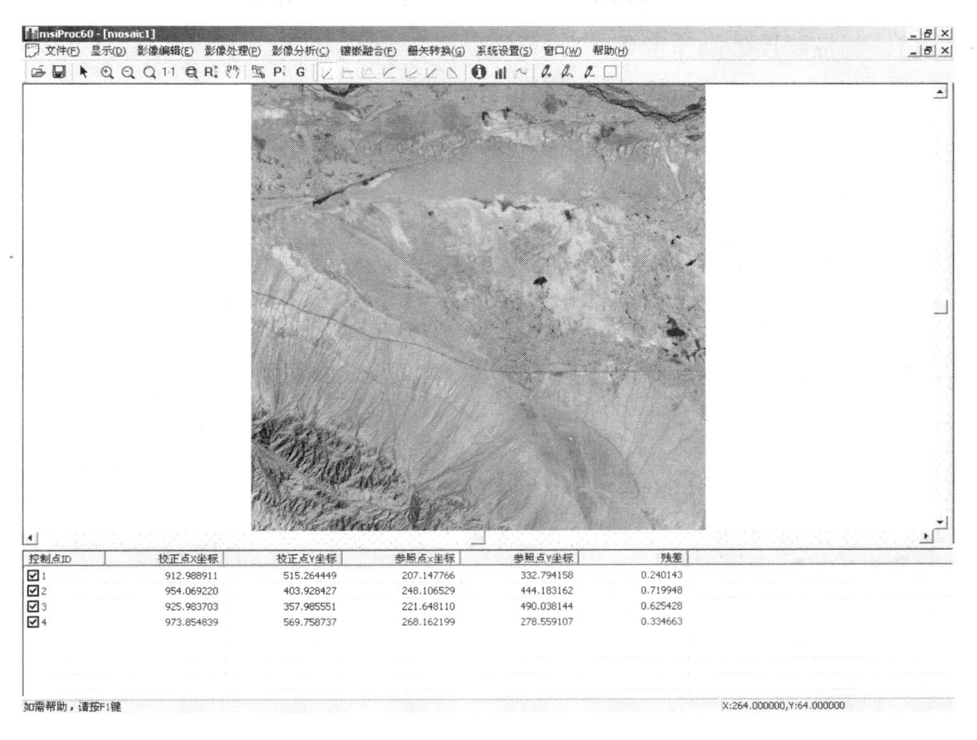

图 17-41　图像-编辑-控制点列表显示模式

注意：

校正文件只能为 MSI 图像，而参照文件则包括参照 MSI 图像、参照点图形文件（.WT）、参照线图形文件（.WL）、参照区图形文件（.WP）。

用户只打开一幅校正图像时，系统处于单窗口工作方式。此时添加参照控制点时，将弹出参照控制点输入编辑窗口，以接受用户输入的参照控制点，如图 17-43 所示。

17.8.2　控制点编辑

以处于图像-图形-控制点列表显示模式工作方式时控制点编辑方法为例介绍控制点编辑的具体步骤。

1. 加控制点的操作步骤

（1）在打开校正图像中选择要校正的图像。

（2）在打开参照图像中选择参照图像或者选择参照的点、线、面文件。

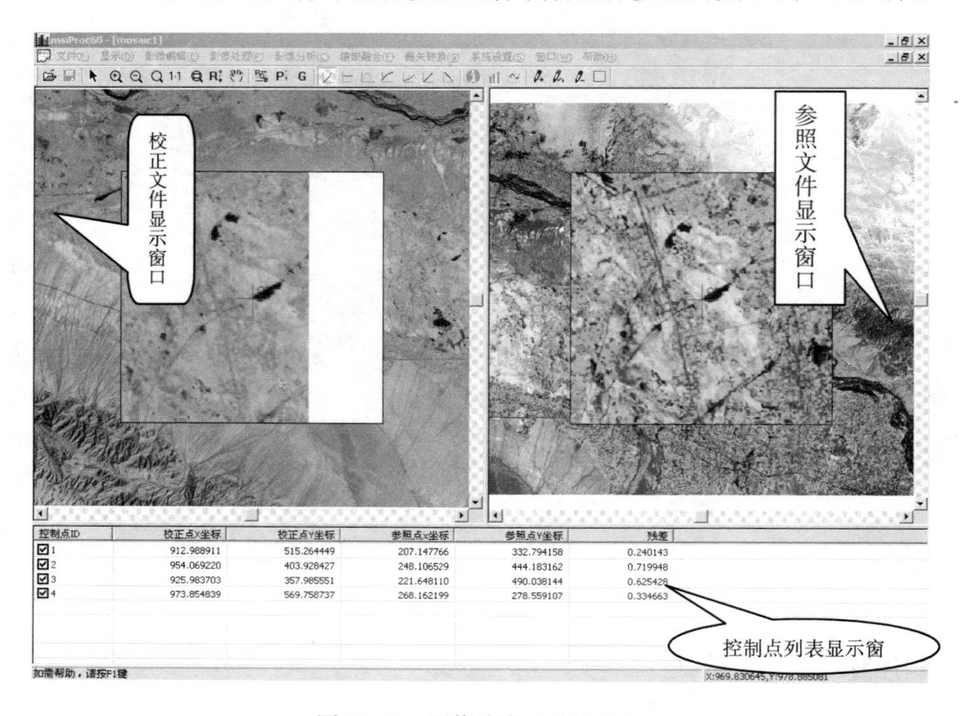

图 17-42　图像镶嵌之编辑显示

图 17-43　图像镶嵌参照控制点输入

（3）选择主界面选单->镶嵌融合->删除所有控制点，将要校正的图像中控制点删除。

（4）选择主界面选单->镶嵌融合->添加控制点，使系统处于添加控制点的状态。

（5）用鼠标左键单击图像或图形窗口，系统将以单击点为中心弹出一个局部放大显示窗口，当前点将以红色十字叉显示，若该点附近有其他控制点，则这些点以蓝色十字叉显示作为参照，用户可在该窗口中通过单击左键来改变控制点位置。确定控制点位置时按下空格键，局部放大窗口中的十字叉将变黄（如果控制点的数目大于 3 个，那么在另外一个窗口将自动定位到与输入点相匹配的位置，并将自动弹出放大窗口，同时底图也已经定位到以之为中心点的状态。建议您在输入前三个控制点的时候，一定应保证有尽可能高的精度，保证系统控制点预测的精度）。

（6）在另一窗口中通过放大缩小窗口，先粗略定位到与已输入的控制点相匹配的位置（如果已经弹出放大窗口，可以在放大窗口外的窗口位置按鼠标右键使放大窗口消失），按照第 5 步操作加入匹配点。当两个放大窗口的十字架都变黄时，系统弹出对话框，选择“是”加入控制点，选择“否”取消操作。

2．删除控制点的操作步骤

（1）在控制点列表中选择要删除的控制点，使该控制点变亮。

（2）选择删除控制点，系统弹出对话框，选择“是”删除该控制点，选择“否”取消操作。

3．修改控制点操作步骤

（1）选择修改控制点，使系统处于修改控制点的状态。

（2）在控制点列表中选择要修改的控制点，双击使该控制点变亮。

（3）按照添加控制点的操作，修改控制点，当两个局部放大窗口的十字架都变黄时，系统弹出对话框，选择“是”则修改控制点，选择“否”则取消修改操作。

注意：

- 控制点显示列表中支持对控制点坐标的直接编辑修改、拷贝、粘贴等操作。
- 在局部放大窗口中可以在右键选单中选择放大、缩小、移动等操作。
- 局部放大窗口中支持放大缩小的快捷键处理，放大可按 F5，缩小可按 F6。

17.8.3 影像校正

在对校正影像添加一定数量的控制点后，便可利用这些控制点信息对影像进行校正处理。

1. 校正参数

校正参数值决定进行几何校正及镶嵌时采用的模型和重采样的方式。选择主界面选单->镶嵌融合->校正参数，系统弹出校正参数对话框，用来指定多项式次数和重采样方式，多项式次数支持一次到五次，重采样方式支持最近邻、双线性和双立方三种。校正参数的具体解释请参阅控制点个数与校正多项式次数的关系，如图 17-44 所示。

2. 影像校正

对校正图像按校正图像的控制点信息进行几何校正并重采样，重采样只对参照坐标在处理参数设置范围的校正图像数据进行，本操作生成一个新 MSI 图像。

选取主界面选单->镶嵌融合->影像校正后，弹出如图 17-45 所示对话框。

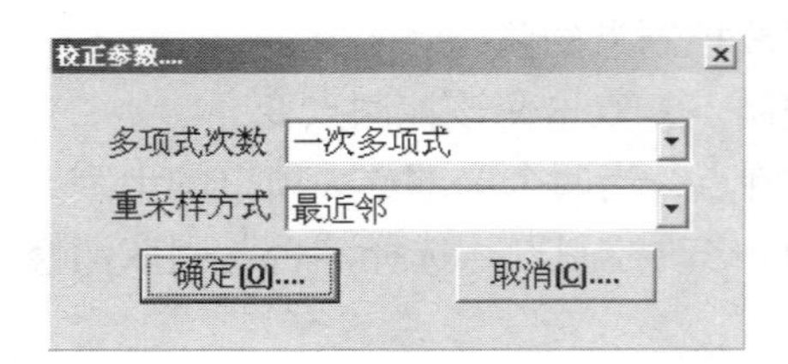

图 17-44 影像校正参数设置

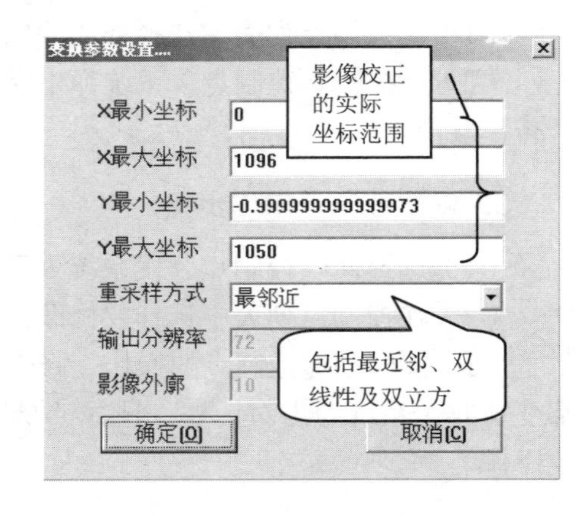

图 17-45 影像校正参数信息

注意：

- 影像校正的实际坐标范围的默认值为整幅影像，若用户只需要对其中一部分进行校正，可自行编辑影像校正范围。
- 影像校正仅在校正预览状态下可用。

3．影像精校正

影像精校正是利用校正图像的控制点信息进行几何校正，但同影像校正不同的是它采用了三角网校正的方法，适合于控制点较多的情况，同时校正所得影像的精度也较高。

选取主界面选单->镶嵌融合->影像精校正，弹出如图 17-46 所示对话框。

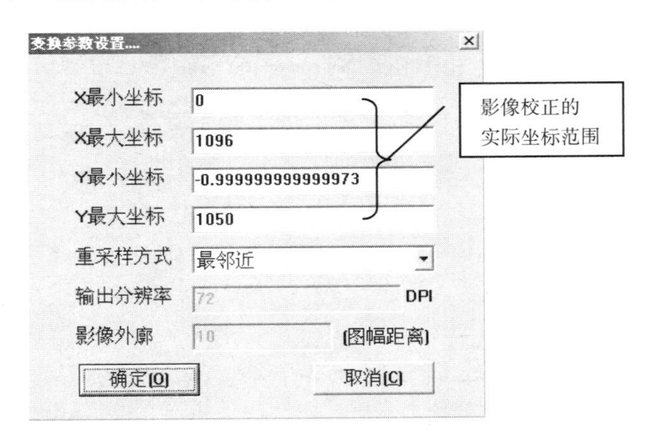

图 17-46　影像精校正参数信息

注意：

- 影像校正的实际坐标范围的默认值为整幅影像，若用户只需要对其中一部分进行校正，可自行编辑影像校正范围。
- 影像校正仅在校正预览状态下可用。

4．影像镶嵌

对校正图像和参照图像按校正图像的控制点信息进行几何校正并重采样，图像镶嵌只对参照坐标在处理参数设置范围的校正图像数据和参照图像数据进行重采样，本操作生成一个新 MSI 图像。

图像镶嵌的参数说明及具体操作参见图像校正部分。

5．校正预览

选择主界面选单->镶嵌融合->校正预览，系统将处于控制点浏览状态，在校正图像和参照图像/图形窗口中突出显示出所有的控制点。此时不允许进行控制点的编辑操作。

6．色调均衡

该功能可对色彩差异较大的影像进行色调均衡，使其在色调上趋于一致。选择主界面选单->镶嵌融合->色调均衡，弹出如图 17-47 所示对话框。

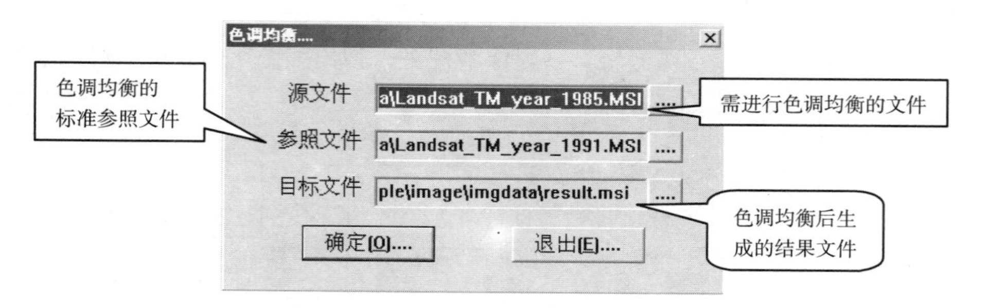

图 17-47　色调均衡对话框

17.8.4　影像融合

影像融合是一种将不同类型传感器获取的同一地区影像数据空间配准后，采用一定算法将各影像的优点有机结合，从而产生新影像技术。融合后的影像较融合前单一影像在光谱特征和分辨率等方面均有所增强。在土地动态监测、影像判读等方面都有着广泛的实际应用。

选取主界面选单->镶嵌配准->影像融合，弹出如图 17-48 所示对话框，设置相关参数后单击确定即可进行融合处理。

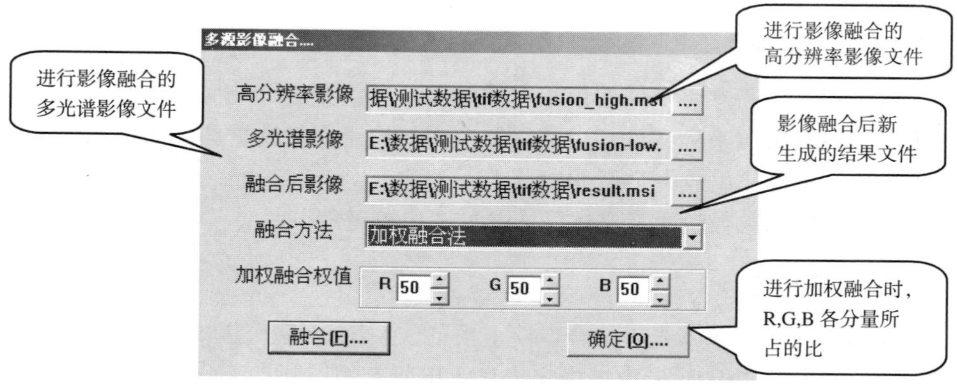

图 17-48　影像融合对话框

注意：

进行融合处理的影像要求分辨率一致，因此对于不同分辨率的影像在进行融合处理前，需要采用影像处理中的影像重采样将它们重采样成同一分辨率的影像。

17.9　DRG 生产

DRG 即数字栅格地图，是各种比例尺的地形图经扫描、几何纠正及色彩校正后，形成的在内容、几何精度和色彩上与原图保持一致的栅格数据文件。MAPGIS 系统根据 DRG 数据生产的特点提供了高精度的几何校正算法、完善的质量检查功能、便捷的操作和有效的数据共享方法，有效地解决了高精度 DRG 数据生产问题。

17.9.1　DRG 生产方法

基于 MAPGIS 系统的 DRG 生产流程如图 17-49 所示。

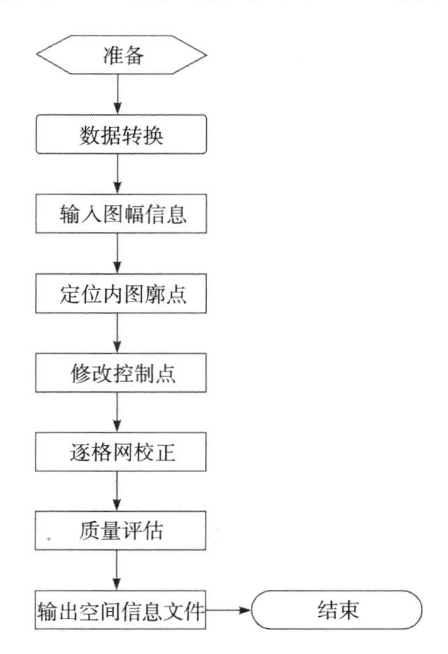

图 17-49　基于 MAPGIS 系统的 DRG 生产流程

1．图幅生成控制点

该选项利用用户设置的标准图幅信息，自动计算公里格网交点作为控制点。选取主界面选单->镶嵌融合->图幅生成控制点，弹出如图 17-50 所示对话框。

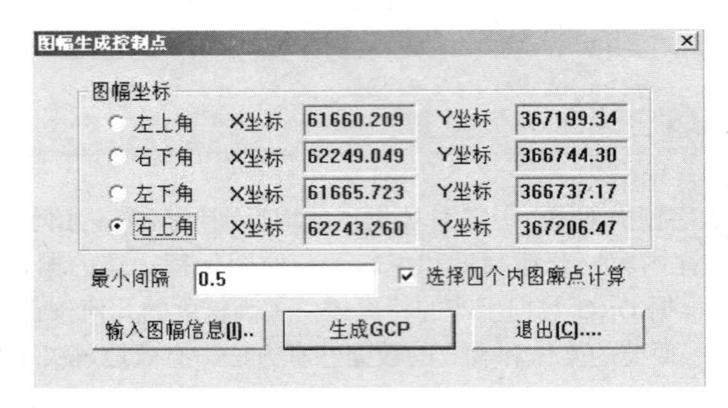

图 17-50 图幅生成控制点对话框

在生成图幅控制点前，需要先设置图幅信息，指定内图廓点，其步骤如下：

（1）设置图幅信息，单击输入图幅信息，弹出如图 17-51 所示对话框。

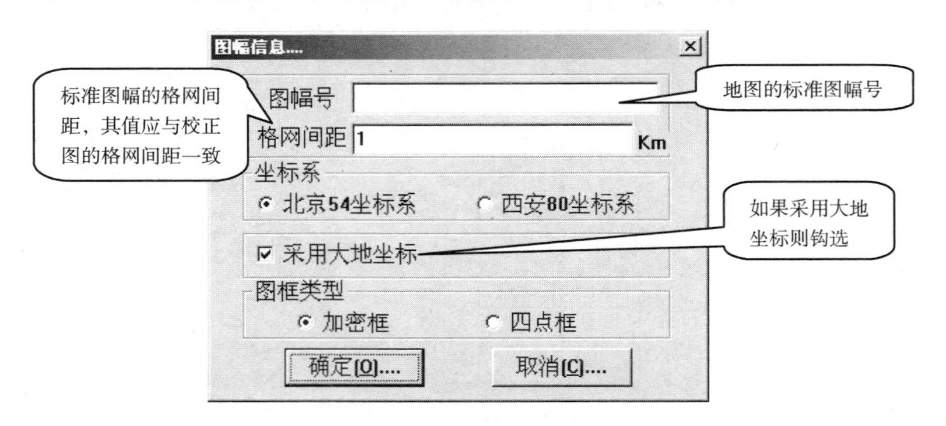

图 17-51 图幅信息输入框

（2）设置生成图幅控制点信息，其对话框如图 17-52 所示。

（3）定位内图廓点。利用放大、缩小、移动等基本操作在图像上确定四个内图廓点的位置。以定位左上角的内图廓点为例。

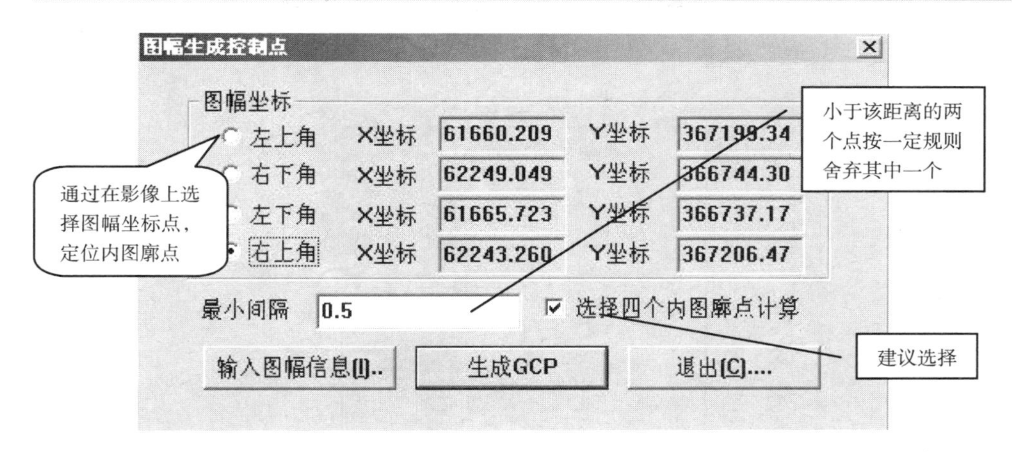

图 17-52　图幅控制点信息

利用放大、缩小、移动等操作找到左上角的内图廓点精确位置后，单击如图 17-52 所示对话框中的左上角按钮，然后再单击图像上左上角的内图廓点即完成该点的设置。

（4）完成参数设置和内图廓点信息的输入后，单击生成 GCP，将自动计算出控制点的理论坐标，并根据理论坐标反算出控制点的图像坐标。

2．顺序修改控制点

图幅生成控制点中默认生成的控制点图像坐标是根据相应的公里格网交点理论坐标反算出图像坐标，但由于原始图像存在一定的扭曲变形，因此该值和原图上对应的公里格网交点的坐标值并不一定相同，这就需要对点位进行修正。利用顺序修改控制点可依次修改原图上的所有控制点，相对于单个更新控制点的方法，具有更高的效率及精度。

顺序修改控制点提供了两种操作方法。

（1）选取主界面选单->镶嵌配准->顺序修改控制点，则弹出控制点修改窗口，如图 17-53 所示。

窗口中显示有当前修改的控制点的点号，用户通过单击鼠标左键可改变该点的位置，当对当前点的位置确认时，按下空格键即可。同时，窗口中自动显示下一点。若当前点的精确位置难以确定，可通过按 Esc 键选择放弃，窗口中将自动显示下一点，而对于放弃的点将不参加校正处理。注意通过此方法操作时，始终是从第一个点开始修改。

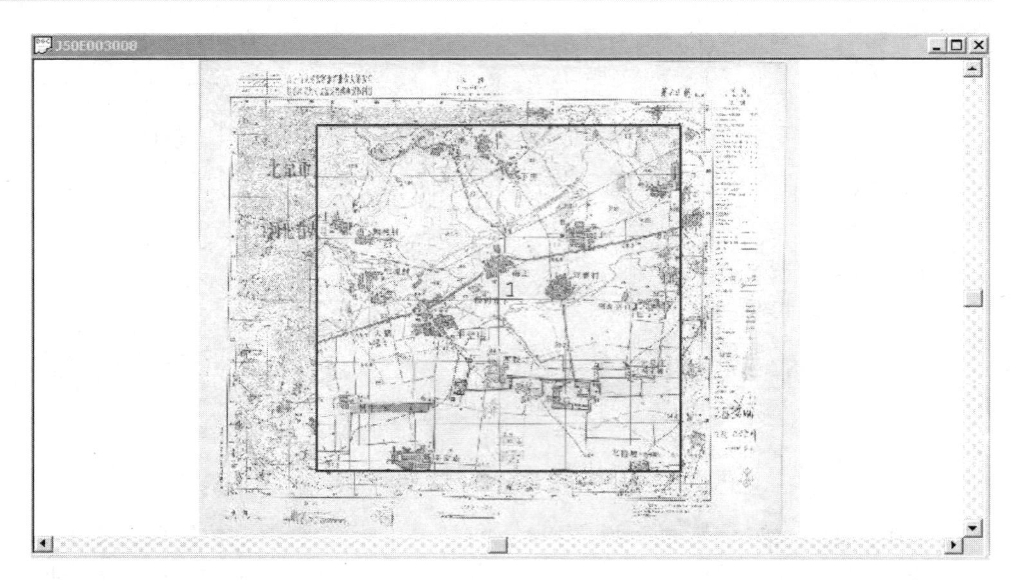

图 17-53　图幅控制点修改

（2）在控制点信息显示栏中，单击鼠标右键，在右键选单中选择顺序修改控制点，则从控制点信息栏中当前选择的控制点开始修改。利用该方法可以从原始图的任意控制点开始进行顺序修改。

在顺序修改控制点过程中，可随时中止当前修改。方法是：在控制点修改窗口外单击右键，消去该窗口，然后选取主界面选单->镶嵌配准->保存控制点数据，则当前已修改的数据得到保存，下次修改时从未修改过的点开始操作即可。

控制点修改的具体操作过程可参照本书相关章节。

3. 逐格网校正

选取主界面选单->镶嵌配准->逐格网校正，弹出文件对话框，输入结果影像文件名后，将弹出如图 17-54 所示影像校正对话框。

注意：

采用逐格网校正法生产 DRG 数据时，对于一些索引影像，其中类似等高线的部分可能在校正后出现断裂的情况，此时将索引影像转换成 RGB 影像处理便可消除。

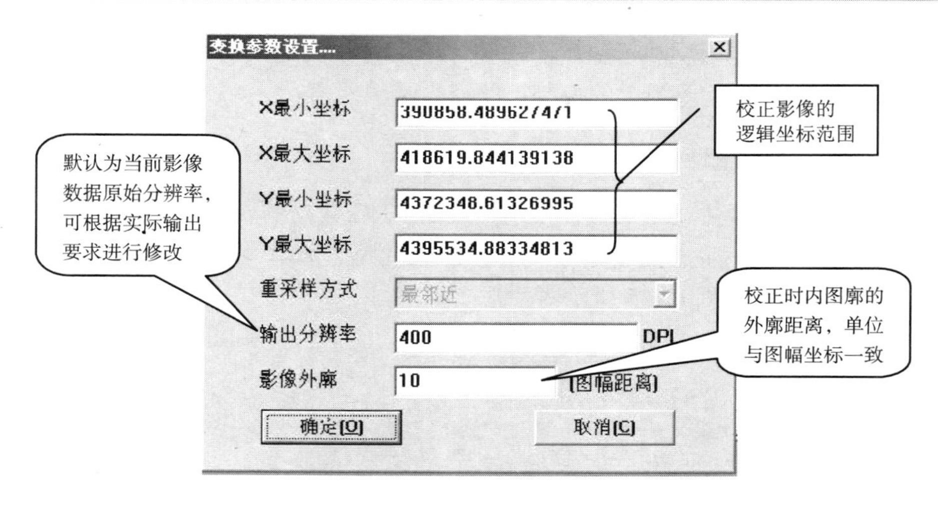

图 17-54　逐格网校正数据输出信息

17.9.2　DRG 生产质量评估

为了使得用户能对校正生成的 DRG 质量进行评估，系统提供了相应的 DRG 质量评估功能，包括对原始图质量评估的图幅质量评价，对校正生成的 DRG 质量评估，以及标准图框套合检查。

1．原始图质量评估

原始图质量评估项是对 DRG 生产的原始数据进行质量评价，主要反映的是原始图是否有折皱，扫描时是否置平等。若原始图质量不好，则校正出的 DRG 肯定会受到一定的影响。

要对原始图进行质量评价，首先需要完成顺序修改控制点。当所有的控制点修改完毕后，选取主界面选单->镶嵌配准->生成图幅质量文件，系统将生成与当前文件同名的质量检查文件。该文件中的数值反映了原始地图影像的质量情况，其文件格式如下。

图像纠正前：

最大残差：第 475 号点，残差 7.064406

中误差：2.884690

其中的中误差值反映了原始图的整体质量，数值越大质量越差。最大残差值反映了原始图中偏差最大的控制点的点号及偏差值。

2. 校正图质量评估

校正图质量评估项用来检查校正生成的 DRG 数据的质量。在进行完逐格网校正后，打开校正生成的新影像文件，选取主界面选单->镶嵌配准->生成质量评估文件，弹出如图 17-55 所示对话框。

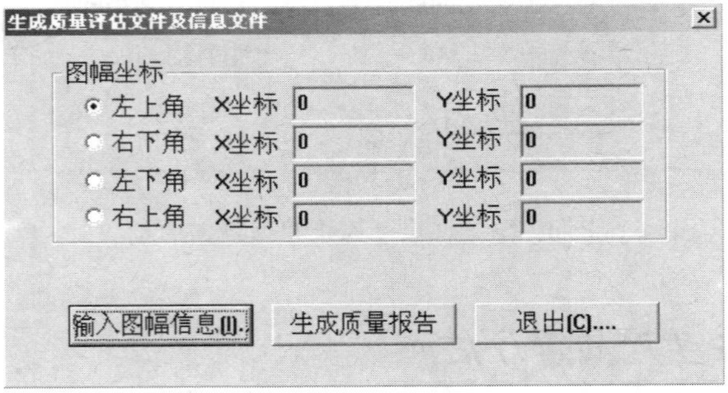

图 17-55　DRG 数据质量评估信息

首先输入图幅信息，然后按照图幅生成控制点部分中添加内图廓点的方法定位影像的四个内图廓点，单击生成质量报告即可生成影像校正情况质量评估文件，其文件格式如下：

图像纠正后：
中误差：3.076 610
图廓边长及对角线尺寸检查（单位：米）：
上边 Δ*a*=1.965 236
下边 Δ*b*=2.042 295
左边 Δ*c*=2.561 805
右边 Δ*d*=–4.991 234
对角 Δ*e*=1.655 182
对角 Δ*f*=0.068 367

其中，中误差值反映了校正后影像的整体质量，图廓边长及对角线尺寸检

查则是通过对图幅图廓边长的检测值与理论值进行比较。检验图廓边长、对角线各条边长是否符合精度要求，差值在计算时均已转换为实际大地坐标，单位为米。

3. 图框套合检查

在检查校正生成的 DRG 数据质量时，还可以用生成的理论格网与校正图上公里网进行套合比较的方法，检验公里格网精度是否在规定的限差之内。

进行图框套合检查时，首先打开校正生成的 DRG 数据，选取主界面选单->镶嵌融合->打开参照文件->自动生成图框，弹出如图 17-56 所示对话框。

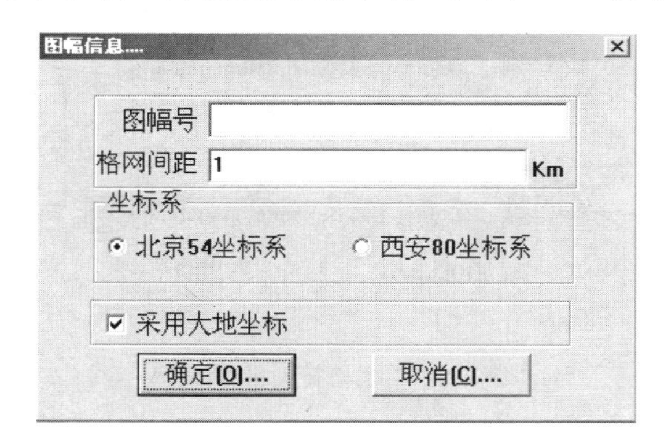

图 17-56　DRG 图框套合检查

设置完相关参数，单击确定后将相继弹出一系列标准图框信息设置对话框。一般情况下，对这些对话框中的信息设置使用默认值即可。进行完相关操作后，系统将自动在校正显示窗口中显示标准图框，这时选择主界面选单->镶嵌融合->校正预览，则可在校正显示窗口中见到校正生成的 DRG 与标准图框套合的结果，通过检查其套合情况可以来判断校正生成的 DRG 数据的质量。

17.10　其他功能

MAPGIS 系统中还提供其他影像分析处理的实用功能，例如栅格数据和矢量数据的相互转换、影像裁剪等。

17.10.1　栅矢转换

栅矢转换功能用于进行 MSI 影像数据和 MAPGIS 矢量点、线、区文件的相互转换。

1．栅格转矢量

栅格转矢量操作将 MSI 影像文件转换成 MAPGIS 区文件。选取主界面选单->栅矢转换->栅格转矢量，弹出如图 17-57 所示对话框。

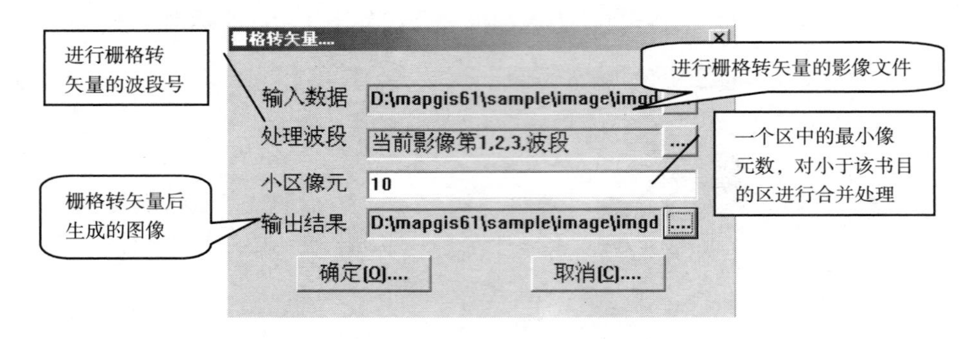

图 17-57　栅格转矢量对话框

2．矢量转栅格

系统支持 MAPGIS 点文件（*.wt）、线文件（*.wl）和区文件（*.wp）到栅格文件的转换，这里以点文件到栅格文件的转换为例进行介绍，其操作步骤如下。

选取主界面选单->镶嵌融合->打开参照文件->打开参照点文件，从弹出的文件选择对话框中选取点文件，选取的点文件打开后将在参照影像窗口中显示。

选取主界面选单->栅矢转换->点转栅格，弹出如图 17-58 所示对话框。

设置相关参数后单击下一步，弹出如图 17-59 所示对话框。

若设置的转换参数将矢量转换为非二值图像，单击下一步会弹出如图 17-60 所示对话框。

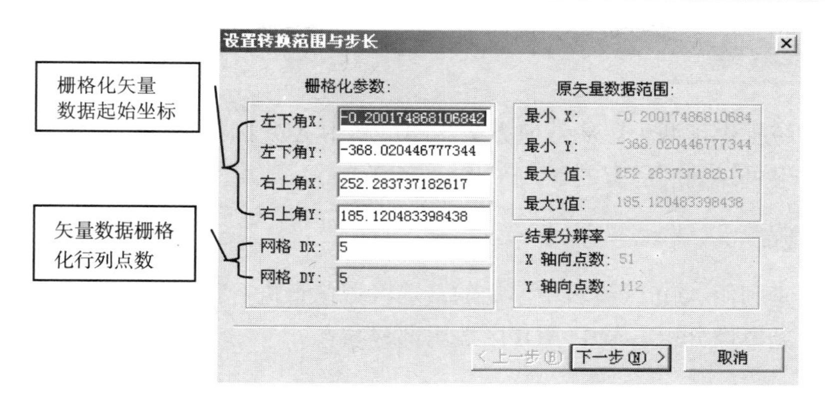

图 17-58　矢量转栅格对话框

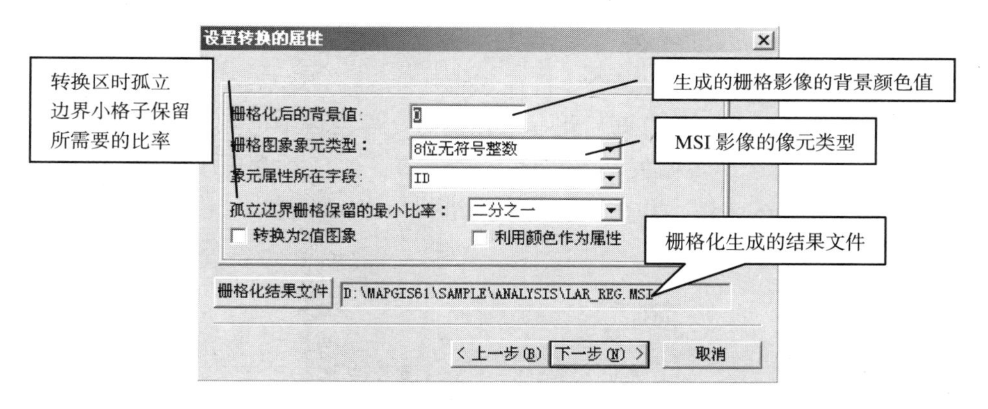

图 17-59　矢量转栅格属性设置对话框

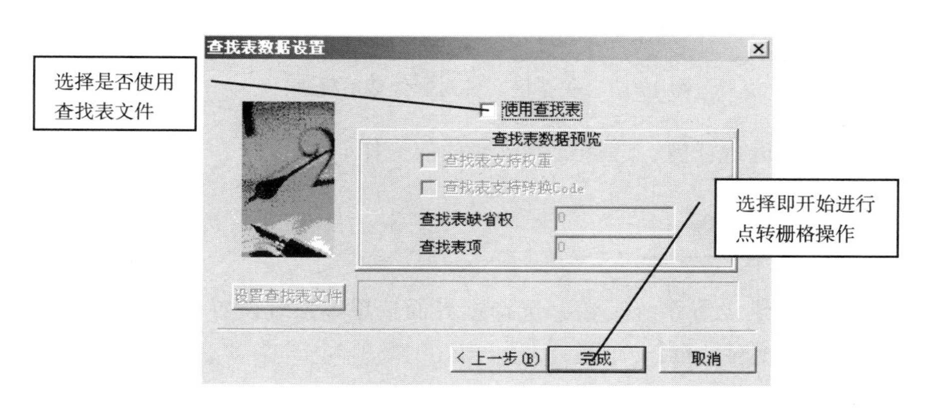

图 17-60　矢量转栅格查找表设置对话框

17.10.2 影像裁剪

MAPGIS 系统提供了两种影像裁剪方法，即可利用 AOI 区编辑进行任意形状影像的裁剪，也可以利用已有的 MAPGIS 区文件进行裁剪。

1. AOI 区裁剪

AOI 区裁剪是利用 AOI 区编辑中添加的裁剪区域信息进行裁剪，AOI 区添加的具体方法参见影像分析一节中 AOI 区编辑部分。

2. 区文件裁剪

该功能是利用已有的 MAPGIS 矢量区文件对影像进行裁剪处理，具体操作步骤如下。

选取主界面选单->镶嵌融合->打开参照文件->打开参照区文件，选取作为裁剪标准的区文件，该文件打开后将显示在参照文件窗口中。

选取主界面选单->栅矢转换->区文件裁剪，然后在参照文件窗口中选取作为裁剪标准的区文件，并在该区范围内进行单击，将弹出如图 17-61 所示对话框。

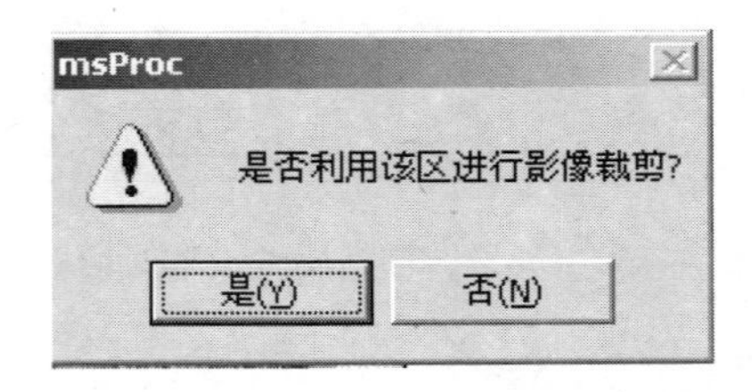

图 17-61　矢量区文件对影像裁剪处理

单击是则将进行裁剪，选择否就放弃裁剪操作。

17.10.3 选项设置

选项设置用于设置系统参数，选择主界面选单->系统设置->系统选项，弹出如图 17-62 所示对话框。

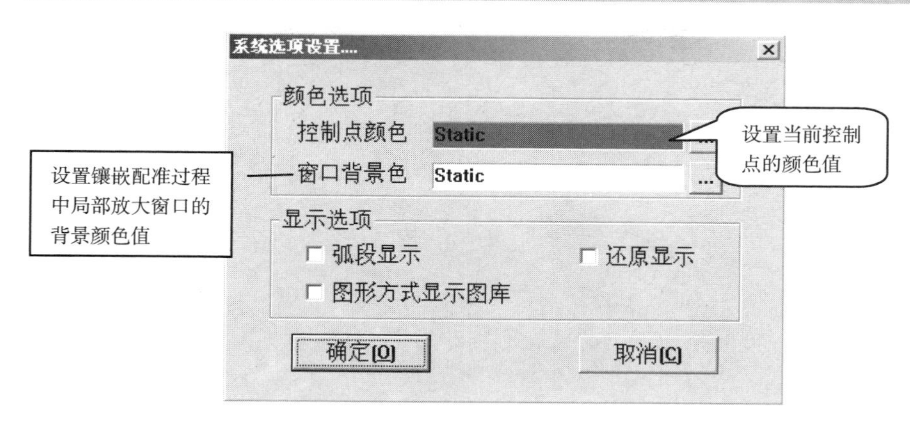

图 17-62　系统参数设置

问题

1. 什么是图像增强？
2. 如何进行监督分类？
3. 在什么情况下设空值和取空值？
4. 如何使一幅多波段的图像 RGB 显示？
5. 影像校正和影像精校正的区别是什么？怎样进行影像精校正？
6. DRG 生产的流程是什么？

第18章 电子沙盘

本章要点：

电子沙盘系统是一个32位专业图像软件。

本系统提供了强大的三维交互地形可视化环境，利用DEM数据与专业图像数据，可生成近实时的二维和三维透视景观。

电子沙盘系统主要用途包括：地形踏勘、野外作业设计、野外作业彩排、环境监测、可视化环境评估、地质构造识别、工程设计、野外选址（电力线路设计及选址、公路铁路设计及选址）、DEM数据质量评估等。

本章的主要内容有：

✧ 实现电子沙盘的演示。

18.1 电子沙盘主选单

电子沙盘系统是一个 32 位专业图像软件。本系统提供了强大的三维交互地形可视化环境，利用 DEM 数据与专业图像数据，可生成近实时的二维和三维透视景观。

电子沙盘系统主要用途包括：地形踏勘、野外作业设计、野外作业彩排、环境监测、可视化环境评估、地质构造识别、工程设计、野外选址（电力线路设计及选址、公路铁路设计及选址）、DEM 数据质量评估等。

图 18-1 电子沙盘的文件窗口

18.2 电子沙盘操作流程

第一步：打开高程文件，请选择\mapgis65\sample\flydata\hfly.msi。

第二步：打开彩色文件，彩色文件实际上是贴在高程文件之上的纹理。请选择\mapgis65\sample\flydata\rgbfly.msi。

注意：

在高程数据与专业图像数据（纹理）进行联结三维场景显示时，要求高程数据与专业图像数据的有关参数相同，这些参数包括图像的行数和列数，并要求高程数据与专业图像数据的图像数据相同行和列对应的实地位置相同。

第三步：装载数据，结果如图 18-2 所示。

图 18-2　飞行的三维景观

第四步：设置飞行路径及飞行方式。在图 18-2 中，按右键，在弹出的菜单中选择平面窗口，系统又弹出如图 18-3 所示对话框。

图 18-3　电子沙盘的平面图

设置路径：光标放在平面图中，连续移动鼠标，并按左键，设置路径，双击左键结束。

路径飞行：三维景观按设置的路径飞行。

自动飞行：系统使三维景观随机飞行，同时关闭其他飞行方式，并且此按钮变成 控制飞行 。

控制飞行：通过选择快捷键，用光标来控制飞行的方向，此时按钮变成自动飞行。

第五步：修改飞行参数，调节飞行状态。

在图 18-2 中，按右键，在弹出的菜单中选择信息窗口，系统又弹出如图 18-4 所示对话框。

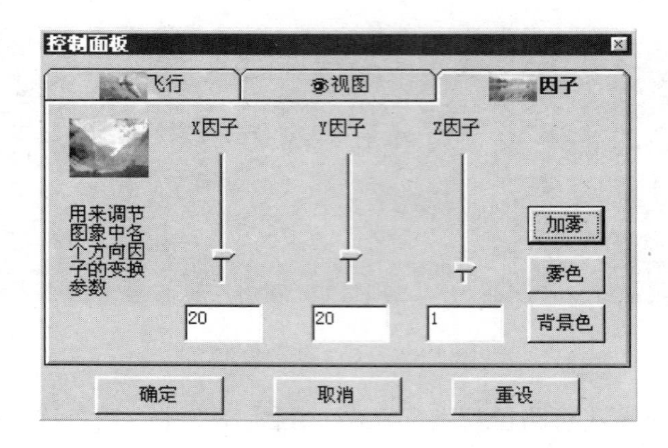

图 18-4　电子沙盘信息窗口的控制面板

通过修改飞行、视图、因子等参数，可以实时改变飞行的状态，如图 18-5 所示。

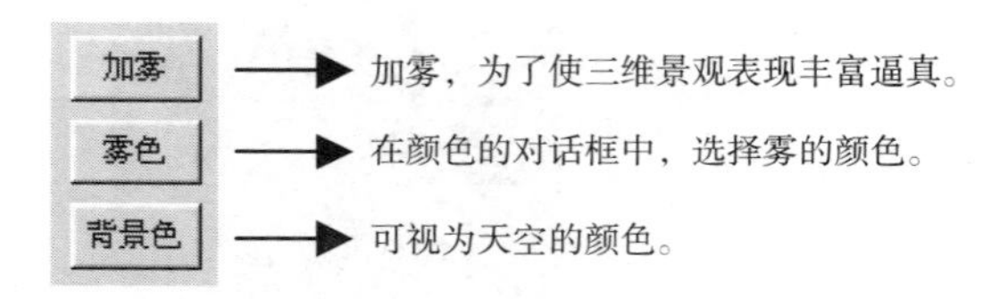

图 18-5　飞行参数相关选单

18.3　电子沙盘词典

1．文件窗口

界面参见图 18-1。

图像行列：高程文件或彩色文件的行列数，要求高程文件和彩色文件的行

列数一致。

因子XYZ：在X,Y,Z方向的显示比例因子。

图像变换：参见图像分析子系统。

RGB显示：以RGB图像设色方式显示当前图像，三维显示窗口以RGB图像设色方式的彩色数据设置三维场景的颜色。

分层设色：以索引设色方式显示当前图像，三维显示窗口以索引图像设色方式的彩色数据来设置三维场景的颜色。

灰度显示：以灰度图像设色方式显示当前图像，三维显示窗口以灰度图像设色方式的灰度数据来设置三维场景的颜色。

显示图像：显示彩色图像或显示高程图像。

2. 信息窗口的控制面板对话框

界面参见图18-4。

角度的定义：以下参数中各个角度定义都假设图像的上边为北，下边为南，左边为西，右边为东。直线方向角度定义为直线方向与北向（图像上边）的夹角。角度顺时针为正。

飞行位置X：当前三维观察点的水平X位置，位置用图像的像元坐标、列坐标表示。

飞行位置Y：当前三维观察点的水平Y位置，位置用图像的像元坐标、行坐标表示。

飞行角度：三维实时飞行的飞行方向角，见角度的定义。

观察方向：三维显示时的观察方向角度，见角度的定义。

飞行速度：三维实时飞行的飞行速度。

观察视角：三维显示时的观察视角，观察视角决定观察范围。

视轴倾角：三维显示时的观察视轴与水平面的夹角。

飞行高度：当前三维观察点的水平Z位置，以米表示。

光照倾角：打开光照后，模拟太阳光照的倾角，即光照方向与与水平面的夹角。

光照方向：打开光照后，模拟太阳光照的方向角，见角度的定义。

X方向因子：水平X位置的换算因子，单位为米每像元。

Y方向因子：水平Y位置的换算因子，单位为米每像元。

Z 方向因子：高度的夸张比。

3．系统与键盘的交互

系统与键盘的交互如表 18-1 所示

表 18-1　系统与键盘的交互

快捷键		功　　能
S	Up	加飞行速度
	Down	减飞行速度
	Left	飞行方向向左旋转
	Right	飞行方向向右旋转
H	Up	加飞行高度
	Down	减飞行高度
P	Up	加视点的 Y 方向
	Down	减视点的 Y 方向
	Left	减视点的 X 方向
	Right	加视点的 X 方向
V	Up	加视倾角
	Down	减视倾角
	Left	观察视轴左转
	Right	观察视轴右转
I	Up	加光倾角
	Down	减光倾角
	Left	光照方向左转
	Right	光照方向右转
T	Up	加视张角
	Down	减视张角
F		控制是否飞行
L		控制是否加灯
G		控制是否加雾
F1		弹出帮助文件
F2		弹出文件面板
F3		弹出信息面板
F4		弹出平面面板
F5		切换窗口大小

问题

1. 建立电子沙盘需要什么数据?
2. 如何建立电子沙盘?

第 19 章　网络数据库管理

本章要点：

MAPGIS 网络数据库管理程序专门用于 MAPGIS 网络数据库的初始化、配置、监控、管理等方面。主要分成设置 MAPGIS 管理过程、MAPGIS 表管理、权限管理、数据库维护、登录用户角色管理、MAPGIS 锁信息、创建属性字段索引几部分。

本章的主要内容有：

- ✧ 网络数据库的管理。

19.1 概述

MAPGIS 网络数据库管理程序专门用于 MAPGIS 网络数据库的初始化、配置、监控、管理等方面。主要分成设置 MAPGIS 管理过程、MAPGIS 表管理、权限管理，数据库维护、登录用户角色管理、MAPGIS 锁信息、创建属性字段索引几部分。

MAPGIS65 已经支持 SQL SERVER 2000 和 ORACLE 9i 等大型商用数据库系统，如图 19-1 所示。下面将以 SQL SERVER2000 为例讲解数据库的配置和管理。ORACLE 9i 数据库的网络配置参见附录 C。

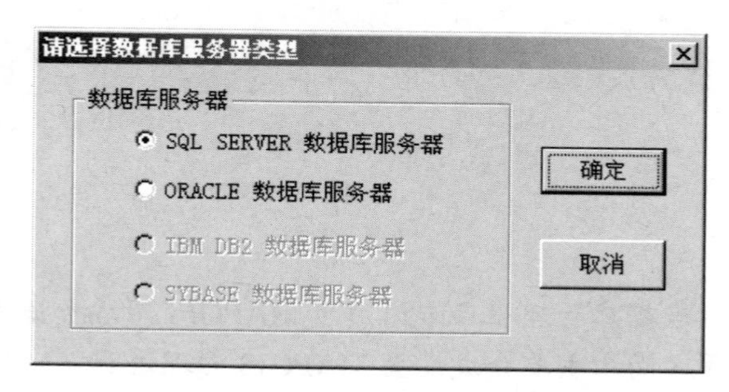

图 19-1　选择数据库服务器类型对话框

注意：

- MAPGIS 网络数据库管理程序名称是 Sql_Init.exe，要运行此程序，必须将 Sql_init.dat 文件和程序放在同一个目录下，否则将提示“找不到 Sql_Init 数据文件文件！请将 Sql_Init.dat 拷至本程序目录下！”
- 在运行此程序前，要先建好 SQL SERVER 的数据源。
- 只有系统管理员（或有系统管理员权限的人），才能登录此程序。

19.2 使用说明

19.2.1 启动 MAPGIS 管理程序

首先，启动 Sql_Init.exe，显示如图 19-2 所示界面。

然后，选择数据源，连接数据库。步骤如下。

（1）用鼠标单击图 19-2 所示界面的“数据源[D]”按钮，弹出数据源对话框，选中“机器数据源”属性页，如图 19-3 所示。由于操作系统版本或 ODBC 驱动程序版本不同，在某些计算机上没有“机器数据源”属性页，而只有“用户数据源”属性页、“User DSN”属性页或者“Machine Data Source”属性页，这些属性页作用都一样。

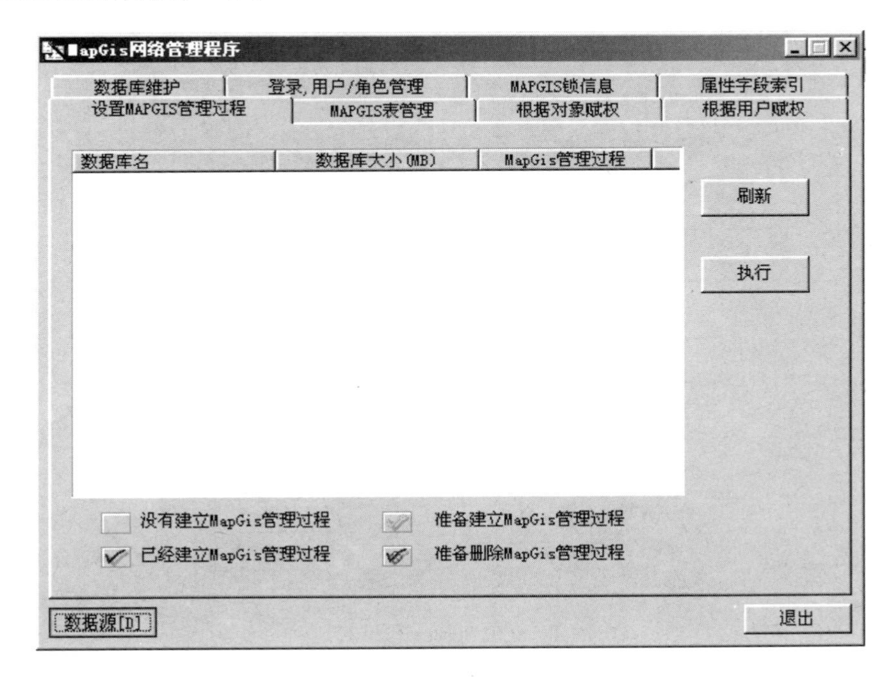

图 19-2　MAPGIS 网络管理程序对话框

（2）选中已建好的数据源，如 wanbo，然后按确定按钮，管理程序弹出 SQL SERVER 登录对话框，如图 19-4 所示，填入登录名称和密码之后，再按确定按钮。

（3）完成上述两步之后，管理程序开始连接数据库，如果连接成功，管理程序自动升级 MAPGIS 管理过程，即自动搜索相应数据库中已经建立的 MAPGIS 库，并升级其中的存储过程、触发器、表格结构等，所以这一过程可能需要较长时间。

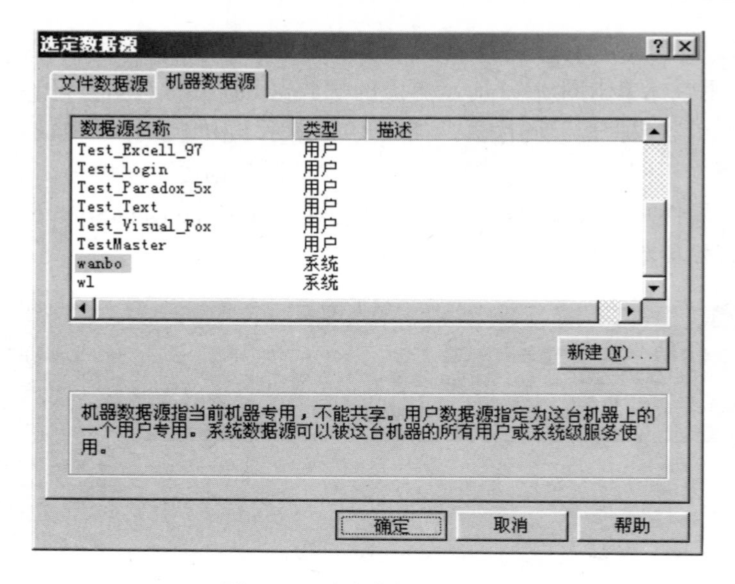

图 19-3　选定数据源对话框

图 19-4　SQL Server 登录对话框

MAPGIS 管理程序成功启动后，就可以使用各个属性页中的功能了。下面分别介绍各页面的功能。

19.2.2　设置 MAPGIS 管理过程

MAPGIS 管理过程是 MAPGIS 网络空间数据库的基础，只有建好了 MAPGIS 管理过程，MAPGIS 才能往网络数据库中存入空间数据、属性数据、拓扑数据等，才能对入库的数据进行有效的管理。MAPGIS 客户端软件也才能正确地访问到数据库中的数据。

选中“设置 MAPGIS 管理过程”属性页面，在该页面上显示 MAPGIS 数据库的常规信息，包括数据库名称、数据库大小和每个数据库的 MAPGIS 管理过程状态。

MAPGIS 管理过程状态共分四种：

① 没有建立管理过程；　② 已经建立管理过程；

③ 准备建立管理过程；　④ 准备撤销管理过程。

其中，状态①和②是最终状态，状态③和④是中间状态，是为了做批量数据库建立管理过程。

1. 建立管理过程

如果数据库处于状态①，选中该数据库，双击该数据库的状态图标，此数据库变成状态③，再按下执行按钮，则开始建立管理过程。若建立成功，数据库变成状态②，否则返回原来状态①。

2. 撤销管理过程

如果数据库处于状态②，选中该数据库。双击该数据库的状态图标，此数据库进入状态④，再按下“执行”按钮，则开始撤销管理过程。（如果库中有 MAPGIS 数据，则会提示“是否删除 MAPGIS 管理过程？删除 MAPGIS 管理过程将导致 MAPGIS 数据丢失！”）若撤销成功，数据库变成状态①，否则返回原来状态②。

注意：

如果数据库中已有 MAPGIS 数据，则不能撤销管理过程，必须先全部删除此数据库中的 MAPGIS 数据，然后才能撤销管理过程。否则将会造成混乱，导致以后的 MAPGIS 数据不能存入数据库中。

提示：

- 在执行创建或删除管理过程时，只有处于中间（准备）状态的数据库，程序才会处理（对于状态①，建立管理过程；对于状态②，撤销管理过程）；处于最终状态的数据库，程序不予理会。
- 管理过程是数据库级的，即一个数据库建立一个管理过程便可。

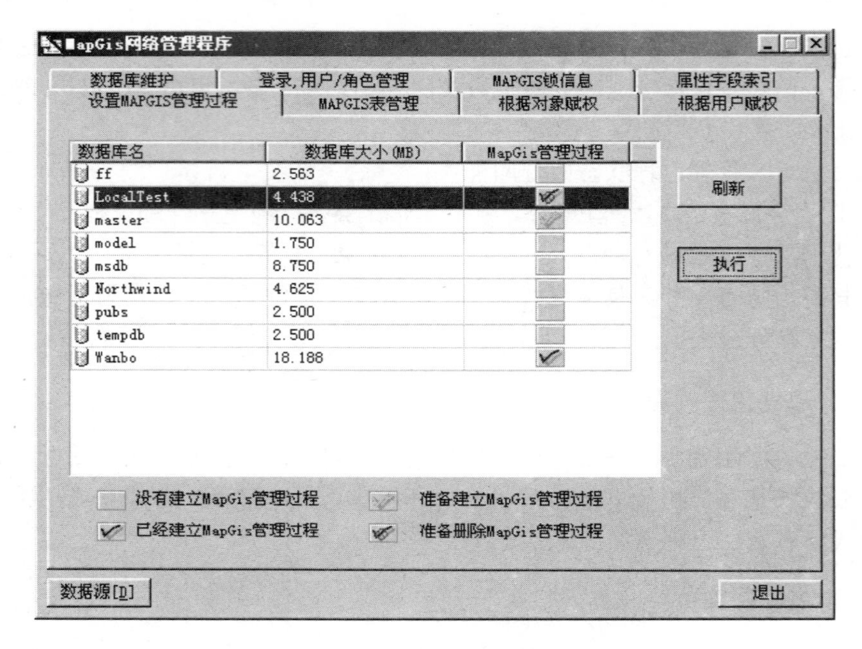

图 19-5 MAPGIS 网络管理程序对话框

3. 刷新操作

刷新操作是重新从数据库中取出该页面的信息（数据库及 MAPGIS 管理过程信息）显示。

19.2.3 MAPGIS 表管理

MAPGIS 表管理页显示数据库及数据库中的 MAPGIS 数据的基本信息（包括数据名、数据类型、数据属性、数据说明、是否加锁、修改必须先加锁标志、数据组成等），如图 19-6 所示。

1. “修改必须先加锁标志”

“修改必须先加锁标志”是为了保证网络数据库中的共享数据可靠性而设置的。如果设置了某个 MAPGIS 数据的“修改必须先加锁标志”，那么修改这个 MAPGIS 数据（图形或者属性）时，必须先锁住此数据，才能对此数据进行修

改，否则不能修改这个数据，以此保证网络数据库上的数据的可靠性。如果没有设置 MAPGIS 数据的该状态位，则需要由客户端软件保证被修改数据的可靠性。

图 19-6　MAPGIS 网络管理程序对话框

“修改必须先加锁标志”共分四种状态（类似 MAPGIS 管理过程的状态）：

① 没有设置修改必须先加锁标志；

② 已经设置修改必须先加锁标志；

③ 准备设置修改必须先加锁标志；

④ 准备撤消修改必须先加锁标志。

“修改必须先加锁标志”状态的操作与改变 MAPGIS 管理过程的状态一样：如果 MAPGIS 数据处于状态①，选中该数据，双击数据的“修改必须先加锁标志”状态图标，此数据的“修改必须先加锁标志”变为状态③，再按下执行按钮，则开始设置“修改必须先加锁标志”，若设置成功，此数据的“修改必须先加锁标志”变为状态②，否则返回原来状态①。

如果 MAPGIS 数据处于状态②，选中该数据，双击数据的“修改必须先加锁标志”状态图标，此数据的“修改必须先加锁标志”变为状态④，再按下执行按钮，则开始设置“修改必须先加锁标志”。若撤销成功，此数据的“修改必须先加锁标志”变为状态①，否则返回原来状态②。

注意：

“修改必须先加锁标志”是数据级的，即每一个 MAPGIS 数据都有一个“修改必须先加锁”标志。设置了一个数据的“修改必须先加锁标志”只能保证这个 MAPGIS 数据的可靠性。

2. 删除 MAPGIS 数据

删除该数据库中选中的 MAPGIS 数据的所有信息，物理删除，不可后悔。

选中表格中 MAPGIS 数据，按下“删除”按钮即可（按下 Shift 或 Ctrl 键，可一次选中多个 MAPGIS 数据），如图 19-7 所示。

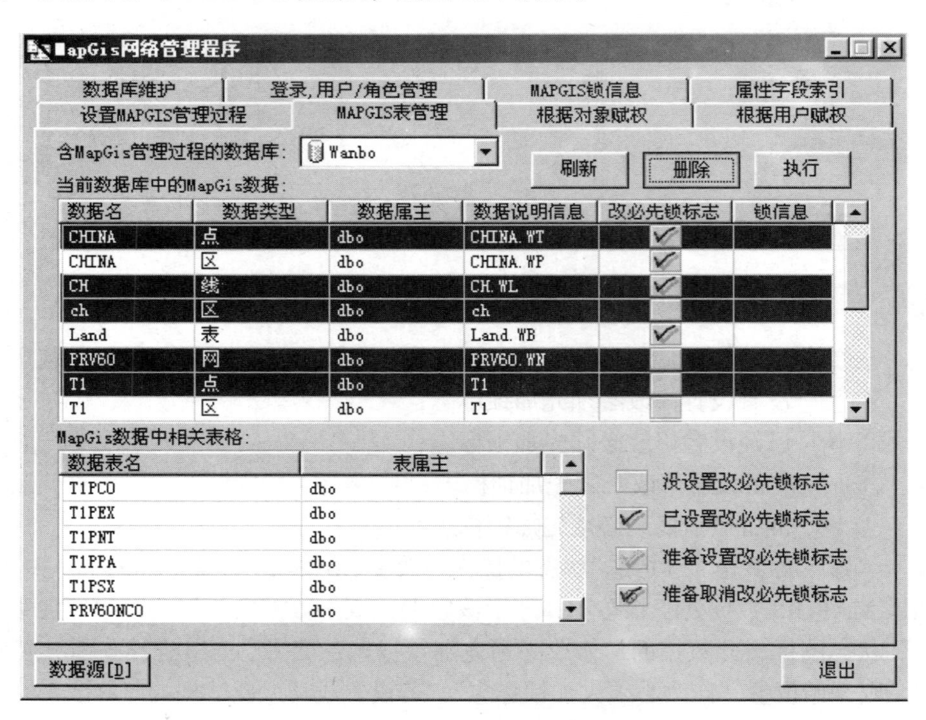

图 19-7　MAPGIS 网络管理程序对话框

注意：

删除数据时要小心谨慎，特别是加了锁的数据，不要删除，因为有用户可能正在使用该数据。

3. 刷新操作

刷新操作是重新从数据库中取出该页面的信息显示。

19.2.4　根据对象赋权

根据对象赋权页显示数据库，数据库中的 MAPGIS 数据对象，数据库中的用户，以及用户对于 MAPGIS 数据对象的权限（SELECT, INSERT, DELETE, UPDATE, DRI 等），如图 19-8 所示。

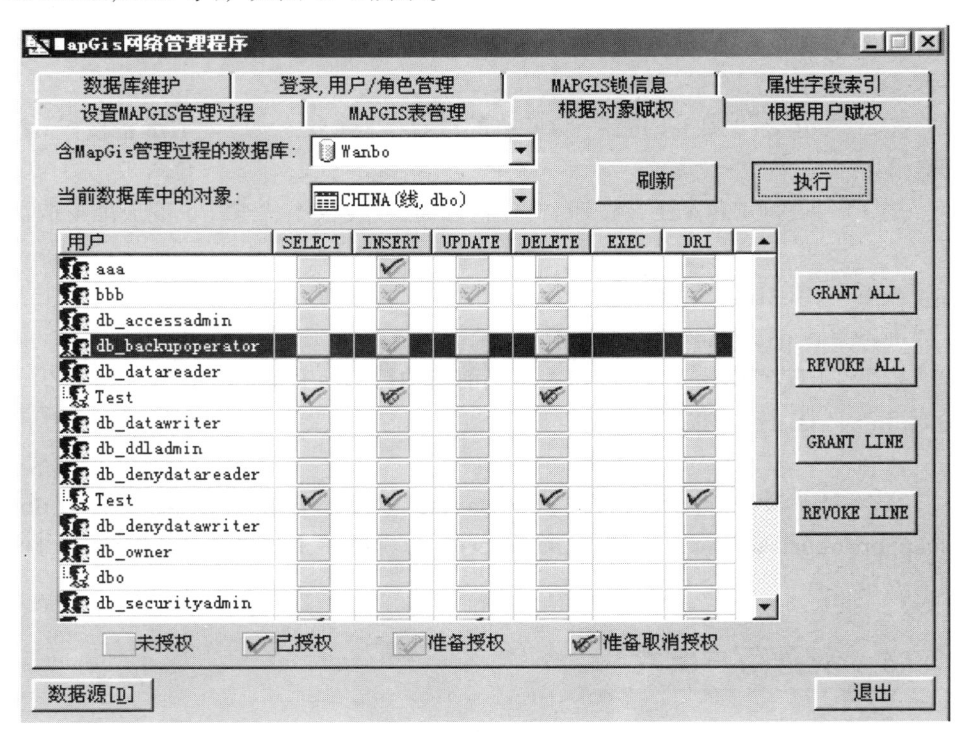

图 19-8　MAPGIS 网络管理程序对话框

授权的过程共有四种状态：

① 没有授权　　② 已经授权

③ 准备授权　　④ 准备撤销授权

状态③和状态④是中间状态（准备状态），状态①和状态②是最终状态。

如果没有授权（状态①），双击该权限的状态图标，则状态变成准备授权（状态③）。

如果已经授权（状态②），双击该权限的状态图标，则状态变成准备取消授权（状态④）。

如果准备授权（状态③），双击该权限的状态图标，则状态变成没有授权（状态①）。

如果准备取消授权（状态④），双击该权限的状态的图标，则状态变成已经授权（状态②）。

如果权限处于中间状态，按“执行”按钮，若执行成功，中间状态变成最终状态。

按下“GRANT ALL”按钮，将所有的没有授权（状态①）变成准备授权（状态③）。

按下“REVOKE ALL”按钮，将所有的已经授权（状态②）变成准备取消授权（状态④）。

按下“GRANT LINE”按钮，将当前选中行的所有的没有授权（状态①）变成准备授权（状态③）。

按下“REVOKE ALL”按钮，将当前选中行的所有的已经授权（状态②）变成准备取消授权（状态④）。

注意：

在数据库中，对特殊的用户（如 SQL SERVER 本身带的用户 db_backupoperator，db_owner，db_datawriter 等）是赋不上权限的，也显示不出他们的权限。

19.2.5　根据用户赋权

根据用户赋权和根据对象赋权的过程完全一样，只不过根据用户赋权页面是一次列出数据库中的一个用户所有数据对象权限；而根据对象赋权页面是一

次列出数据库中的一个数据对象所有用户权限（表现形式不同，实质一样），如图 19-9 所示。

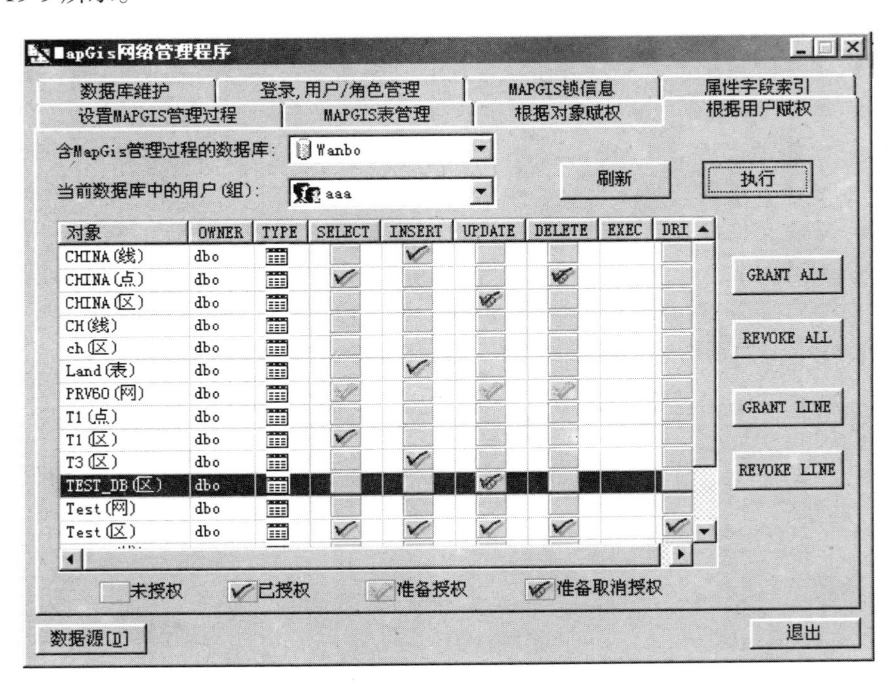

图 19-9　MAPGIS 网络管理程序对话框

19.2.6　数据库维护

数据库维护页面主要是创建数据库和删除数据库。

1．创建数据库

① 在“数据库管理”组中选择“创建数据库”。

② 在“数据库名称”一栏的编辑框中输入要创建的数据库名称。

③ 修改创建的默认参数，一般不用修改。

- 修改数据库位置：在“数据库位置”一栏的检查框上打钩，此时，“数据库位置”的编辑框变成可编辑状态。然后在“数据库位置”的编辑框中修改路径或者按下编辑框右边的按钮来修改数据库位置。

- 修改初始大小：在“初始大小”一栏的检查框上打钩，此时，“初始大小”的编辑框变成可编辑状态。然后在“初始大小”的编辑框中修改数据库的初始大小。
- 修改数据库大小和增长参数：在“自动增长”一栏的检查框上打钩，此时，数据库增长和数据库大小变成可修改状态。然后在数据库增长组中，选择每次增长（MB）或每次增长百分比；在数据库大小限制组中可以选择不限制数据库大小，或限制数据库大小。
- 修改数据库日志参数方法和修改数据库参数相同。

④ 按下“执行”按钮，开始创建数据库；如果创建成功，则询问用户是否创建 MAPGIS 管理过程，是则继续创建管理过程，最后在“数据库列表”一栏的列表框中将显示新建的数据库名称，如图 19-10 所示。

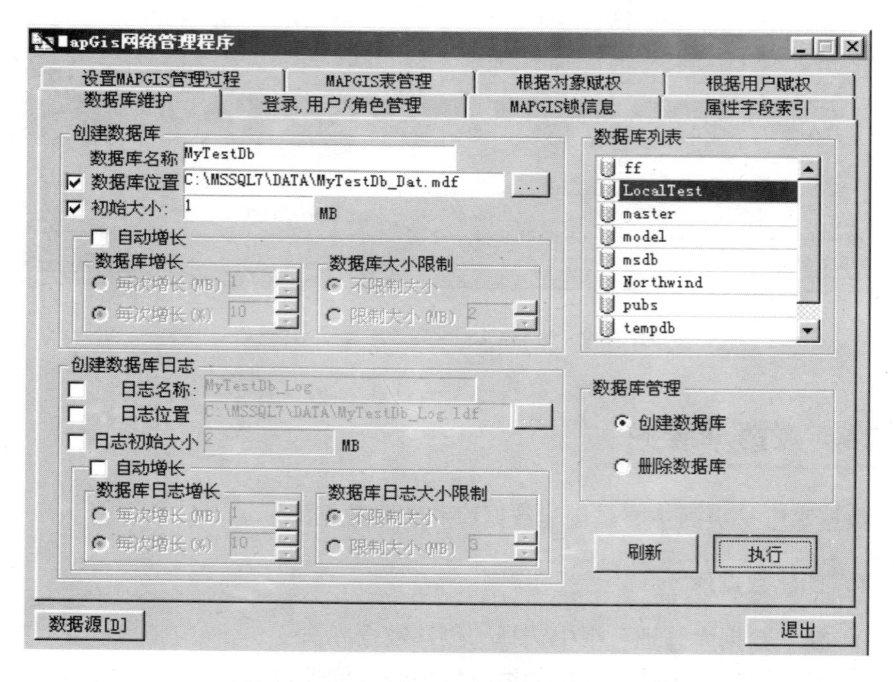

图 19-10　MAPGIS 网络管理程序对话框

2. 删除数据库

在数据库管理组中选择“删除数据库”，然后在“数据库列表”一栏的列表

框中选中要删除的数据库名称，再按下“执行”按钮即可。

19.2.7　登录、用户、角色管理

登录、用户、角色管理页面主要包括三方面。

1．登录管理

创建新的登录，删除已有的登录，显示已有的登录信息。

① 创建登录：

- 在“新登录”一栏的编辑框中输入登录名；
- 在“密码”一栏的编辑框中输入登录密码；
- 在“缺省数据库”一栏的组合框中选择默认连接的数据库
- 在“缺省语言”一栏的组合框中选择语言（此项一般可不选，用默认的 Default）
- 按下登录管理组中的“添加”按钮，如果创建成功，则登录管理组框中右边的列表中显示新建的登录信息，如图 19-11 所示。

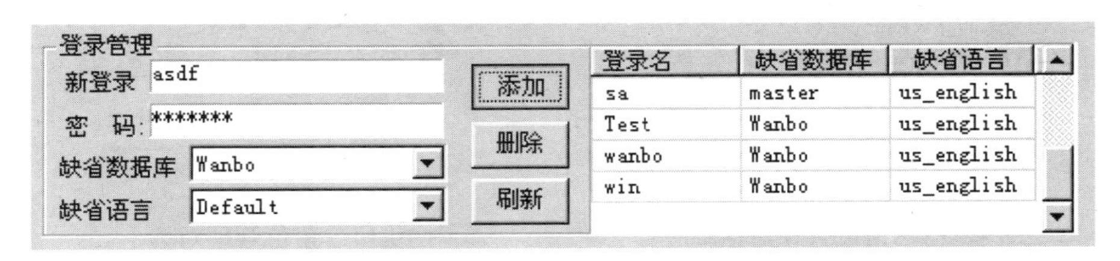

图 19-11　登录管理对话框一

② 删除登录：选中登录管理组右边的列表框中想要删除的登录信息，按下登录管理组“删除”按钮即可，如图 19-12 所示。

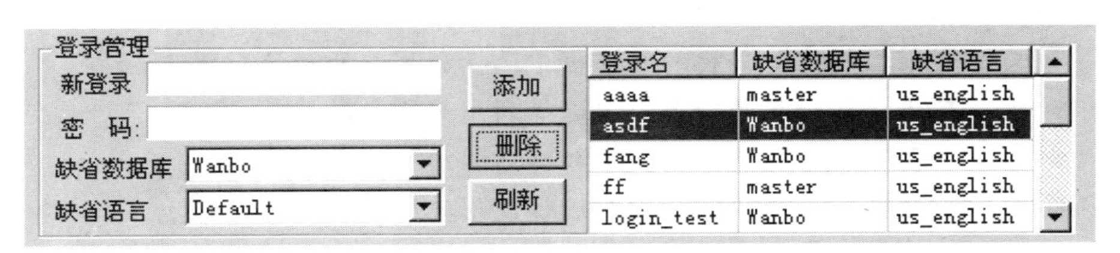

图 19-12　登录管理对话框二

2. 角色管理

创建新的角色，删除已有的角色，显示已有的角色名称

① 创建角色：

- 在“当前数据库”一栏的组合框中选择新角色所属的数据库；
- 在“新角色”一栏的编辑框中输入新角色的名称；
- 按下角色管理组中的“添加”按钮，如果创建成功，则在角色列表一栏的列表框中将显示新的角色名，如图 19-13 所示。

② 删除角色：在“当前数据库”一栏的组合框中选择角色所属的数据库，然后在角色列表的列表框中选中你要删除的角色名，按角色管理组中的“删除”按钮即可（注意：数据库原有的角色是删除不了的），如图 19-14 所示。

图 19-13　角色管理对话框一

图 19-14　角色管理对话框二

3. 用户管理

创建新的用户，删除已有的用户，显示已有的用户信息

① 创建用户：

- 在“当前数据库”一栏的组合框中选择新用户所属的数据库；
- 在“登录名”一栏的组合框中选择新用户所属的登录；
- 在“新用户”一栏的编辑框中数据新的用户名称；
- 在“所属组”一栏的组合框中选择新用户所属的角色（组）。
- 按下用户管理组中的“添加”按钮，如果创建成功，则在用户管理组中右边的列表中显示新的用户信息，如图 19-15 所示。

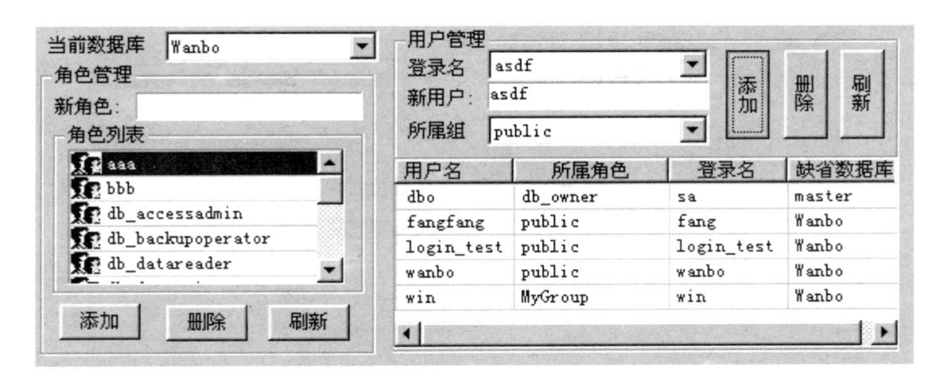

图 19-15　用户管理对话框一

② 删除用户：在“当前数据库”一栏的组合框中选择用户所属的数据库，然后在用户管理组中的列表框中选中你要删除的用户，按用户管理组中的“删除”按钮即可，如图 19-16 所示。

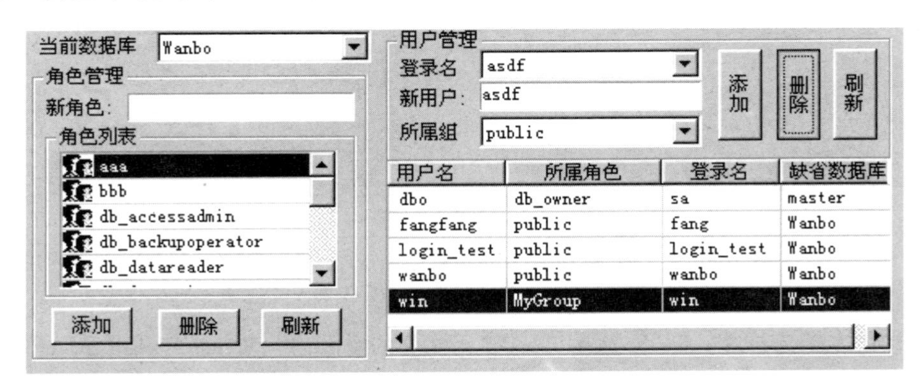

图 19-16　用户管理对话框二

19.2.8　MAPGIS 锁信息

MAPGIS 锁信息页面主要显示有关加锁的 MAPGIS 数据信息（数据名称、数据类型、加锁类型、加锁范围、加锁进程、加锁时间、进程状态等信息），如图 19-17 所示。

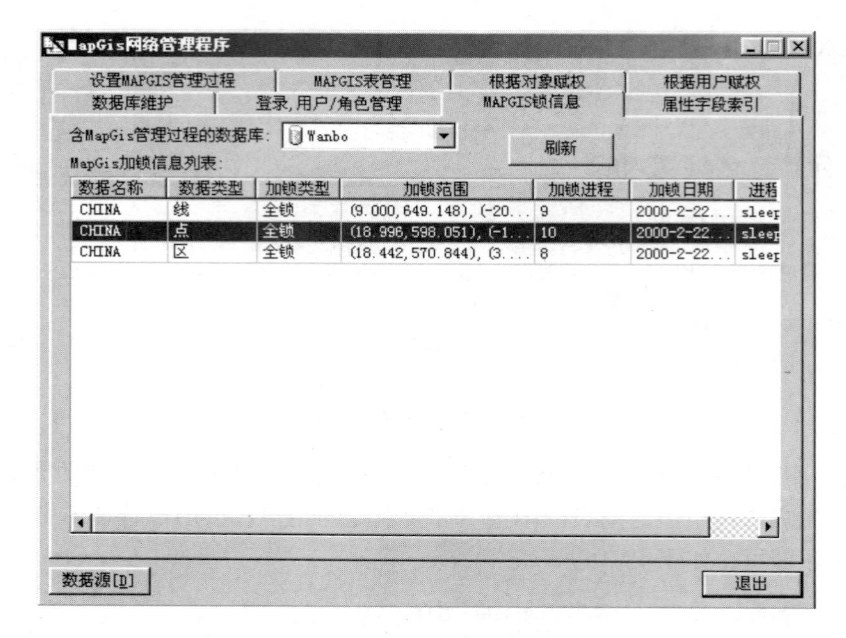

图 19-17　MAPGIS 网络管理对话框

19.2.9　属性字段索引

属性字段索引页面主要是为 MAPGIS 的属性表创建索引，加快检索速度。创建索引步骤如下。

- 选择数据库：在“含 MAPGIS 管理过程的数据库”组合框中选择 MAPGIS 数据所在的数据库。
- 选择 MapGis 数据：在“当前库中的 MAPGIS 数据”列表框中选中你所需要创建索引的 MAPGIS 数据；
- 选择属性类型：在“属性类型”组合框中选择 MAPGIS 数据的属性类型。
- 输入索引名称：在“索引名称”编辑框中输入你所要建立的索引名称。
- 选择创建索引字段：在“字段名称”列表框中选中你所要建索引的字段（双击字段名称或名称前边的小矩形框，在小矩形框前打钩即可）。
- 选择索引类型：如果建一般索引，可跳过此项；如果要建特殊索引，可在“索引类型”一栏，选择你要求的索引类型（在索引类型的检查框上打钩即可）。

● 创建索引：按下新建按钮，则创建索引；如果创建成功，则索引信息一栏的列表框中将会显示新建的索引信息，如图 19-18 所示。

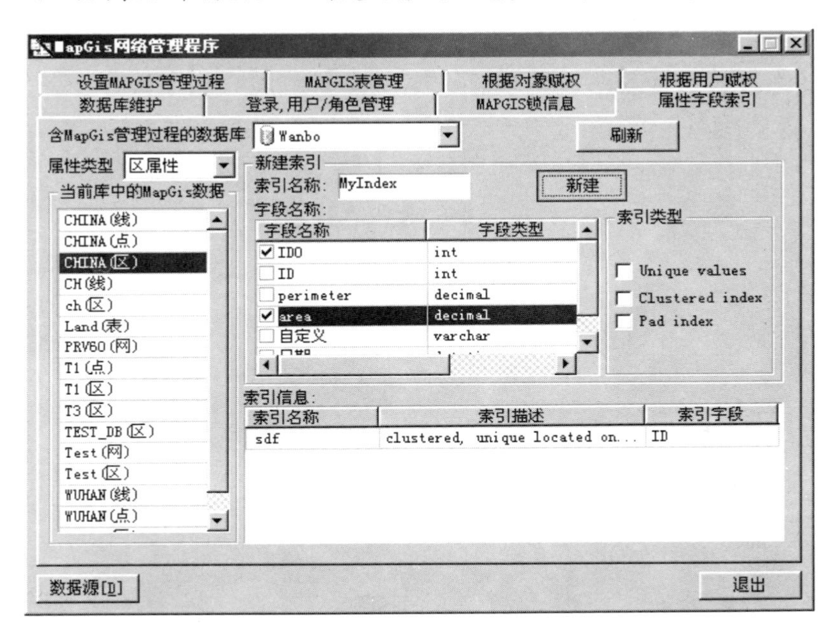

图 19-18　MAPGIS 网络管理程序对话框

📖 问题

1. 如何进行网络数据库管理?

附录 A　MAPGIS 6.5 版改进及新增功能

A.1 数据管理

- 全面支持 Oracle 数据库。
- 数据管理模块进行了性能调整和优化，基于空间范围的检索和查询速度大大提高。
- 在数据上载之前，可进行数据错误检查和修正功能。

A.2 多用户管理

增加了权限管理功能，在服务器端可设置用户级别（权限）。当许可数用完时，权限高的用户可以占用低权限用户的许可，使用 MAPGIS 软件。

A.3 符号库

针对目前应用发展的需求，在原有 1∶500、1∶1000、1∶2000 大比例尺符号库的基础上，新提供了 1∶5000、1∶10000 符号库。

A.4 平台功能

A.4.1 测图系统

1. 改正和更新功能

- 更正了读入尼康坐标数据出错的问题。
- 更新了解析做图对话框，增加了示意图，便于用户操作。
- 在测量工程中，显示底图时，可以分色显示点线区，同时可以显示图像。
- 增强了地物检索功能，可进行删除、面积统计等。

- 消除了宗地注记中，界址点、边长重复注记现象。
- 解决了宗地嵌套问题。输入宗地时，输入内外边界，中间用过渡连接分隔。
- 改正了曲线生成和过点复制地物时，部分拐点不在曲线上的问题。
- 改正了面积查询时，对于曲线边界地物面积不正确的问题。
- 植被边界线，通过“过渡连接”可以不进行显示，解决不同地物共边问题。
- 更新了在线帮助，重新编写了使用手册。

2. 增加功能

（1）输入

- 增加了根据经纬仪录入数据（斜距模式）的读入计算功能。
- 增加了合并工程功能。
- 增加了读入 ZD 文件到测量工程的功能，这样便于宗地更新。
- 增加了 CISB 数据到 MAPSUV 工程的转换。
- 增加了南方测绘数据到 MAPGIS 图形文件的转换。
- 增加了测图明码交换文件的输入输出功能。
- 增加了掌上测图文件的输入输出功能。

（2）测点编辑

- 在统改测点时，增加了测点表编辑功能和输出测点功能。
- 测点数据输出增强，可自定义数据输出格式。

（3）地物编辑

- 增加了“地物旋转”、“镜像地物”、“整图平移和旋转”功能。
- 增加了“键盘输入点地物”功能，提高了成批录入点状地物的速度。
- 增加了一点房、2 点房、3 点房以及多点房的连接功能。
- 增加了按地物编码删除地物功能。
- 解决了符号库合并问题，增加了更新编码表符号库搬移功能。
- 更新了符号库下的层名字典，修改了防洪墙层号不对的问题。

（4）注记

- 注记字头朝北，自动均匀排列。
- 增加注记地物边长功能，如房屋边长注记。

（5）等高线绘制

- 增加了遮盖等高线的功能，通过选择所需地物编码，遮盖或裁剪等高线。
- 增加了删除等高线的点、线、区功能。
- 增加了剪断等高线功能。
- 增加了输出高程点功能。

（6）地籍

- 增加了“地物闭合性检查”功能，主要用于房屋、宗地不封闭现象。
- 增加了“跨宗地房屋检查”功能，便于检查房屋超出宗地现象。
- 增加了宗地的建筑面积、建筑占地面积、建筑密度、容积率自动计算功能。
- 增加了注记宗地使用者和门牌号功能。

（7）管线

增加了管线数据检查和输出功能，直接进入管网系统。

（8）输出

- 增加了任意多边形裁剪输出功能。
- 图形输出过程中增加了“编码”字段，便于查看和管理。
- 图形输出工程中对每个文件增加了描述信息，便于直接进入图库。
- 增加了图形工程 mpj 的图幅裁剪以及加图框功能。
- 增加了图形工程打印功能。

3. 掌上测图系统

掌上测图系统通过掌上电脑可以很方便和快捷地实现野外电子平板测图。

A.4.2 数据转换

数据转换增加了 shapefile 文件格式的输入和输出。

A.4.3 编辑整饰与输出系统

- 加强了矢量化和造线的捕捉功能，方便了线状要素的 DLG 采集。
- 提供了相交线剪断功能。
- 提供了属性动态标签。

- “根据属性标注释”功能，提供了控制标注的小数精度、添加到指定的文件中、结合选择和检索工具，将指定的图元标注等方式。
- 增加了等高线色谱显示，方便对高程值进行检查。
- 改进了高程值自动赋值，提供了赋值异常报错功能。
- 支持校正影像数据 MSI 的矢量化。
- 提供了动态显示线方向。
- 造区、造线、造点时可将自动把图例板属性更新到相应的实体上。
- 增加了数据裁剪的功能，提供了对工程整体裁剪和对单文件直接裁剪两种方式。
- 增加数据检查功能，提供了对工作区属性检查、工程信息检查和图例检查三种手段。其中工作区属性检查可对某一工作区的属性结构和属性字段的内容进行检查，可以方便地查到作图过程中的错误数据，并及时进行修改。工程信息检查和图例检查可以对工程文件和图例文件中的文件信息和图例信息进行逐个检查，以发现错误和遗漏，并可把检查内容直接导出为文本文件。
- 增加“粘贴到…”功能，对于已经拷贝到剪贴板的数据可灵活地粘贴到不同的图层中，并可相应地修改其图形参数和属性内容。
- 提供了直接修改工程地图参数的功能。
- 在编辑界面上增加了一系列的工具按钮，输入和修改操作更加方便和快捷。
- 对状态栏操作更加方便，双击状态栏上的坐标显示部分，可以方便地定制坐标显示的格式和精度；双击状态栏上的图层部分，可以直接进行图层操作和修改。
- 工程文件中的文件可以设置相应的“最大显示比例”和“最小显示比例”，对文件进行变焦显示控制，在设定的显示范围内显示图形内容，提高工程文件显示的速度和查看有效图元的效率。
- 增加了图元动态标注的功能，对于不同文件可选择不同的属性字段作为标注显示的内容，同时可控制标注显示的方式和大小。
- 图例文件中增加对图例元素的排序功能和自定义存储顺序的功能。
- 图例对象中增加“分类码”的概念，对不同的图例元素可进行分类管理，在图例板的显示控制和图例拾取上更加方便和灵活。
- 把图例对象中的分类信息和工程中的图层对象有机结合起来，可限定某一类图例元素只能在某一工程图层中进行操作和处理。在用户对图例板进行图例拾取时，系统可智能地判别这类图例和工程中的哪个图层关联，动态地和透明地进行当前编辑图层地切换和管理。

- 图形输出部分增加了 JPEG 文件格式的输出。
- 光栅化输出增加了“打印到文件”的功能和“打印份数”的控制。

A.4.4 投影变换

增加了根据图幅号自动生成标准图框的功能。

A.4.5 误差校正

在采集控制点理论值时，增加了输入相对偏移量功能。

A.4.6 影像管理

1. DRG 生产

系统集成于影像分析系统中，界面友好，支持多组快捷键操作，提供多级放大窗口和大十字叉光标进行控制点精确定位，操作方便。

- 可对各种比例尺的扫描地形图进行逐格网精校正，生成符合精度标准的 DRG 数据。
- 提供完善的 DRG 质量检查。
- 提供与多种格式影像数据的互相转换，并提供空间信息文件，便于各系统间数据共享。
- 操作简便，有效地提高 DRG 生产效率。

2. 图像处理

- 新增 GeoTiff 格式与 MSI 的相互转换功能。其中，TIFF 新增对 JPEG、ZIP 等压缩方式的支持。
- 新增 JPEG 与 MSI 的相互转换功能。
- 改进了 MSI 格式 JPEG 的压缩方案，并新增加了 ZIP 压缩（adobe_default

编码）。

- 新增影像文件格式的成批转换功能；源格式（RAW）图像转换,增加了对Motorola字节顺序数据的支持。
- 改进了MSI的AOI区编辑功能，用户可结合快捷键及右键菜单方便对AOI区进行精确输入与修改。
- 新增MSI影像的裁剪及MAPGIS点、线、区与MSI矢栅、栅矢相互转换功能。
- 新增对MSI影像的融合处理，包括加权融合、IHS彩色空间变换融合、基于小波的IHS变换融合和基于小波的特征融合。
- 改进了系统原有的影像重采样与影像镶嵌功能，用户使用更加方便。

3. 电子沙盘

- 三维场景绘制做了较大改进，以求绘制效果更真实、更符合原始地形、地貌。
- 增加"静态场景的输出"功能，使用户能以"所见即所得"的形式保存当前屏幕上的静态场景。
- 增加"动态飞行场景的录制与播放"功能，使用户能实时录制动态场景的AVI文件，便于回放。
- 增加"简单洪水淹没分析"功能，在不考虑堤防信息只考虑地形的条件下，对一个指定水位做自然积水分析。
- 增加对高程库文件的支持,使用户可浏览高程库中不同分辨率的数据层。
- 在三维视图上增加"高程点坡度、坡向查询"、"高程剖面分析"、"距离量算"和"连线可视域分析"等模型分析功能。

A.4.7 高程库

（1）提供对多幅DEM数据的多比例尺、多分辨率建库。用户有两种建库方式可选：

- 先建立空的DEM库，再添加DEM数据入库；
- 直接选取多个DEM数据，自动建立DEM库。

同时，系统保留对单个DEM数据文件的支持。

（2）提供对DEM库多分辨率数据层的管理功能，使用户既可向任意数据

层提交 DEM 数据，又可从任意数据层提取 DEM 数据。

（3）提供基于 DEM 库的各种分析功能，包括以下方面。

- 高程点地形因子的查询（坡度、坡向、高程）。
- 在全库范围内，追踪指定高程范围内的区域。
- 高程剖面分析：支持交互式定义剖面线和指定剖面线。
- 距离量算：支持交互式定义计算线和指定计算线。
- 区域土方计算：支持交互式定义计算区域，指定计算区域，对整个区文件进行计算，以及对整个 DEM 库的土方计算。
- 在全库范围内，追踪平面等值线、坡度图、坡向图。
- 连线可视性分析、可视域分析。
- 高程数据差运算、DEM 库质量检查、无效点均值滤波。

A.5 二次开发

- 全面组件化，包括数据管理、图形显示、属性查询、分析等。
- 新编写了《MAPGIS 组件开发手册》、《MAPGIS 二次开发培训教程（C++ 版）》、《MAPGIS 二次开发培训教程（VB 版）》。
- 提供了 VC++，VB，Delphi，Power Builder，C++ Builder 不同开发工具的开发示例。

A.6 MAPGIS-IMS 互联网地理信息发布系统

- IMS 提供了包括显示、工程管理、工作区管理、分析功能等一系列 COM 模块，并利用微软的 Active Server Pages（ASP）技术，建立功能丰富的具体 GIS 应用。通过诸如 JavaScript 和 VBScript 的编程语言用户可以定制 web 页，还允许用户通过 FrontPage, Visual InterDev 这类产品建立客户化的用户界面，这些脚本程序可以在浏览器端执行，也可以通过标准应用服务器（如 ASP）在服务器端执行。
- 客户端负担小，无须下载软件；图像数据高压缩比；客户端响应速度与数据量关系小，响应速度恒定，适合公众浏览；具有良好的扩展兼容性好。

- 由分布在客户端的浏览器、Web 服务器、GIS 服务器和数据库服务器组成。这种结构具有强壮的数据操纵和事务处理能力，以及数据的安全性和完整性约束。对用户而言，通过 WWW 浏览器可以引发 IMS。
- 通过空间数据引擎（Spatial Data Engine），系统和商用数据库可进行无缝连接，实现图形和属性库的统一组织和管理。提供了空间事务处理功能和对多用户并发控制。
- 提供了图形的任意放大、缩小、漫游、复位、更新、变焦显示、分层显示等基本操作；基于矢量的线形、图案的实时生成和传送。
- 点、线、面的可视化查询显示及图形与属性互查。可以查询地图的属性，地理坐标、位置等信息。浏览的属性数据不仅包括数值型，而且可以包括非数值型，如图像、地图、动态图像等多媒体属性。支持 WAP 查询。
- 开发者可以通过 MAPGIS-IMS 软件开发包开发特定的应用，开发者可以访问核心的软件组件和界面。

A.7　嵌入式 GIS 系统

1．嵌入式 GIS 系统（MAPGIS-Embedded）

嵌入式 GIS 系统（MAPGIS-Embedded）是中地软件新近推出的可运行于嵌入式设备的嵌入式 GIS 软件。

- 提供具有二次开发能力的嵌入式 GIS 开发平台，简单方便地进行嵌入式 GIS 应用系统的二次开发。
- 空间数据压缩存储，节省大量的存储空间，空间数据的管理高效快速，可与通用 GIS 数据相互转换。
- 提供鹰眼功能，地图可以无级放大、缩小、复位、更新，以适应不同情况的需要。
- 根据嵌入式设备和 Windows CE 操作系统的特点，提供对点、线、面图元的添加、删除、更新等功能。
- 点、线、面、网的可视化查询显示及图形与属性互查。可以查询地图的属性，地理坐标、位置等信息。浏览的属性数据不仅包括数值型，而且可以包括非数值型，如图像、地图、动态图像等多媒体属性。

2. 移动 GPS 导航监控系统

（1）导航功能

- 自动导航：根据当前位置和要到达的目标位置（工作时输入）自动地实时计算和显示最短路径或最佳路径，并用多媒体方式向驾驶员提示导航。同时自动从服务中心实时获取交通路况信息，随时做出最佳交通路线提示，避免交通拥挤。
- 信息查询：道路、加油站、单位等各种空间实体的可视化查询显示及图形与属性互查。可以查询地图的属性，地理坐标、位置等信息。浏览的属性数据不仅包括数值型，而且可以包括非数值型，如图像、地图、动态图像等多媒体属性。
- 图形操作：提供鹰眼功能，地图可以无级放大、缩小、复位、更新，以适应不同情况的需要。
- 距离计算：能够计算任意两点间的距离，包括直接距离、最短路径距离、最优路径距离。
- 轨迹记录与回放：能够选择记录所有行驶的路线，并对其进行回放。

（2）跟踪监控及网络信息服务功能

- 地图下载：当车载终端没有所需的电子地图，自动通过无线网络到服务中心实时下载，自动导航。
- 跟踪监控：可以在 Intranet 和 Internet 终端上对车载终端进行跟踪监控，实时了解车辆的位置、活动情况等。
- 调度指挥：通过对所有车载终端发送来的位置、时间等进行综合分析，供调度员进行实时调度、决策使用。
- 交通分析：可根据多部车的移动信息对当前交通路况进行实时统计分析，分析道路通行状态、通行能力等，对多路信息进行实时处理。
- 信息服务：可实时获取空间信息移动服务中心对当前交通分析的结果和其他信息服务。

附录 B　部分功能的应用流程及实例

B.1 如何用 MAPGIS 矢量等值线平面图生成彩色等值线立体图

B.1.1 给绘制的等值线平面图添加属性字段

1. 工作区/装入文件/装入线文件

“输入编辑”系统中，工作区/装入文件/装入线文件选单如图 B-1 所示。

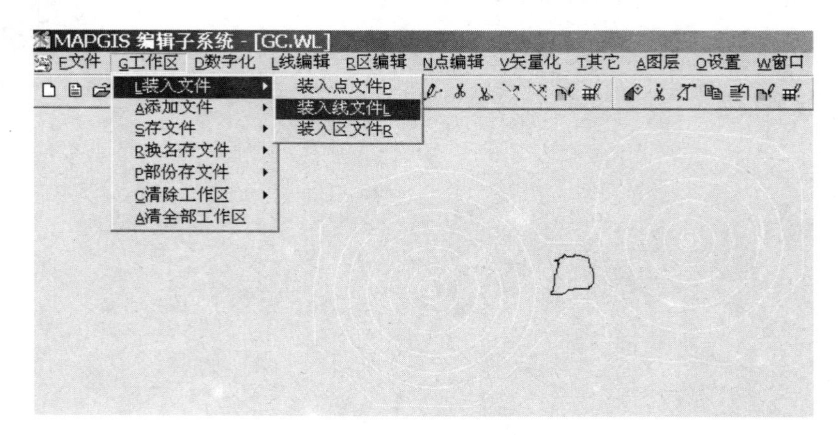

图 B-1 工作区/装入文件/装入线文件选单

2. 编辑/参数编辑/编辑线属性结构

编辑/参数编辑/编辑线属性结构选单如图 B-2 所示。单击“编辑线属性结构”系统弹出如图 B-3 所示，增加属性字段“gc”。按回车，系统弹出如图 B-4 所示。选择“双精度型”字段类型，按 OK 键。给出字段长度、小数位数，回车。

3. 矢量化/高程自动赋值

矢量化/高程自动赋值选单如图 B-5 所示。

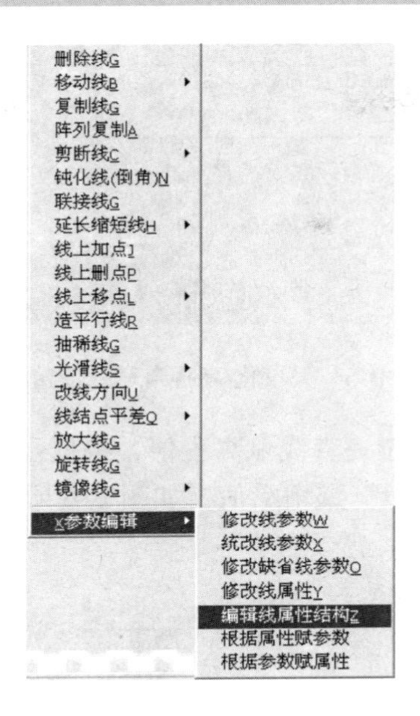

图 B-2　编辑/参数编辑/编辑线属性结构选单

编辑属性结构

OK　Cancel　I插入项　D删除当前项　M移动当前项

序号	字段名称	字段类型	字段长度	小数位数
1	ID	长整型	8	
2	长度	双精度型	15	6
	gc			

图 B-3　编辑属性结构对话框

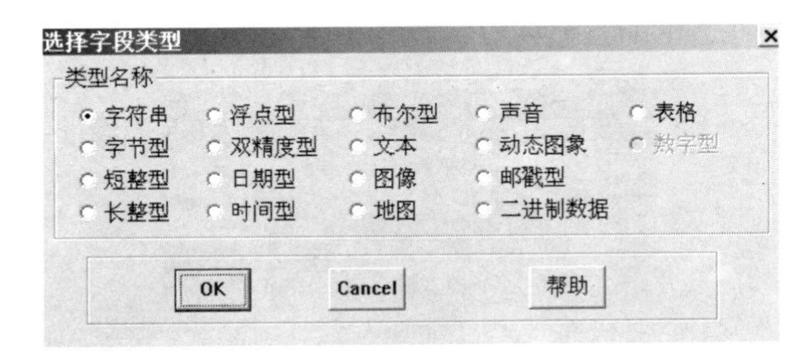

图 B-4　选择字段类型对话模框

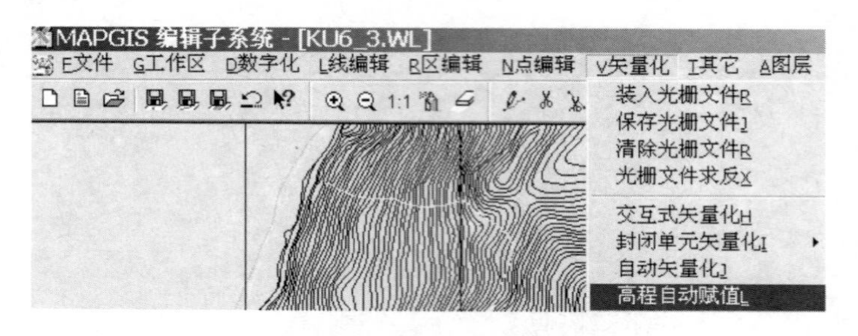

图 B-5　矢量化/高程自动赋值选单

用鼠标在等值线图上拉一直线赋高程值，根据已设置的“当前高程”为基值，自动逐条按“高程增量”递增赋值，如图 B-6 所示。

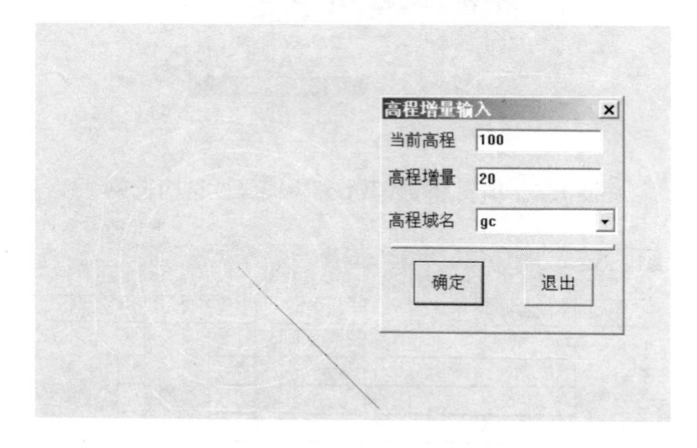

图 B-6　矢量化/高程自动赋值示意图

4．工作区/存文件

工作区/存文件选单如图 B-7 所示。

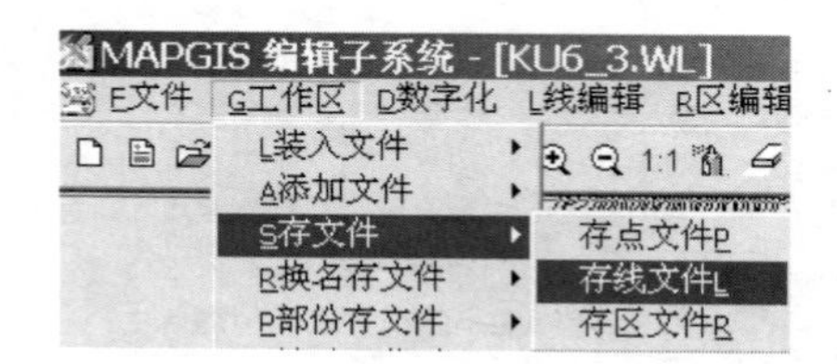

图 B-7　工作区/存文件选单

2.1.2　进入“DTM 分析”系统，生成彩色等值立体图

1．文件/打开数据文件/线数据文件

文件/打开数据文件/线数据文件选单如图 B-8 所示。

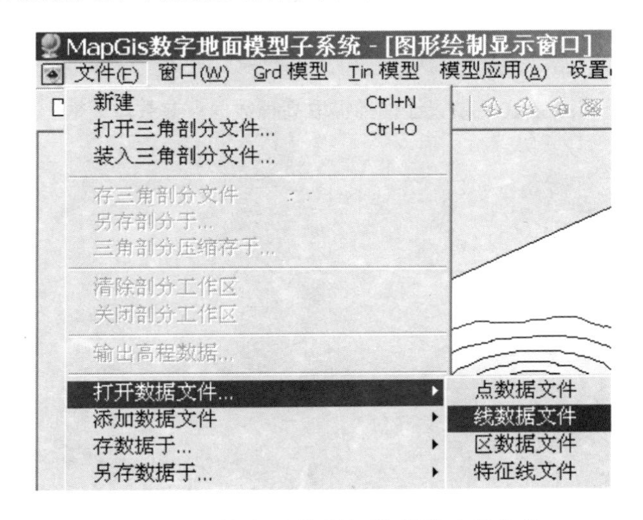

图 B-8　文件/打开数据文件/线数文件选单

2．处理点线/线数据高程点提取

处理点线/线数据高程点提取选单如图 B-9 所示。

图 B-9　MAPGIS 数字地面模型系统之三角剖分显示窗口对话框

单击“线数据高程点提取”系统弹出如图 B-10 所示对话框。

从装入的线文件“线属性高程域”中选取高程值。设置提点方式及提点参数，按确定按钮，即可从原图的某一属性字段提取高程数据点，如图 B-11 所示。

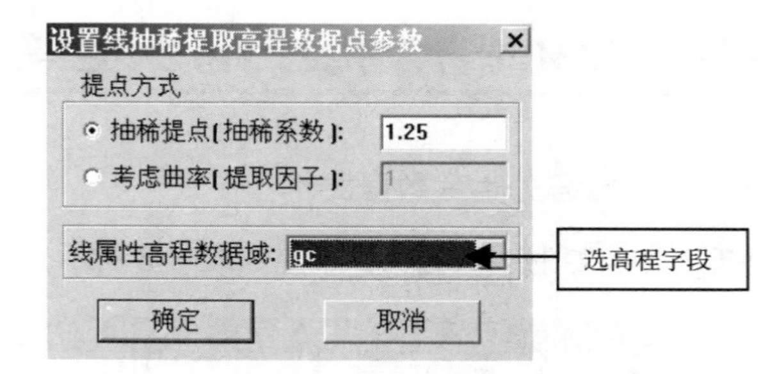

图 B-10　设置线抽稀提取高程数据点参数对话框

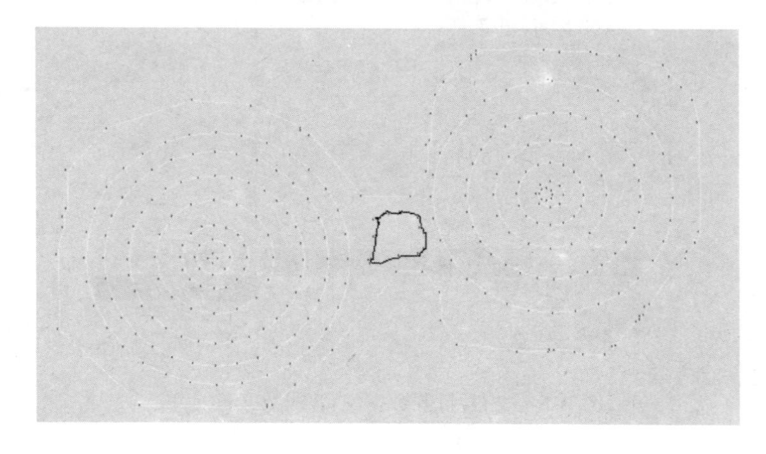

图 B-11　提取高程数据点示意图

3．Grd 模型/离散数据网格化。

Grd 模型/离散数据网格选单如图 B-12 所示。

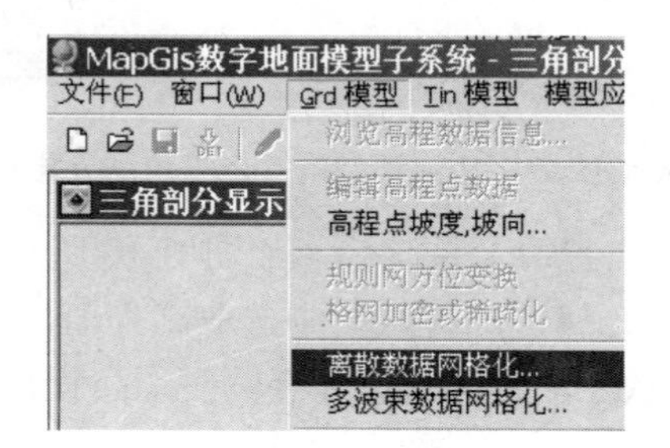

图 B-12　Grd 模型/离散数据网格化选单

选择“离散数据网格化”选单，系统弹出如图 B-13 所示对话框。

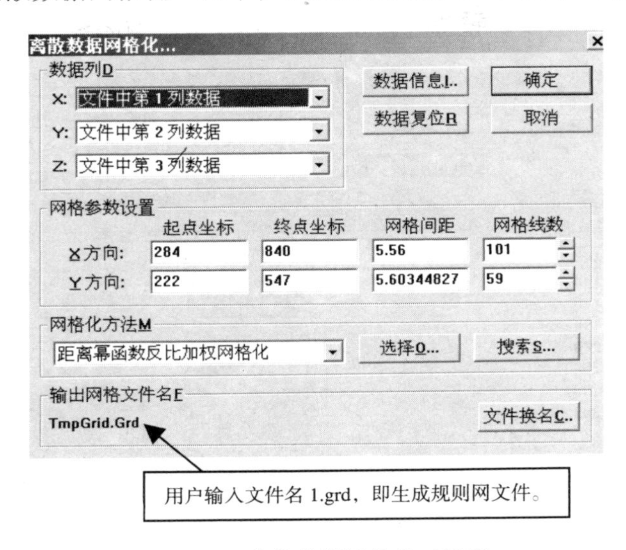

图 B-13　离散数据网格化对话框

该功能对未网格化数据网格化。用户可根据需要修改网格化参数中的有关项，通过修改网格间距，可以调整网格的疏密程度。然后通过“文件换名”，将离散数据（*.wl）转换成网格数据（*.grd）。

4．彩色等值线立体图绘制

选择“彩色等值线立体图绘制”，系统提示用户选择（1.grd）文件，并弹出如图 B-14 所示对话框。

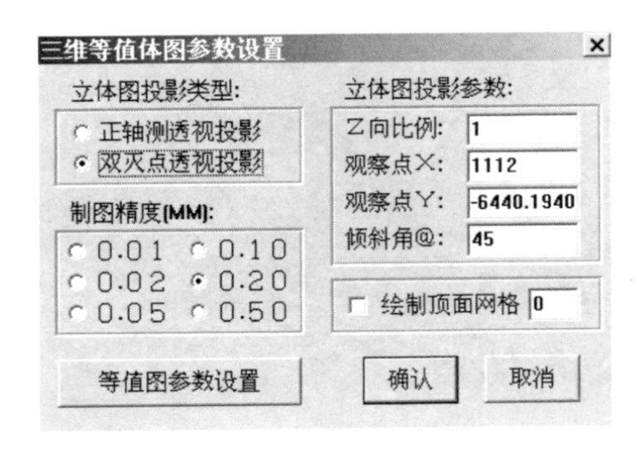

图 B-14　三维等值体图参数设置对话模框

用户可根据需要选择立体图投影参数、类型、制图精度。再单击如图 B-14 中“等值图参数设置”，系统弹出如图 B-15 所示对话框。

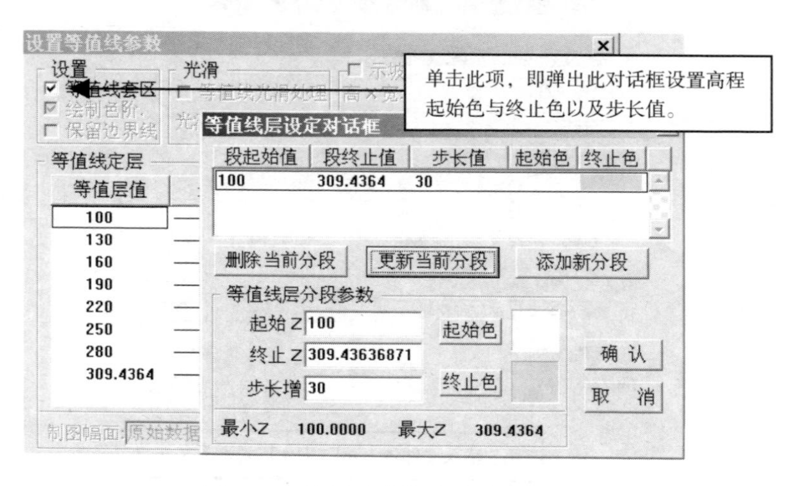

图 B-15　设置等值线参数对话框

用户可根据需要设置等值线套区、等值层值等。

系统根据用户设置的各项参数生成彩色等值立体图，如图 B-16 所示。

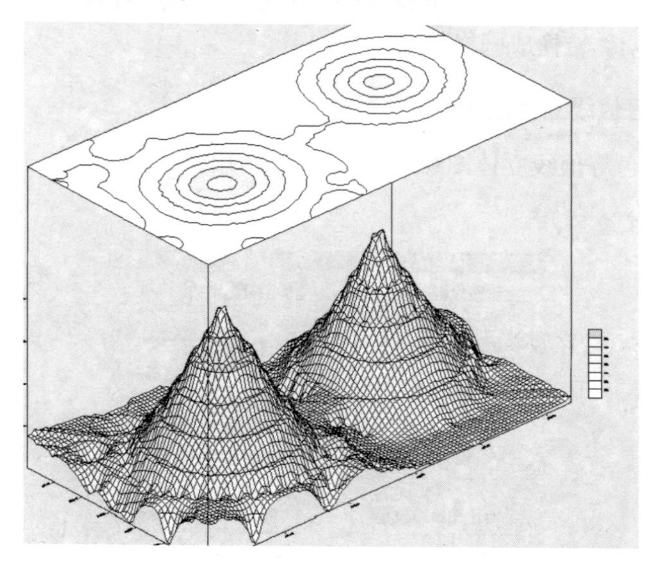

图 B-16　生成彩色等值立体图示意图

B.2　如何用 MAPGIS 矢量等值线平面图生成三维模型

B.2.1　将绘制的等值线平面图赋属性字段和属性值

“输入编辑”系统中，将绘制的等值线平面图赋属性字段和属性值步骤与方法同 B.1.1。

B.2.2　进入“DTM 分析”系统，生成彩色等值立体图

1．文件/打开数据文件/线数据文件。

文件/打开数据文件/线数据文件选单如图 B-17 所示。

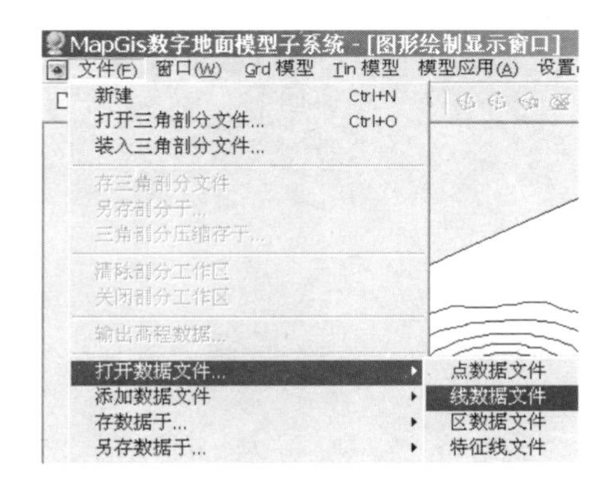

B-17　文件/打开数据文件/线数据文件选单

2．处理点线/线数据高程点提取

处理点线/线数据高程点提取选单如图 B-18 所示。

图 B-18　文件/打开数据文件/线数据文件选单

单击“线数据高程点提取”系统弹出如图 B-19 所示对话框。

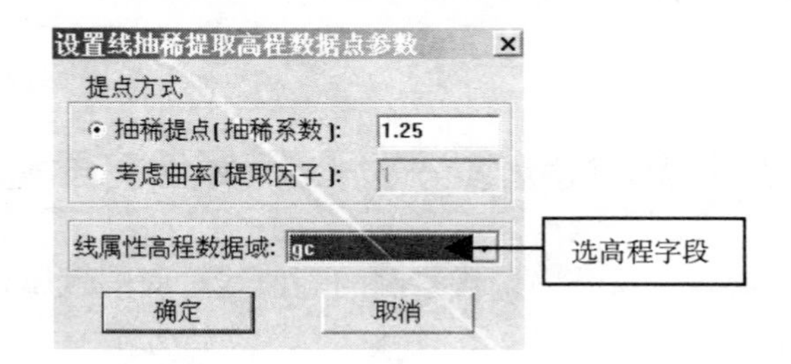

图 B-19　设置线抽稀提取高程数据点参数对话框

从装入的线文件“线属性高程域”中选取高程值。设置提点方式及提点参数，按确定按钮，即可从原图的某一属性字段提取高程数据点，如图 B-20 所示。

图 B-20　提取高程数据点示意图

3. Tin 模型/生成高程初始三角剖分

Tin 模型/生成高程初始三角剖分如图 B-21 所示。

图 B-21　Tin 模型/生成高程初始三角剖分示意图

选择“生成高程初始三角剖分”选单，系统弹出如图 B-22 所示对话框。

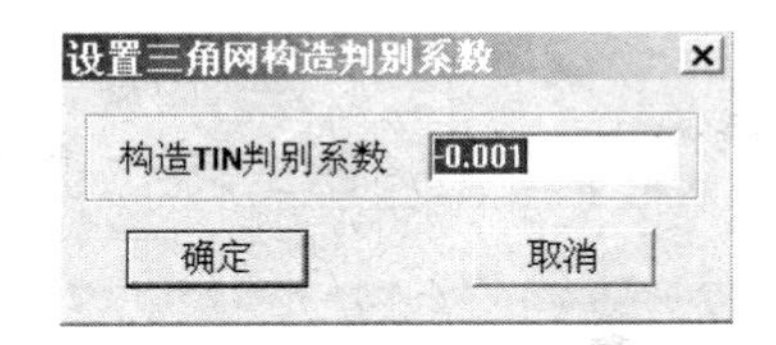

图 B-22　设置三角网构造判别系数对话框

按确定按钮后，系统将提取的离散数据进行三角剖分，自动建立邻接拓扑关系，如图 B-23 所示。

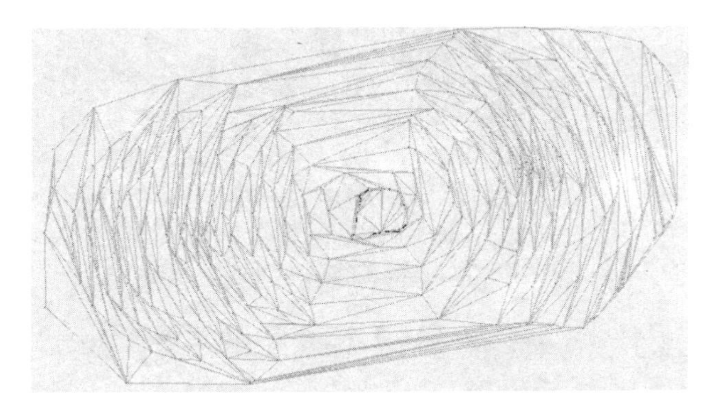

图 B-23　自动建立邻接拓扑关系示意图

4．Tin 模型/优化初试三角剖分

系统将在初始三角剖分的基础之上进行三角形的优化工作，如图 B-24 所示。

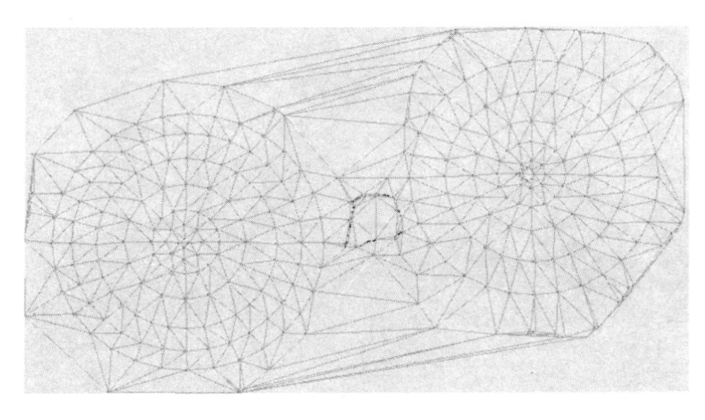

图 B-24　三角形优化示意图

5．窗口/新建三维窗口

窗口/新建三维窗口对话框如图 B-25 所示，

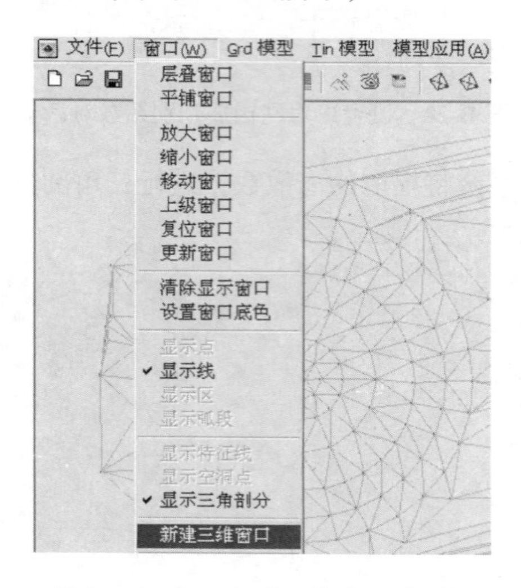

图 B-25　窗口/新建三维窗口对话框

单击“新建三维窗口”选单，系统将会弹出三维图显示窗口，如图 B-26 所示。

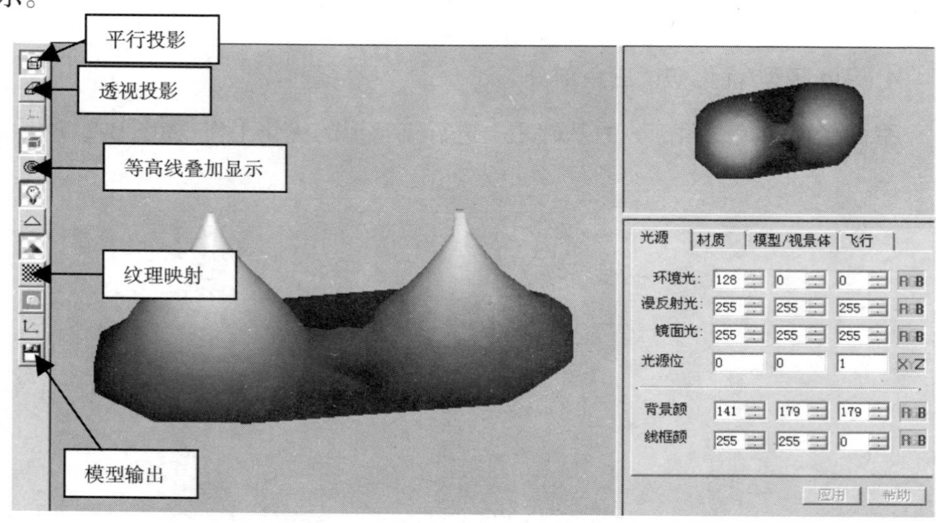

图 B-26　三维图显示窗口

用户可根据需要，选择三维显示窗口中左边快捷图标及右下方光源参数、材质参数、三维模型参数、飞行参数调整与设置，显示出自己最为满意效果的三维图。

举例：① 用户将已有的图像资料（如遥感图像）加在三维地形上进行观察。用鼠标单击“纹理映射”快捷键，系统弹出如图 B-27 所示对话框，让用户选择 *.msi、*.bmp 文件。

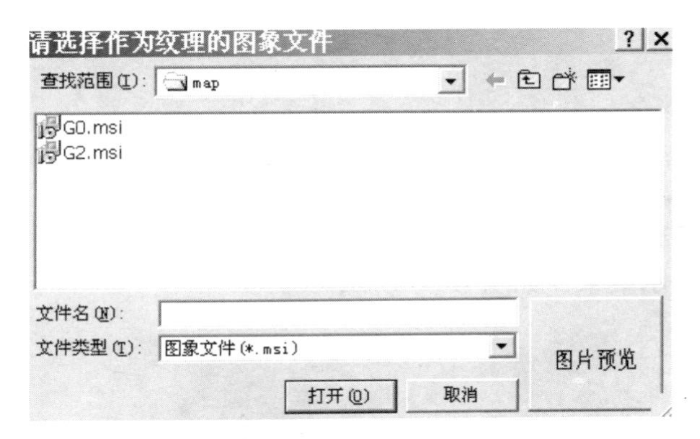

图 B-27　请选择作为纹理的图像文件对话框

打开后，系统生成新的三维立体图，如图 B-28 所示。

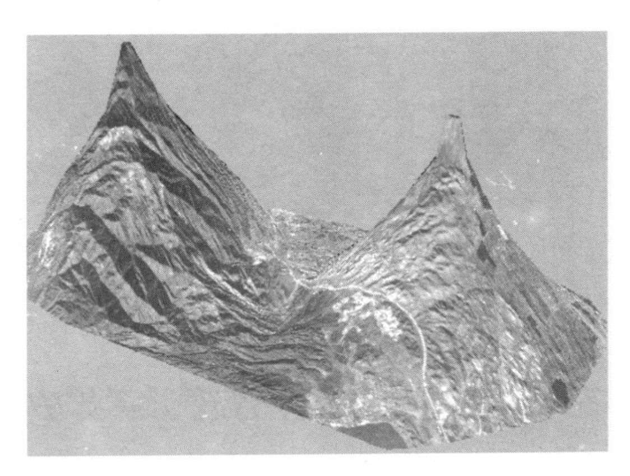

图 B-28　新生成的三维立体图

② 用户在上图基础上叠加等高线的方法是：击活原等值线图，选择“Tin 模型/追踪剖分等值线”选单，生成等值线图如图 B-29 所示。

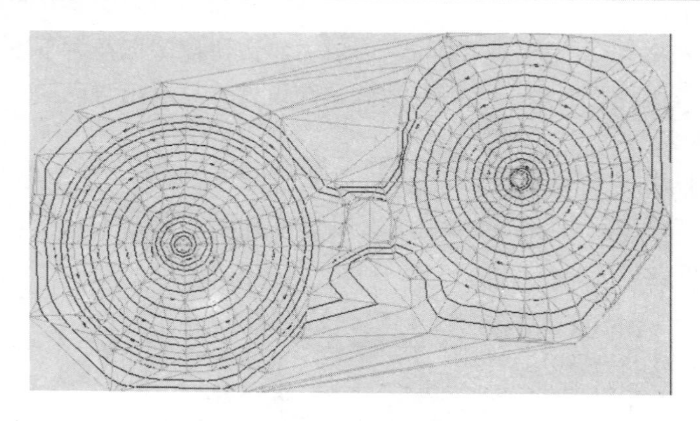

图 B-29　生成等值线图

再返回三维窗口，单击快捷键“等值线叠加显示”，将会看到等值线叠加到三维实体上的显示效果，如图 B-30 所示。

图 B-30　等值线叠加到三维实体上的显示效果

B.3　如何在 MAPGIS6.5 版地图库管理子系统中将多幅图拼接入库

入库前对图形数据的要求：参与入库的图幅必须经过误差校正和投影变换，图幅坐标必须是绝对坐标。满足这两个要求后，即可进行以下的入库步骤。

1. 选项/设置系统环境

通过该功能设置工作目录，即将工作目录设置到要入库的图形文件所在的文件夹。

2. 文件/建新图库

该功能主要包括以下两步。

（1）选择图库的分幅方式。系统提供了以下三种分幅方式，如图 B-31 所示。

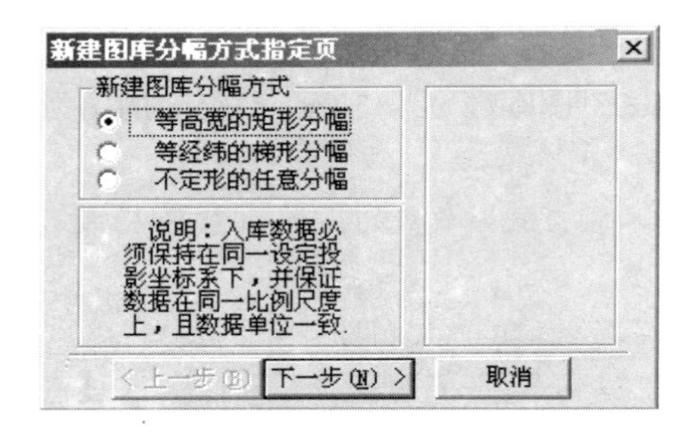

图 B-31 新建图库分幅方式指定页对话框

- 等高宽的矩形分幅：一般用于大比例尺的图幅数据入库（1∶5000 以上，不包括 1∶5000，如：1∶500，1∶1000 等）。
- 等经纬的梯形分幅：一般用于小比例尺的图幅数据入库（1∶5000 以下，包括 1∶5000，例如 1∶10000，1∶100000 等）。
- 不定形的任意分幅，即不依据图幅比例尺，仅根据图幅边界的轮廓形状入库。一般情况下，适用各类行政区域的拼接。

（2）设置图库参数。设置图库参数的对话框如图 B-32 所示。图库参数的设置主要包括“图库数据投影参数设置”和“分幅参数”设置两方面。

图库数据投影参数设置。选择“图库数据投影参数设置”按钮设置图库的投影参数。图库的投影参数实际上就是图幅数据的当前投影参数。投影参数的设置将直接影响到分幅参数的设置。具体影响表现在以下方面。

① 对于矩形分幅：投影参数中的坐标单位将会影响图幅高度和宽度的度量单位；若仅仅是为了完成图幅的拼接，则可以不对投影参数进行任何设置。

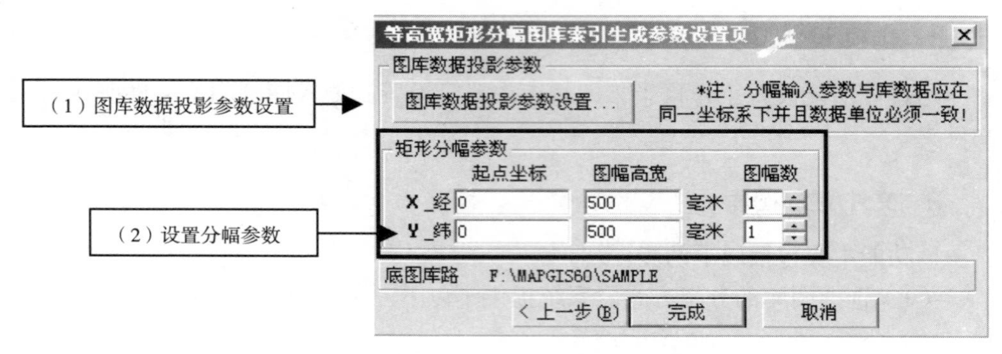

图 B-32　等高线矩形分幅图库索引生成参数设置页对话框

以比例尺为 1：500，图幅高宽为 50cm×50cm 的图为例，对投影参数进行设置如下：

- 坐标单位为毫米时，投影参数的设置如图 B-33 所示，其中，椭球参数根据具体情况设置；

图 B-33　投影参数的设置

- 坐标单位为米时，投影参数的设置如图 B-34 所示，其中，椭球参数根据具体情况设置。

② 对于梯形分幅：一般情况下，投影参数中的坐标系类型为“投影平面直角”，比例尺分母将直接影响到图幅高度和宽度的值，即比例尺不同，图幅横向和纵向的经纬跨度值也就不同；而中央经度的值（中央经度的录入格式必须是 DDDMMSS.S）直接影响图库的横坐标，中央经度值不对，就会导致图幅坐标

与图库坐标不一致而看不到图形。

输入投影参数
坐标系类型: 投影平面直角　椭球参数: "2:西安80/1975 年
投影类型: 5:高斯-克吕格(横切椭圆柱等角)投影
比例尺分母: 1　椭球面高程: 0 米
坐标单位: 米　投影面高程: 0 米
投影中心点经度(DMS) 0
投影区内任意点的纬度(DMS) 0
标准纬线2(DMS):
原点纬度(DMS):
投影带类型: 任意　平移X: 0　确 定
投影带序号: 20　平移Y: 0　取 消

图 B-34　投影参数的设置

注意：

对于跨带图幅入库的情况，则需要在入库前转换图幅的中央经度，保证入库图幅位于同一个投影带内，或将图形转换为“地理坐标系”类型和“度”（或分、或秒的坐标单位，但一定不要转换为 DDDMMSS.S S 坐标单位）。

设置分幅参数：根据分幅方式和图库投影参数进一步设置分幅参数。主要包括图幅的起点坐标和图幅高宽。

注意：

对于梯形分幅，不管其图库投影参数中坐标系类型和坐标单位是什么，起点坐标和图幅高宽的坐标单位必须是角度单位的 DDDMMSS.SS 格式。

3. 管理\图库层类管理器

一个图幅由若干个属性结构相同或不相同的文件叠加而成，利用该功能可提取多个不同文件的属性结构和存放路径。只要某类文件的属性结构或存放路径与其他文件不同，就需要新建一个该类文件的层类。

4. 图幅数据的入库：

图幅数据的入库有两种方法：单幅图手工入库和多幅图批量入库。

（1）图库管理/图幅批量入库：一般来说，大图幅量的数据采用此种方式较好。利用该功能，系统可以根据前面几个步骤中所设置的参数自动将所有图幅一次性录入图库中。

（2）管理/图幅数据维护：录入或需要修改少量图幅数据时，可使用该功能。选择该选单后，用鼠标左键双击接图表中的图幅可以录入或修改单幅图的图形文件。图幅入库后，就可按以下步骤进行相邻图幅的接边。

5．边处理/设置当前图库接边参数

设置相邻图幅接边的参数。

6．接边处理/选择接边条启动接边过程

选择该选单功能后，先选择要接边的层类数据，然后用鼠标左键单击相邻两图幅的公共边（注意：选择的是接边条而非接边图幅，所以最好是在接图表状态下选择接边条，只有在该状态，接边条的位置，即公共边才最容易找到）。

7．接边处理

借助数据编辑的辅助功能，使用接边功能对相邻图幅的不同层类进行接边处理。

8．接边处理/保存接边修改数据

存图幅接边的结果。

9．接边处理/取消接边条终止接边处理

利用该功能退出接边处理状态。

10．文件/保存图库

利用该功能保存文件和相应图库。

11．图库检索/区域检索数据输出

在保存图库时，细心的用户会发现，单幅图中的点线面数据录入图库完毕后，在保存图库时，保存的结果文件名后缀为*.DBS。那么，如何将入库拼接起来的多幅图数据输出为一幅图的点线面文件呢？利用“区域检索数据输出”的功能，就可以达到输出已经拼接完毕的点、线、面文件的目的。

B.4　输出常见问题

B.4.1　Windows 输出

Windows 输出时，由于具体的 Windows 打印机驱动程序和打印机硬件本身所带的内存大小的限制（一般激光打印机可能是 1MB），所以可能会遇到下列情况。

（1）打印的成果图丢失图元。

解决办法：

在 Windows 输出的打印机设置选单命令下，单击“属性”，进入属性设置对话框，并在图形选单下的图形方式中选择“使用光栅图形”，确定生效后退出即可。

（2）打印一页或者几页之后输出几张空白纸张。

解决办法：

可能由于打印机内存不够或者其他原因引起的内存泄漏，造成这种现象。如果是因为内存泄漏引起的，最好将打印作业清除后，重新启动打印机。

B.4.2　光栅化输出

光栅化输出主要是针对大幅面地图打印输出设计的，文件经过光栅化处理比文件直接进行 Windows 输出，输出性能好，输出质量更高。光栅化输出支持 Epson Stylus Pro 系列、MUTH RJ 系列、NovaJet Pro 系列、HP DJ 系列等多种类型的大幅面打印机。

1．打印放大或缩小问题

原因：在进行光栅化处理时，选择的分辨率与输出时选用的分辨率不一致。如果光栅化处理时选择的是 600dpi，而在打印时却设置的是 300dpi（或者打印机只能接收 300dpi 的分辨率），这种情况下得到的结果会比原图放大 2 倍，反之则缩小 1/2。

注意：
打印光栅文件时系统默认的是上一次光栅化处理的参数。

2. 有关调墨量、线性度、色相调整问题

在开发 MAPGIS 彩色图形打印驱动程序时，对调墨量、线性度、色相都进行了相应的测试，对于不同的输出设备有不同的默认参数。因此在进行文件光栅化处理之前，先设置光栅化参数，单击装入文件，在\mapgis65\program\目录下选择与输出设备相对应的参数文件，例如：Epson Stylus Pro_9000 选用 epson.cps；NovaJet Pro 600e 选用 Novajet.cps；HP DJ 2000CP，2500CP，3000CP，3500CP，1050C，1055CM；HP DJ 750C，350C，650C，250C 选用 Hp250.cps。

3. 使用 Windows 输出时，打印分页走空纸问题

在彩色图形打印过程中，由于打印机在打印图形时会在纸张四周保留 10*mm* 的页边距，因此打印机实际打印范围比给定打印尺寸小。若打印的工程文件尺寸超过打印机的打印范围，则打印机会自动分页打印。

对于 HP250C 打印机，如果上的是单张纸，机器要求纸长大于纸宽，否则会出空纸。

4. 飞点问题

在复杂图形处理时，由于各种原因（主要是操作不当，引起飞点现象）。出现飞点后，可以在输入编辑中利用“部分存文件”的功能去除飞点。

判断是否出现飞点现象，可在图形编辑子系统里选择窗口选单下的复位窗口，查看图形是否满屏显示；也可以在输出子系统的编辑工程文件内，在 1∶1 情况下使用系统自动测试幅面大小，比较检测出的幅面大小是否与实际幅面大小一致。如果已经发现飞点，在工程设置时按住 Ctrl+鼠标移动图形在纸张上的位置，减小页面到实际大小为止。

B.4.3 PS、EPS 输出

（1）区域内有填充图案时，区域填充颜色一定不要用“0”号颜色，区域应填充“9”号色，区域选透明输出，输出时最好选用 EPS 格式输出。

（2）分色输出与不分色输出：当图形中插入有照片或图形颜色设计中用到

专色时采用分色输出，其他情况采用不分色输出。分色输出时一般生成四个文件，文件名最后一个字符分别为“1”、“2”、“3”、“4”，四个文件分别对应彩色印刷时四种不同的油墨，其中“1”表明该文件印刷时使用黑色油墨，“2”为青色，“3”为品红，“4”为黄色，如有专色，则生更多的文件，“专色 1”对应的文件名最后一个字符为“5”、“专色 2”对应“6”，依此类推。

（3）使用 MAPGIS 自带字库一般采用方正 PS 方式输出，使用 Windows 下的 TRUETYPE 字库一般采用 EPS 方式输出，并且文字变曲线输出。

（4）在编辑图元参数时，点、线、区图元都有“透明”选项，不选中该选项表示在制作分色菲林时，该图元是“镂空”的，在印刷时位置未对准，就会出现“漏白”现象；若选中该选项，表示该图元是“不镂空”的，在印刷时可能会导致图元的颜色发生变化。这两种情况是对立的，在使用时只能根据实际情况任选其一。

（5）MAPGIS 6.0 及以上版本采用 EPS 方式输出时，首先需将 MAPGIS6.0\SLIB\目录下的 AHEAD.EPS 文件拷贝到输出文件所用的..\slib\下。

附录C　MAPGIS与ORACLE的配置和管理

MAPGIS 现在已经全面支持 Oracle 数据库，并提供了与之相对应的接口来管理空间数据。分别从以下几个方面进行说明。

C.1 MAPGIS 支持的 Oracle 数据库版本及操作系统

（1）要求 MAPGIS 版本为 6.2，6.5 以上。

（2）目前支持 Oracle8i 以上数据库版本，在 Oracle8.1.6，Oracle8.1.7 下全面测试。推荐使用 Oracle8.1.7 或更高的版本。

（3）服务器端和客户端安装的版本可以不一样，但必须是客户端版本高于服务器端，例如客户端使用 Oracle9i，服务器端使用 Oracle8i。最好不要使用不同的版本。

（4）Oracle 数据库可以安装在大多数操作系统下，包括：Windows 服务器系列，Linux，Unix 等。如果使用 MAPGIS，客户端需要安装在 Windows 平台上。

C.2 Oracle 数据库的安装与配置

1. 安装注意事项

（1）安装之前建议仔细阅读 Oracle 安装盘中的文档，了解支持的操作系统及所需的硬件配置。

（2）Oracle 服务器的安装可以按照默认方式或者自己定制，因为默认安装加入了一些不必要的功能，降低了数据库性能，所以不推荐使用。

（3）另外要注意服务器端的磁盘空间要足够大，否则不能创建数据库，或者不能创建数据文件和表空间。

2. 配置数据库服务器（这里以 Oracle8i 企业版，Windows 服务器系统为例）

配置数据库服务器就是创建数据库，创建监听器（LISTENER），启动相关服务等过程。

其配置步骤如下

（1）使用数据库配置助手（Database Configuration Assistant）创建数据库，一般来说在安装 Oracle 的时候就已经创建了数据库，此时就没有必要再创建数据库。

（2）使用 Net8 配置助手（Net8 Configuration Assistant）创建监听器，同样，在安装的时候就已经创建了监听器，此时也没有必要再创建监听器。

（3）必须至少启动两个服务 OracleServiceAAA（这里 AAA 是数据库名），以及 OracleOraHomeAAATNSListener（这里 AAA 是数据库版本）。实际上可以粗略判断：如果没有 OracleServiceAAA 则没有创建数据库；如果没有 OracleOra HomeAAATNSListener 则没有创建监听器。启动过程是在 win2000 中的“管理工具”的“服务”程序中选择启动。

3. 配置客户机（这里以 Oracle8i 企业版，Windows2000 操作系统为例）

配置客户端的实质就是配置网络服务名。网络服务名解析为连接描述符的服务的简称。用户通过为要连接到的服务传递连接字符串中的用户名和口令，以及网络服务名来启动一个连接请求。其配置方法如下：

安装 Oracle 客户端后，启动 Net8 配置助手（Net8 Configuration Assistant），也可以使用 Net8 助手（Net8 Assistant），通过此程序向导可以完成网络服务名的配置。如果最后测试通过，则说明创建网络服务名成功。

还可以直接编辑 tnsnames.ora 文件来配置客户机。此文件包含已映射到连接描述符的网络服务名的配置文件，用于本地命名方法。在 Windows2000 系统中通常位于 ORACLE_HOME\network\admin 中。例如，将以下脚本加入到 tnsnames.ora 文件中，这里 GISDB 就是网络服务名，HOST 就是数据库服务器所在机器名，SERVICE_NAME 是 Oracle 数据库名称。

```
GISDB =(DESCRIPTION =
(ADDRESS_LIST = (ADDRESS = (PROTOCOL = TCP) (HOST = hom) (PORT = 1521)))
(CONNECT_DATA =(SERVICE_NAME = gisdb.mapgis)))
```

4. P4 机器的安装问题

在基于 P4 的 Windows 2000 系统上安装 Oracle8i 数据库时有可能产生错误，

症状为单击 Setup.exe 时没有反应。这是因为 Oracle8i 的安装程序不能识别 Intel 的 pentium4 系列处理器。可按照以下方法来解决这个问题。

（1）安装最新的 Windows 2000 服务包补丁程序（如 sp2,sp3 等），可在 http://www.microsoft.com/windows2000/downloads/上下载。

（2）在 P4 服务器上创建一个临时目录（e.g. \TEMP）。

（3）将 Oracle 数据库服务器安装光盘的所有内容拷贝到第二步创建的临时目录中。

（4）在第二步创建的临时目录里搜索名为 SYMCJIT.DLL 的文件。

（5）把 SYMCJIT.DLL 修改为 SYMCJIT.OLD。

（6）从\TEMP\install\win32 目录运行 SETUP.EXE 来安装 Oracle 8.1.x。

C.3 配置 Oracle 的 MAPGIS 网络管理程序

MAPGIS 网络数据库管理程序专门用于 MAPGIS 网络数据库的初始化、配置、监控、管理等方面。主要分成设置 MAPGIS 管理过程、MAPGIS 表管理、存储管理、用户/角色管理、MAPGIS 锁信息、创建属性字段索引这几部分。在运行此程序前，要先建好 Oracle 的数据源。只有 MAPGIS 空间数据库系统管理员才能登录此程序。配置步骤如下。

1. 配置 MAPGIS 的 Oracle 网络数据源（配置 ODBC 数据源）

如果要连接 Oracle 数据库，需要使用数据源管理工具创建 Oracle ODBC 数据源。

选择 Oracle 公司提供的 Oracle 的 odbc 驱动（在 Oracle 菜单中），而不要使用 Microsoft 公司提供的 Oracle 的 odbc 驱动（在 windows2000 控制面板中）。在数据源一项中，一定要填写配置好的服务名，否则连接不上(即使在服务器端也如此)，一个正确的配置如图 C-1 所示。

在图 C-1 中，数据源名（Data Source Name）和描述（Description）由自己任意填，最重要的是一定要填写服务名（Service Name），这个服务名是由 Net8 助手或者 Net8 配置助手创建，是用来连接 Oracle 数据库服务器的别名。

注意：

可以使用 Oracle 更高版本的 ODBC 驱动程序，但不推荐这样使用，因为可能会出现版本不兼容的问题。

图 C-1　配置 MAPGIS 的 Orade 网络数据源对话框

2. 初始化建立 MAPGIS 数据库管理员

初始化过程主要是创建一个 MAPGIS 空间数据库管理员账户，利用这个管理员账户来监控和管理空间数据。

① 使用 MAPGIS 平台的数据库管理程序，选择数据库服务器类型：Oracle 数据库服务器。

② 进入到 MAPGIS 网络管理程序中，首先需要初始化，单击下面的“初始化”选项开启空间数据库管理员设置向导，按照向导说明完成创建 MAPGISDBA 账户的过程。

在图 C-2 中，数据源名称为已经建好的 Oracle 数据源名。Oracle 数据库安装后，默认建立了数据库管理员账户 SYS，这里需要输入其口令。为了管理 MAPGIS 网络数据，需要建立一个管理员账户，这里我们建立 MAPGISDBA。建立此用户的同时需要确定 MAPGISDBA 所在的表空间，默认为 MAPGISDBA，若不存在此表空间则自动创建。MAPGISDBA 账户所在表空间也可以填写已存在的表空间。如果创建 MAPGISDBA 账户时没有输入口令，则默认口令为 MAPGISDBA，如果这样，建议立即更改其口令。

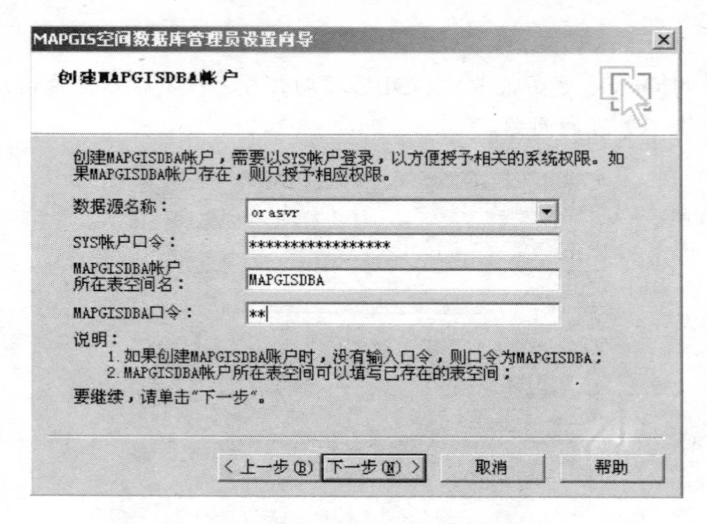

图 C-2　MAPGIS 空间数据库管理员设置向导对话框

完成向导后，初始化程序会以 Oracle 数据库管理员 SYS 账户登录，在 Oracle 数据库中建立了 MAPGISDBA 账户，并给 MAPGISDBA 授予足够的权限管理空间数据。

3. 配置网络管理过程

MAPGIS 管理过程是 MAPGIS 网络空间数据库的基础，只有建好了 MAPGIS 管理过程，MAPGIS 才能往网络数据库中存入空间数据、属性数据、拓扑数据等，才能对入库的数据进行有效的管理，MAPGIS 客户端软件也才能正确地访问到数据库中的数据。

① 登录服务器，如图 C-3 所示，服务器名称使用前面建立的 ODBC 数据源，登录用户使用 MAPGISDBA，用户口令为 MAPGISDBA 对应口令，如图 C-4 所示。

② 进入后，首先需要创建 MAPGIS 管理过程，如图 C-4 所示，双击 MAPGIS 管理过程所在项，使其出现绿色钩，然后单击“执行”按钮，管理程序开始创建管理过程，即自动搜索相应数据库中已经建立的 MAPGIS 库。如果不存在，则建立存储过程、管理信息表、锁管理表等数据库对象。当绿色钩变成蓝色钩时，表明建立 MAPGIS 管理过程完成，以后就可以直接使用 MAPGISDBA 账户登录进行空间数据管理，而无须再次建立管理过程。

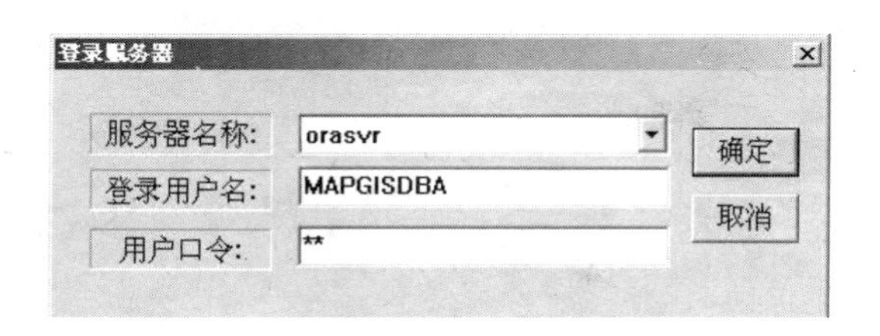

图 C-3　登录服务器对话框

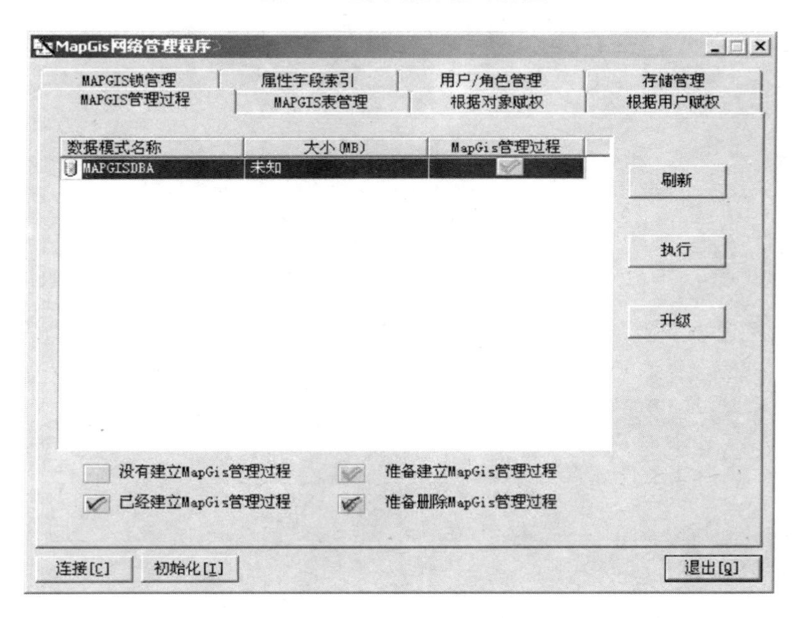

图 C-4　MAPGIS 网络管理程序对话框

注意：

- 配置 MAPGIS 网络管理过程需要安装 SQLPLUS 组件（在安装客户端的时候必须选择此项）。
- 上述初始化过程对每个数据库只需进行一次即可，如果已经建立了网络管理过程，同样无需再创建。

完成以上步骤后就可以通过 MAPGIS 平台工具（如属性管理子系统，编辑子系统等）来上载、下载或保存数据，通过 MAPGIS 网络管理程序监控管理空间数据。

读者调查表

尊敬的读者：

自电子工业出版社通信与电子事业部开展读者调查活动以来，收到来自全国各地众多读者的积极反馈，他们除了褒奖我们所出版图书的优点外，也很客观地指出需要改进的地方。读者对我们工作的支持与关爱，将促进我们为您提供更优秀的图书。您可以填写下表寄给我们（北京万寿路 173 信箱通信与电子事业部　邮编：100036），也可以登录我们的网站 http://txdz.phei.com.cn 在线递交您的调查表。我们将从中评出热心读者若干名，赠送我们出版的图书。谢谢您对我们工作的支持！

您的意见是我们创造精品的动力源泉！

姓名：＿＿＿＿＿＿性别：□ 男 □ 女　年龄：＿＿＿＿　职业：＿＿＿＿＿＿

电话（手机）：＿＿＿＿＿＿＿＿　E-mail:＿＿＿＿＿＿＿＿＿＿

传真：＿＿＿＿＿＿＿　通信地址：＿＿＿＿＿＿＿＿＿＿＿＿

邮编：＿＿＿＿＿＿＿

1．影响您购买同类图书因素（可多选）：

□封面封底　□价格　□内容提要、前言和目录　□书评广告　□出版社名声

□作者名声　□正文内容　□其他＿＿＿＿＿＿＿＿＿＿＿＿

2．您对本事业部图书的满意度：

从技术角度　□很满意　□比较满意　□一般　□较不满意　□不满意

从文字角度　□很满意　□比较满意　□一般　□较不满意　□不满意

从排版、封面设计角度　□很满意　□比较满意　□一般　□较不满意　□不满意

3．您选购了我们哪些图书？主要用途？

＿＿＿＿＿＿＿＿＿＿＿＿＿＿＿＿＿＿＿＿＿＿＿＿

4．您最喜欢我们出版的哪几本图书？请说明理由。

＿＿＿＿＿＿＿＿＿＿＿＿＿＿＿＿＿＿＿＿＿＿＿＿

5．您所教课程主要参考书？请说明书名、作者、出版年、定价、出版社。

＿＿＿＿＿＿＿＿＿＿＿＿＿＿＿＿＿＿＿＿＿＿＿＿

6．目前教学您使用的是哪本教材？（请说明书名、作者、出版年、定价、出版社）有何优缺点？

＿＿＿＿＿＿＿＿＿＿＿＿＿＿＿＿＿＿＿＿＿＿＿＿

7．您的相关专业领域中所涉及的新专业、新技术包括：

＿＿＿＿＿＿＿＿＿＿＿＿＿＿＿＿＿＿＿＿＿＿＿＿

8．您感兴趣或希望增加的图书选题有：

＿＿＿＿＿＿＿＿＿＿＿＿＿＿＿＿＿＿＿＿＿＿＿＿

9．您是否需要我们定期给您邮寄书目：　□是　　□否

邮寄地址：北京海淀区万寿路 173 信箱通信与电子事业部　　邮编：100036

电话：010－68216265　E-mail: lzhmails@phei.com.cn　联系人：刘志红

《MAPGIS 地理信息系统》

读者调查表

尊敬的读者：

感谢您购买电子工业出版社通信出版分社的图书，您对我们工作的支持和关爱，将促使我们为广大读者提供更多优秀的图书。您可以填写下表并寄回（北京市海淀区万寿路 173#信箱，邮编：100036）。谢谢您对我们工作的支持！

通信出版分社与读者互动渠道

- 官方博客：http://blog.sina.com.cn/pheicombook
- 官方微博：http://weibo.com/pheicombook
- 即时意见反馈通信方式：QQ 1316701611

1．影响您购买本书的因素（可多选）：

□封面设计　□价格　□内容提要、前言和目录　□书评广告　□出版社品牌

□作者知名度　□正文内容　□其他________________

2．您对本书的满意度：

从技术角度　□很满意　□比较满意　□一般　□较不满意　□不满意

从制作角度　□很满意　□比较满意　□一般　□较不满意　□不满意

3．您希望本书在哪些方面进行改进？

____

____

4．您的相关专业领域中所涉及的新专业、新技术包括：

____

5．您感兴趣或希望增加的图书有：

____

____

邮寄地址：北京市海淀区万寿路 173#信箱　　邮　编：100036

电　话：010-88254457　E-mail：tianhf@phei.com.cn　　联系人：田宏峰